U0195176

航空工艺装备设计与制造系列丛书

航空工艺装备制造技术

主　编　赵安安
副主编　王守川　李卫平

西北工业大学出版社
西安

【内容简介】 本书系统地总结了近 30 年 10 余种飞机产品研制中的航空工艺装备制造技术,对飞机制造工艺装备制造过程中涉及的关键技术进行了全面介绍,主要包括工装制造协调技术、工装零件制造技术、工装安装调试技术、工装制造专用技术、工装快速制造技术、工装检测检验技术、工装定检维保技术、工装制造管控技术及工装制造技术的未来发展等方面。通过阅读本书可以较为全面地了解航空工艺装备制造的过程及其技术内涵。

本书可作为高等院校航空制造相关专业的教材,也可供航空工艺装备制造技术人员使用。

图书在版编目(CIP)数据

航空工艺装备制造技术 / 赵安安主编.-- 西安 ：西北工业大学出版社,2024.10. -- ISBN 978 - 7 - 5612 - 9351 - 5

Ⅰ.V241

中国国家版本馆 CIP 数据核字第 2024WV9112 号

HANGKONG GONGYI ZHUANGBEI ZHIZAO JISHU

航 空 工 艺 装 备 制 造 技 术

赵安安　主编

责任编辑：王玉玲		策划编辑：胡莉巾	
责任校对：胡莉巾		装帧设计：薛　璐	
出版发行：西北工业大学出版社			
通信地址：西安市友谊西路 127 号		邮编：710072	
电　　话：(029)88493844,88491757			
网　　址：www. nwpup. com			
印 刷 者：西安五星印刷有限公司			
开　　本：787 mm×1 092 mm		1/16	
印　　张：15.875			
字　　数：396 千字			
版　　次：2024 年 10 月第 1 版		2024 年 10 月第 1 次印刷	
书　　号：ISBN 978 - 7 - 5612 - 9351 - 5			
定　　价：79.00 元			

《航空工艺装备制造技术》
编　写　组

主　编　赵安安

副主编　王守川　李卫平

编　者　耿育科　乔顺成　钟李欣　郑　炜　王守川

　　　　李卫平　董卫萍　李玉杨　张　程　杨武刚

　　　　张　刚　王新峰　刘　航　高　飞　杨　锋

　　　　闫宝强　赵卫军　苟文博　范喜祥　李继红

　　　　张莹莹　王乐蕾　田芳方　郝勇智　王　勇

　　　　孙建辉

前　言

　　工艺装备(简称"工装")是航空制造的基础,工艺装备制造是实现设计对功能和性能要求的核心保障,是支撑飞机产品良好制造质量的关键。在航空制造行业内,本书是首部对航空工艺装备制造技术进行系统性梳理的教材,书中内容是笔者多年从事工艺装备制造技术研究的经验总结,其中大量结合中航西安飞机工业集团股份有限公司(简称"中航西飞")各型飞机工艺装备研制工程实践,对工艺装备行业制造/设计从业及关联管理技术人员、产业链条相关技术管理人员全面熟悉航空工艺装备制造技术有重要意义,对工艺装备制造相关岗位新员工培训有重要价值。

　　本书对工艺装备制造过程中涉及的通用技术进行了全面归集,其中包含外形、孔轴、焊接、铸造、表面处理、应力消除等零组件制造技术,以及空间定位、协调安装、钳工安装、系统调试等安装调试技术;对工艺装备制造涉及的样板、机床/焊接夹具、模胎、地试设备、型架等航空专用技术进行了阐述;对快速制造、检验检测、定检维保、制造管控等提升工艺装备效能的技术进行了整理;最后对制造技术未来的发展趋势进行了展望。

　　本书编者主要为中航西飞工艺装备设计工程技术人员。其中,编写思路、大纲、技术方向确定、全文审校由赵安安完成,技术内容审定由王守川、李卫平完成,绪论由王乐蕾、张莹莹、田芳方编写,工装制造协调技术由耿育科、乔顺成、钟李欣、郑炜、王守川、李卫平编写,工装零件制造技术由董卫萍、李玉杨、张程、杨武刚、张刚、高飞、杨锋、闫宝强、赵卫军、苟文博、范喜样、郝勇智编写,工装安装调试技术由张刚、张程、杨锋、王新峰、刘航、李继红、张莹莹、王乐蕾、田芳方编写,工装制造专用技术及工装快速制造技术由耿育科、董卫萍、张程、杨武刚、张刚、郝勇智编写,工装检测检验技术及工装定检维保技术由孙建辉、王勇、王守川、李卫平、王乐蕾、郝勇智编写,工装制造管控技术及工装制造技术未来发展由郑炜、王守川、李卫平、王乐蕾编写。

　　同时，刘春国、马建平、周继豪、李世新、惠云龙、王佳、刘凯、张柯、王伟、王志超、现坤、田爱政、侯宪法、张三、净鑫为本书的编写提供了帮助，南昌航空大学朱永国老师等为本书的编辑提供了充分的协助，中国商飞公司航空制造技术专家王建华对本书的提纲及内容进行了指导，航空工艺装备制造行业及航空院校相关专家——洪都航空李仁花、沈阳飞机制造公司孙潮海、沈阳航空航天大学王巍、西北工业大学王仲奇和李西宁等提供了资料并参与了部分内容的审校工作。在此，对他们一并表示衷心感谢。

　　感谢国家重点研发计划"超大型复合材料整体加筋壁板高性能精确成型及工程化应用"（课题编号：2021YFB3401705）对本书的支持。

　　在编写本书的过程中，笔者参考了相关文献、资料，在此对相关作者表示真诚的谢意；同时，对西北工业大学出版社认真负责的工作表示谢意。

　　由于水平有限，书中难免有疏漏与不足之处，敬请广大读者批评指正。

编　者

2024 年 2 月

目　录

第1章 绪 论

　　航空工艺装备主要是指用于航空零部件及相关设备的制造、成型、装载、转运、调试、检测、量产、修理等过程的工装，主要包括各类材料成型模具及设备，装配工装，机械加工工装，焊接工装，生产检测、试验及调试设备，地面辅助设备，冶金及非金属工装，等等。航空工艺装备的作用是提高飞机制造过程的效率和质量，确保飞机的安全性和可靠性。在航空工艺装备中，工装制造技术占据非常重要的地位。工装制造技术是指应用机械和工艺方法，根据制造要求，制造出用于生产的工装的技术。工装制造技术包括工装制造协调技术、工装零件制造技术、工装安装调试技术、工装制造专用技术、工装快速制造技术、工装检测检验技术、工装定检维保技术、工装制造管控技术等。现代飞机工装制造涉及众多复杂工序和技术要求，如果缺乏高水平制造技术的支持，就无法实现高质量、高效率的工装制造。应用工装制造技术，可以提高工装生产效率、制造质量，改善工作条件，为工装生产提供可靠的支持。

　　飞机工艺装备的制造发展历程可以追溯到19世纪末飞机诞生之初。随着飞机的发展和航空工业的兴起，飞机工艺装备的制造也逐步得到了改进和发展。早期的飞机工艺装备是通过手工的方式进行制造的，包括手工锤打、焊接、钻孔等工艺。在这个阶段，没有规范化的制造流程，主要靠工匠的经验和技艺。到20世纪初，随着工业化进程的发展，飞机工艺装备的制造中逐渐引入了机械化的辅助工具。比如，出现了机械锤、钻床、冲压机等机械设备，使飞机工艺装备的制造更加精确和高效。

　　20世纪中叶，数控技术的引入使得飞机工艺装备的制造实现了数字化。飞机工装制造的数字化改进了制造过程，主要体现在以下方面：①工艺装备的制造发生了改变，三维数字量代替了传统技术中的实物样件模拟量，从而在很大程度上减少了工装数量，取消了模线样板、标准样件、工装制造样板等；②数控加工和安装技术已被广泛应用到各项工艺装备制造过程中，改善了传统的工装制造分工、生产方式、作业流程、组织管理模式；③在飞机工装制造过程中应用数字化技术，使得各项数字化制造软件、制造设备的应用范围不断扩大，合理地优化了传统专业分工中的资源配置问题，提高了工作的整体效率，改善了工装制造模式，调整了传统的组织结构，优化了资源配置。

　　随着航空工业的快速发展，飞机的尺寸不断扩大，其结构变得复杂多样。为了满足飞机尺寸扩大和结构复杂化的需求，飞机工艺装备的制造逐渐向快速化方向发展。在制造过程中，技术装备部门开始深入分析飞机工装的结构，研究工装的新型结构，采用标准化、模块化的方式,以提前完成工装标准结构的加工制造,提升工装生产、装配的速度。

现如今,随着人们环境保护意识的增强,飞机制造企业开始注重降低能源消耗、减少废弃物排放、减少材料浪费等。飞机工艺装备制造朝着智能制造、绿色制造、健康管理、数字孪生和增材制造等方向迅速发展。这些发展方向代表了飞机工装制造行业的重要趋势,它们将进一步推动工装制造行业的创新水平和技术能力提升,为工装制造行业的发展注入新的动力。

航空工艺装备制造技术主要包括工装制造协调技术、工装零件制造技术、工装安装调试技术、工装制造专用技术、工装快速制造技术、工装检测检验技术、工装定检维保技术、工装制造管控技术等。

(1)工装制造协调技术包括模拟量协调技术、数字量协调技术、模拟量与数字量的综合协调技术,它主要起着确保工装制造过程中的准确性、稳定性和效率的作用,并推动工装制造技术的不断发展。

(2)工装零件制造技术主要包括外形加工技术、孔轴加工技术、焊接技术、铸造技术、表面处理技术和应力消除技术。掌握工装零件制造技术并进行有效的实施,对于保证工装制造的质量和效率具有重要意义。

(3)工装安装调试技术包括零件空间定位技术、标准工装(简称“标工”)协调安装技术、钳工安装技术、机电系统调试技术。这些技术能够确保工装的稳定性、安全性和正常运行,提高飞机工艺装备制造的效率和质量。

(4)工装制造专用技术是飞机工装制造的关键技术。工装制造专用技术可分为样板制造专用技术、标工制造专用技术、夹具制造专用技术、模具制造专用技术、地试工装制造专用技术、装配工装制造专用技术以及工量具制造专用技术等。这些技术的应用可以提高生产效率、确保产品质量,并能适应多样化生产需求。

(5)工装快速制造技术包括模块化制造技术、协同制造技术和并行集成制造技术,这些技术的应用使得工装的制造更加高效、灵活和智能化。

(6)工装检测检验技术包括几何精度检测技术、液压检测技术、气动检测技术、电气检测技术、软件检测技术以及系统检测技术。工装检测检验技术通过对工装的各项性能进行全面检测,保证工装的质量和可靠性,提高工装的制造水平。

(7)工装定检维保技术主要涉及定检维保原则、定检维保方法、工装维保流程。通过定期检查、常规维护和故障处理,可以及时发现和修复工装中存在的问题,保证工装的正常运转和长期使用。同时,通过制定合理的定检维保计划和流程,可以提高工装的可靠性和安全性,降低维护成本,延长工装的使用寿命。

(8)工装制造管控技术主要包括制造资源管控技术、制造设备管控技术、制造现场管控技术、工装知识管理。通过对资源、设备和现场的精确管理和控制,能够减少制造过程中的错误和失误,降低工装制造的成本和风险。同时,工装制造管控技术还能够提供实时的数据和信息,支持决策和优化工装制造过程,提高工装制造的整体效益和竞争力。

工装制造技术的未来发展将包括智能制造、绿色制造、健康管理、数字孪生以及增材制造。这些技术的应用将使工装更加智能化,环保水平更高,可维护性更好,并且更加高效和精确,从而带来更高的生产效率、质量和可持续发展水平。

第 2 章　工装制造协调技术

　　工装制造协调技术包括模拟量协调、数字量协调和综合协调等方法。飞机工装制造协调技术的发展历程可追溯到飞机制造的早期阶段。在过去,飞机制造过程中的各个环节往往是相对独立的,缺乏有效的协调和沟通机制。这导致了飞机制造生产效率低下、质量难以保证的问题。为了解决这些问题,人们开始研究和发展飞机工装制造协调技术。最早的飞机工装协调是基于模拟量的协调。这种方法主要依靠人工经验和相对简单的测量工具来进行协调。尽管其在当时起到了一定的作用,但由于受到人为因素和测量误差的影响,模拟量协调方法存在着一定的局限性。随着计算机技术的发展,数字量协调方法逐渐取代了模拟量协调方法。数字量协调方法利用计算机进行数据处理和分析,能够更准确地确定工装制造中的各种参数(也包括尺寸)。这种方法大大提高了协调的准确性和效率,并被广泛应用于飞机制造领域。近年来,随着飞机制造的复杂化和精细化,综合协调方法逐渐兴起。综合协调方法是将多种协调方法综合应用,通过结合模拟量协调、数字量协调等不同的技术手段来解决复杂工装制造中的问题的。综合协调方法在提高协调效率和准确性的同时,还能更好地满足飞机制造过程中的特殊需求。

2.1　模拟量协调

　　工装模拟量协调指的是传统工装设计制造中采用模线样板、标准工艺装备进行协调的工作方法。模线样板、标准工艺装备作为原始制造和协调依据,通过自身外形和孔位传递产品外形和交点要求,并保证产品制造过程的协调互换,然后以此为依据制造表面样件、过渡工装等,直至完成飞机型架制造。通过对产品关键互换与协调部位进行真实几何形状(刚性实体)类比模拟,来体现产品零部件间的装配关系,并以此实体为依据协调制造工装和加工产品,从而保证该关键部位的尺寸、外形关系使用同一依据,减少误差环节,保证其装配误差控制在允许的范围内。这一以类比模拟实体为依据进行的制造工艺协调称为模拟量传递协调。这些类比模拟实体称为协调工装,包括样板、标准样件、标准量规、标准平板及过渡工装、工序件等。在模拟量传递协调中标准工装协调占主导,与之协调的工装装配部位全部或局部是以标准工装为依据制造安装的。这种工艺方法具有方便、快捷、协调性好、有利于工装的返修及复制等优点。标准工装协调法包含模线样板协调法、标准样件协调法、模线样板-局部样件协调法等。

2.1.1　模线样板协调法

模线样板协调法以平面模线(明胶板/钢板晒相或明胶板打印)及外检样板作为原始依据,以样板为协调依据,通过其上的基准(站位、孔位等)确立零部件立体的几何关系,完成工艺装备制造。此种方法协调路线短且简单,样板结构易加工,可与工艺装备设计并行,生产周期较短,经济性好。但对于形状复杂的曲面,此方法易造成不协调,积累误差较大。

2.1.2　标准样件协调法

标准样件协调法以立体型的零、部件外形表面标准样件作为外形协调的原始依据,以各类标准样件作为主要的移形工具,协调制造有关零、部件的工艺装备。各控制截面和接头的空间位置由样件保证,减少了尺寸、形状移制的转换环节,提高了协调精度,特别有利于工艺装备的复制和检修。但此类方法工作量大、费用高,不利于交叉作业,生产准备周期长,样件保存需要大面积恒温恒湿库房。将这种方法用于复杂且协调准确度要求高的工艺装备,有利于保证产品的互换性。

2.1.3　模线样板-局部样件协调法

模线样板-局部样件协调法是一种在整体上采用尺寸控制而在局部采用标准工装进行协调的方法。该方法以采用模线样板为主,对一些外形曲率变化大的部位或交点采用局部标准工装协调制造工艺装备,同时利用机械坐标系统和光学坐标系统建立空间关系,以控制产品的几何精度。这是建立在型架装配机和光学工具法基础上的一种方法,它集中了模线样板工作法和标准样件工作法的优点,解决了大型工装的制造问题,既抓住了协调的重点,又有利于平行作业,其经济性优于标准样件工作法。

2.2　数字量协调

数字量协调是以飞机结构外形数学模型为基础,以计算机、激光跟踪仪、数控加工技术、照相检验为主要手段进行测量安装,必要时采用加强架/板、增加增强参考系统(Enhance Reference System,ERS)点等方法,来完成工艺装备的设计制造与协调的,其依据是同一数学模型。数字量协调的特点包括:①减少了制造误差的积累,提高了协调准确度;②减少了标准工装,缩短了生产准备周期并减少了库房占用面积;③提高了机械加工零件的生产效率和质量。数字量协调法主要应用于机械加工(简称"机加")类零件和工装装配。利用数控加工技术来加工工装的零件,以保证零件的精度和一致性;通过使用激光跟踪仪测量装配对象和工装的尺寸和位置,可以获取准确的数据,并进行必要的调整和协调。

数字量协调方法对于外形和结构复杂、机加件多以及协调要求高的产品,更显其优越性。该方法对于数控设备重复定位精度、加工精度、刀具选择、编程人员及设备操作人员水平、数控检测手段等的要求不可忽视,而且仅有工程数据还不足以支撑制造。这就需要专业技术人员通过制造数据集和检验数据集把工艺设计信息、检验信息一一加入工程数据集中,形成一种衍生数据集,这是数字量协调的重要一环。数字量协调技术可以实现对分散部件的安装,满足集成化的需要。

　　工装制造工作规范性要求较高,相关人员需要优化设计环节,提高整体制造能力。在实际的工装作业中,工装零件种类繁多,制造特点复杂,制造工艺要求高。在工装制造协调中,采用数字化标准工装协调技术,形成一体化的装配协调系统,可在保证装配协调工作正常稳定进行的同时,降低装配协调的成本。在具体的装配协调分配中,不同技术的针对性存在差异。数字量协调的工装研制、生产周期比模拟量协调的工装研制、生产周期要短很多,这是因为减少了样件、样板图样的设计时间及样板、样件制造和样件对合等时间。不仅如此,由于生产周期与工作面的大小成反比,与工作量成正比,数字量协调的工装制造的工作面远远大于模拟量协调的工装制造的工作面,因此采用数字量协调制造周期短。

2.3　综　合　协　调

　　综合运用数字量协调方法和模拟量协调方法,可充分发挥它们各自的优点。当协调公差小于0.1 mm时,应尽量选用模拟量协调。这就需要工装设计师、工艺设计师等工程设计人员对几何公差有正确、深刻的理解和运用,在正确理解几何公差的基础上进行容差分配,合理选择标准工艺装备和生产工艺装备,进而进行工装设计来满足工装制造工艺性、可靠性、经济性要求,满足飞机设计、制造需求。在一些比较复杂的零件装配协调中,可以采用模拟量与数字量综合协调法,它对于装配协调具有更好的效果。

　　模拟量和数字量的综合协调工作法可分为以下两种:

　　(1)以模线样板为基础的模拟量与数字量传递相结合的协调工作法。在这种体系下,用平面形状的实体模拟量,如模线、样板,传递需要控制截面的曲线外形和尺寸;用立体的实体模拟量,如标准量规、局部综合标准样件,传递协调准确度要求高的空间接头组及局部外形与接头间关系复杂部位的尺寸与形状;对一般要求不高的控制切面、接头组等在空间的相互位置,如型架中各外形定位件间的相互位置,则用样板将外形与外形、外形与成组接头间的关系通过划线钻孔台等转化为用数字量体现的基准孔、安装孔等之间的关系,然后再用型架装配机、光学-机械测量等空间坐标系统确定其相互位置。这种协调工作法可省去大量的标准样件,除样板外,只需要少量的标准量规、标准平板、局部综合标准样件等标准工艺装备。

　　(2)以计算机和数控技术为基础的数字量与模拟量传递相结合的协调工作法。采用这一协调方法可缩短协调路线,增加平行工作面。通过保证相关协调尺寸的制造准确度,保证各工艺装备协调部位的一致性。此外,该方法还能大量减少样板、零件工艺装备和机加零件的工艺装备以及零件样件,需要的标准工艺装备很少,只是对间距尺寸较大、协调准确度要求较高的对接接头部位和外形复杂或外形与接头的空间关系复杂的立体部位,仍采用少量的标准量规、组合件综合标准样件和外形标准样件,从而保证工艺装备之间的协调性。

第3章 工装零件制造技术

3.1 概　　述

飞机工装零件的制造是一个高度专业化和精密的领域,涵盖了多种先进的制造方法和工艺。飞机工装零件制造技术主要包括外形加工、孔轴加工、焊接、铸造、表面处理和应力消除等技术。其中,外形加工技术主要用于加工工装卡板和模胎等零件的外形,孔轴加工技术主要用于加工衬套类零件和轴销类零件,焊接技术主要用于大型框架焊接和夹具焊接,铸造技术主要用于铝合金砂型铸造和熔模铸造,表面处理技术用于改善材料的外观、耐腐蚀性、耐磨性以及其他表面性质,应力消除技术用于减少或消除材料内部残余应力。

3.2 外形加工技术

外形加工技术是指利用各种机械方法对材料进行切削、成形或塑造,以达到特定的外形和尺寸的加工技术。这一技术在制造业中占据核心地位,涵盖了从传统手工艺到高度自动化和计算机辅助的现代方法。外形加工的主要方法包括车削、铣削、磨削、铸造和锻造等。车削和铣削是最常见的切削加工方式,用于生产轴类、齿轮、凸轮和复杂轮廓的零件。磨削则用于实现高精度和高表面质量。铸造和锻造则适用于生产形状复杂、尺寸大的零件。

随着工业技术的进步,尤其是计算机数控(Computer Numerical Control,CNC)技术的发展,外形加工的精度和效率得到了显著提升。CNC技术允许通过编程精确控制切削工具的移动,从而实现复杂的几何形状加工。此外,增材制造技术的出现,为生产更加复杂和定制化的零件提供了可能性。

3.2.1 卡板

飞机进行总装或部件铆装必须用型架工装对其进行定位或钻铆,而型架工装依靠各框定位卡板将各待装零件进行定位,型架的精度在很大程度上决定了飞机装配精度,型架精度的直接决定因素就是各零件的定位销及各定位卡板。传统的铝卡板采用手工、传统铣床、钻床等加工设备进行加工。这种方法加工效率低、加工精度差、操作难度大等缺点使其已经无法满足现代工业生产的要求。数控加工是利用计算机技术控制机床进行加工的一种新兴的加工方式,适用于各种材料的加工。鉴于卡板制造精度的重要性,数控加工时如何保证卡板不变形、不扭曲,从而保证卡板的精度,就成为卡板制造中的难点。

卡板类零件的制造工艺流程如下:

(1)铝卡板下料,钳工按毛坯图均匀留量,采用等离子、水切割、激光切割等方法下料,一般不留数控加工搭压板量。

(2)使用高速铣削或刨削加工好卡板厚度,保证上下面的平行度。

(3)使用压板将卡板整个底面压实紧贴在平台面或辅助垫块上,选择合适直径的平底刀,将有型面一侧按最大外形进行大量去除,加工好型面。型面加工完成后,换上钻头及铰刀,钻铰好光学工具点(Optical Tooling Point,OTP)孔和其他安装孔。

(4)松开压板,将压板移至已加工完成侧,找正已加工完成的 OTP 孔,按程序加工外轮廓。

(5)由于型面是采用带有一定圆角的平底刀加工的,为保护好平台面,卡板下型面应有一定量的残留。

(6)数控加工结束后,型面有比较明显的刀纹,由钳工人工抛光型面,并去除残余。

3.2.2　模胎

模胎用于单曲面、双曲面和不规则曲面钣金零件的手工修整成形、配套和检验等。模胎按功能可分为修正模胎、检验模胎和配套模胎。修正模胎用于手工敲修成形零件,检验模胎作为钣金件验收的依据,配套模胎用于半管类、球面类零件等的修正配套切割和检验。

模胎按材料可分为金属模胎和非金属模胎。金属模胎的加工工艺过程如下:

(1)下料:按照材料表下料。

(2)检验:检查凸模毛料尺寸;按图纸制作临时吊挂孔,安装临时吊挂;将螺纹拧紧至根部。

(3)龙门铣:铣凸模和凹模六面。

(4)数铣:在凸模、凹模两侧铣压板槽,按照图纸制造吊挂孔。

(5)攻丝:攻丝,制吊挂孔,将螺纹拧紧至根部。

(6)数控加工:按照数控工艺单草图摆放;按程序粗铣凸模、凹模工作形;制基准孔,精铣基准小平面;按程序半精铣凸模、凹模工作形;按程序制底孔,并精铣孔;按程序在凸模上刻零件外形线。

(7)钳工:补全并加深各线不清晰处,去除线上毛刺;打光凸模型面,保留隐约刀花,修光流线,清理地面,保证基准孔和基准面干净、无毛刺;按压套规范压入模体上钻模板定位孔的衬套,压正。

(8)车削:配车衬套导向。

(9)测量:计量工装零件线以内型面、零件外形线、孔等。

(10)钳工:按图打光凸模型面,修光流线,做各线标记;按照合格凸模垫均匀料厚,研修并打光凸模型面,修光流线;保证均匀料厚间隙,装配凸模、凹模,由焊工配合在非工作面点焊牢固,清理焊渣。

(11)焊接:配合焊工点焊牢固。

(12)数控加工:铣组合件长度方向两端平面,保证平行;按导向板配制凸模和凹模上的螺、销钉孔;精铣凹模顶面,保证其与底面的平行度及其平面度。

(13)钳工:配合数控制螺、销钉孔,装导向板,保证安装后牢固,不错位,顺利滑合;磨开焊点,拆开模具,去除铅皮,清理干净各件型面;在模体上标记出上、下模不能同时起吊;修非工作棱边圆角,装配成套。

(14)数控加工:按螺钉孔位置制凹模落锤孔底孔。

(15)钳工:按钻模板引制模体上钻套孔的过孔,保证同心;在凸模的非工作区及钻模板上做对应标记,把钻模板用系留绳固定在模体上;装配成套,测量外廓尺寸,称重,打标记、标识,打基准孔实测值。

(16)刷漆:非工作面刷漆。

(17)检验:目视检查型面质量,做标记、标识,核对版次。

非金属模胎的加工工艺过程如下:

(1)下料:依据工艺提供纸模线下料。

(2)木工:按工艺提供纸模线,将处理完成的木板纵横拼接,表面使用胶合板封腔。

(3)铸造:依据木模制造铸铝基体。

(4)热处理:浇注完成的铸铝基体清理完成后进行热处理。

(5)数控加工:数铣铸铝基体,四周及底面见光,保证平面度,制吊挂孔,随型数控加工工装型面。

(6)注胶:在铝基体侧面安装吊挂,在铝基体表面嵌入螺钉,随型封浇注腔。

(7)注胶:将树脂胶按照工艺提供比例充分搅拌混合后浇注。

(8)数控加工:依据工艺提供程序粗、精铣工装型面,划线、制孔。

(9)注胶:补全并加深各线不清晰处,去除线上毛刺;打光工装型面,修光流线;按压套规范压入模体上钻模板定位孔的衬套,压正。

(10)车削:配车衬套导向。

(11)计量:计量工装零件线以内型面、零件外形线、孔等。

(12)划线:对工装型面各线进行涂墨,对各线做标记,依据测量数据标记各基准孔实测值。

(13)刷漆:非工作面刷漆。

(14)钳工:测量外廓尺寸,称重,打标牌。

(15)检验:目视检查型面质量,做标记、标识,核对版次。

3.3 孔轴加工技术

孔轴加工技术是机械制造和精密工程领域的核心组成部分,主要涉及创建、加工孔和轴类零件。这些零件在各种机械系统中至关重要,用于保持部件的正确位置和转动。孔轴加工技术包括多种方法,如钻孔、铰孔、镗孔、磨削和车削等。钻孔是最常见的孔加工方法,适用于创建新孔或扩大已有孔;铰孔用于提高表面质量;镗孔用于加工大直径孔,提高孔的精度和表面质量。轴类零件通常通过车削加工,这是一种利用旋转刀具对旋转工件进行切削的方法,适用于制造圆柱形或锥形部件。磨削则用于获得更高的表面质量和尺寸精度。

3.3.1　衬套类零件

图 3.1 所示为典型衬套类零件。衬套类零件是一类常见的机械元件,主要用于减少摩擦、防止磨损或作为轴承的一部分。衬套类零件制造技术涉及多种加工方法和材料选择,以满足不同的应用需求。

图 3.1　衬套类零件

衬套的加工工艺主要包括以下几个步骤。

(1)材料选择:根据衬套的使用条件和性能要求选择合适的材料。常用材料有碳钢、合金钢等。

(2)切削加工:使用车床、铣床等机床对材料进行粗加工,以达到大致的尺寸和形状。

(3)热处理:为了提高材料的硬度、耐磨性和切削性能,可能需要对衬套材料进行热处理,如淬火、退火等。

(4)精加工:使用精密机床进行精加工,以确保衬套的尺寸精度和表面质量。这一步骤可能包括磨削和抛光等工序。

(5)检验:对加工完成的衬套需要进行尺寸和表面质量的检验,确保其满足设计要求。

(6)表面处理:按照工装图样和技术文件要求,对衬套进行发蓝、镀锌、镀铬等表面处理。

(7)装配:将衬套装配到相应的部件中。

3.3.2　销轴类零件

图 3.2 所示为销轴类零件,其通常由高强度材料制成,如高碳钢、合金钢等。销轴类零件作为一种非标类零件,结构简单,用量巨大,生产工艺差异性大。轴类零件通常是圆柱形的,用于定位、连接或支撑其他零件,部分需要具有足够的强度和刚性来抵抗较大的剪切力。销类零件通常用于固定或连接两个或更多的组件,它们可能是直的或有特定形状的,如圆形、方形等。在工装上,销钉用于确保工装结构的完整性,特别是用于工装关键部件的连接中。

图 3.2　销轴类零件

销轴类零件的加工工艺主要包括以下几个步骤。

(1)材料选择:根据销轴的使用要求,选择合适的材料,如碳钢、合金钢等。

(2)毛坯制备：对选定的材料进行切割，以制备出大致尺寸的毛坯。这通常通过锯切或其他切割方法完成。

(3)加工中心孔：按照《中心孔》(GB/T 145—2001)或其他相应标准，以及后续加工需求，选择中心孔类型，依据零件加工精度等级要求，采取车削(外圆、端面)、钻孔、研磨和热处理工艺对中心孔进行加工。

(4)粗加工：在车床上进行粗加工，去除多余的材料，使毛坯接近最终尺寸。这一步骤可能包括车削外圆、端面和沟槽等。

(5)钻孔和铣削：对于有孔或槽的销轴进行钻孔、铣削等加工。

(6)热处理：根据需要进行热处理以提高材料的机械性能，如硬度、强度等。常见的热处理工艺包括淬火、回火等。

(7)精加工：在完成热处理后，对销轴进行精加工，确保其达到所需的尺寸精度和表面质量。精加工通常包括精车、磨削等工序。

(8)表面处理：根据需求对销轴进行表面处理，如镀层、喷涂、抛光等，以提升其耐腐蚀性、耐磨性或外观。

(9)检验：对加工完成的销轴进行尺寸和质量检验，确保满足设计要求。

(10)装配：将销轴装配到相应的部件中。

以上工序应根据具体的应用和销轴的特定要求进行调整。

3.4 焊接技术

焊接技术是现代制造业不可或缺的一部分，它涉及使用热量或压力来连接金属或其他热塑性材料。从焊接历史上最早出现的锻焊技术，到今天的高科技激光和电子束焊接，焊接技术经历了长足的发展。在 20 世纪初，随着电力的普及和相关技术的进步，电弧焊和气体焊成为主流焊接方法。这些方法在第二次世界大战期间尤其重要，对船舶和飞机的大规模生产产生了重大影响。进入 20 世纪后半叶，随着技术的进一步发展，更加精细和高效的焊接技术诞生，如钨极气体保护焊、惰性气体保护焊和熔化极气体保护电弧焊。21 世纪的焊接技术继续朝着自动化和智能化的方向发展，激光焊接和电子束焊接技术在精密制造中变得越来越重要。如今，焊接技术不仅在传统制造领域发挥着关键作用，也在新兴领域(如航天、可再生能源和医疗设备制造)中扮演着越来越重要的角色。这项技术的多样性和适应性使其成为现代工程和制造的基石。焊接技术主要用于大型框架的制造。

3.4.1 大型框架焊接的几何尺寸控制

(1)平面焊接框架应在焊接平台或厂房地坪上画线组合，相互垂直的基准线要利用平尺、角尺等工具进行打点连线。

(2)立体框架，除按以上要求控制基准平面的画线外，还应采用拉线、吊线法控制立体框架的基准和元件间的相互关系。

(3)浇注用的元件，要选用同一测量基准组合，避免产生积累误差。

3.4.2　框架一般焊接方法

框架的一般焊接方法见表 3.1。

表 3.1　框架的一般焊接方法

材　料	焊前准备	组合和定位焊	焊　接	消除焊接应力的方法
钢	（1）机械打磨焊接处 20 mm范围内的锈蚀；（2）清除焊接表面油污；（3）对焊接性能差的材料进行预热	（1）固定修配合格的构架元件；（2）定位点焊、间断焊接、连续焊接；（3）采取减少焊接变形的措施	手工电弧焊或埋弧	可采用下述任一方法：（1）人工时效(退火)；（2）自然时效，即将焊后的框架放置 10 d 以上；（3）振动消除应力
铝合金	（1）在焊前 8 h 内,对基体的焊接表面用钢丝刷、刮刀等进行机械清理；（2）对焊丝进行酸洗；（3）对基体预热		脉冲氩弧焊	人工时效

3.4.3　框架的组焊公差

框架的组焊公差见表 3.2。

表 3.2　框架组焊公差

单位：mm

	类　型			
	外廓尺寸小于 1 500×1 500		外廓尺寸大于 1 500×1 500	
	标准工艺装备	型架	标准工艺装备	型架
A、B、C	±3	±5	±5	±7
a、b、c	±2	±2	±3	±3

3.4.4　减小框架焊接变形的措施

减小框架焊接变形的措施见表 3.3。

表 3.3　减小框架焊接变形的措施

措　施	图　例	说　明
反变形法	焊前 焊后	预先制出或摆放出反变形的角度 $\alpha \approx 1.5°$

续 表

措 施	图 例	说 明
合理的焊接顺序	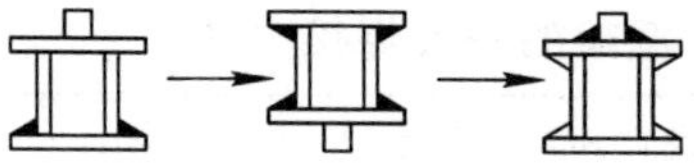	对称的焊缝应同时、对称焊接,先焊焊缝少的一侧,使各条焊缝产生的变形相互抵消
合理的装配顺序	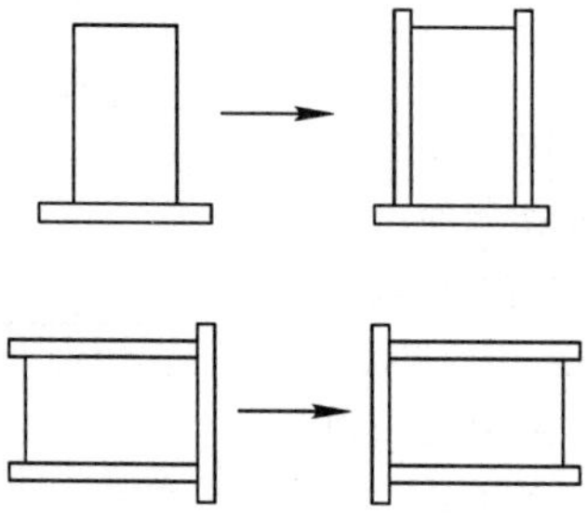	边装配边焊接,以减少相互牵制的变形
刚体固定法	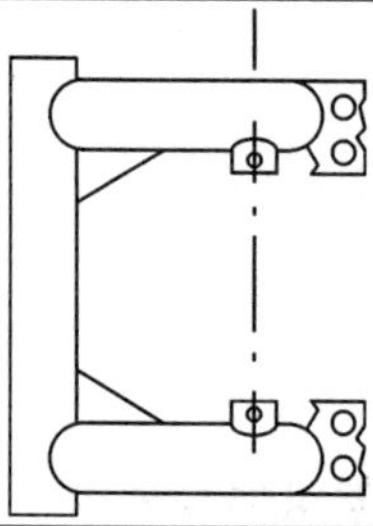	在焊前点焊临时支撑,以加强焊件的刚性,时效后去除
	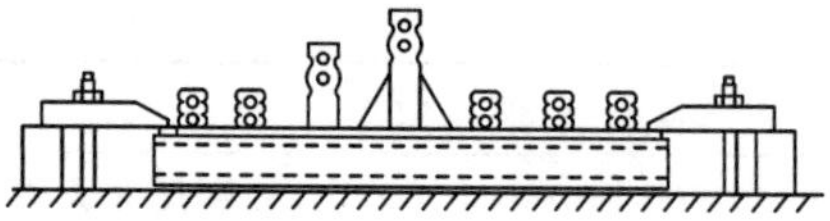	用压板等将焊件固定在平台上,焊完冷却后撤去压板

3.4.5 框架焊接工艺

1.Q235 材料框架焊接工序

焊接方法常采用二氧化碳混合气体保护焊,焊丝牌号为 ER50-6,焊接形式为角焊,焊接电压为 $20\sim35$ V,焊接电流为 $150\sim240$ A。工艺流程如下:

(1)配合钳工点焊框架各组件。

(2)划线、段焊,框板每个隔断按段焊 $80\sim130$ mm 均匀分布,焊接由中间向长度方向两端对称进行。

(3)焊接,每个纵横隔板十字交叉处对角对称焊,变形量不大于 4 mm,焊缝美观。

(4)焊接吊挂加强板。

(5)检查框架组件焊接后的变形情况。

2.K93603 材料框架焊接工序

焊接方法常采用二氧化碳混合气体保护焊,焊丝牌号为 INVAR M93,焊接形式为角焊,焊接电压为 $20\sim35$ V,焊接电流为 $150\sim240$ A。工艺流程如下:

(1)配合钳工点焊框架各组件。

(2)划线、段焊,框板每个隔断按段焊 80～130 mm 均匀分布,焊接由中间向长度方向两端对称进行。

(3)焊接,每个纵横隔板十字交叉处对角对称焊,变形量不大于 4 mm,焊缝美观。

(4)焊接吊挂加强板。

(5)检查框架组件焊接后的变形情况。

3.4.6　型板焊接的工艺

1. Q235 材料型板焊接工序

型板与框架的焊接及型板之间的焊接采用对接焊缝,工艺流程如下:

(1)配合钳工压型点焊型板与框架。

(2)型板与框架段焊,焊接由中间向长度方向两端焊接,变形量不大于 4 mm,焊缝美观;焊接方法常采用二氧化碳混合气体保护焊,焊丝牌号为 ER50 - 6;焊接形式为角焊;焊接电压为 20～35 V,焊接电流为 150～240 A。

(3)焊接型板对缝,前三层用氩弧焊焊接,第一层不填焊丝,熔焊;后续几层用氩弧焊或二氧化碳混合气体保护焊进行填充,焊缝饱满,无裂纹。焊接方法采用二氧化碳混合气体保护焊和氩弧焊;焊丝牌号为 ER50 - 6;焊接形式为对焊;对焊坡口形式为 V 形坡口,18 mm×60°。二氧化碳气体保护焊焊接参数:焊接电压为 20～35 V,焊接电流为 150～240 A。氩弧焊焊接电流为 110～220 A。焊前准备要求:抛光焊接坡口及焊接面,去除干涉处。焊接过程要求:每层焊接前需进行抛光,一层段焊接头处也需进行抛光,去除氧化层及焊渣。

2. K93603 材料型板焊接工序

(1)配合钳工压型点焊型板与框架。

(2)型板与框架段焊。变形量不大于 4 mm,焊缝美观;焊接方法采用二氧化碳混合气体保护焊;焊丝牌号为 INVAR M93;焊接形式为 U 角焊;焊接电压为 20～35 V;焊接电流为 150～240 A。

(3)焊接型板对缝。前三层用氩弧焊焊接,第一层不填焊丝,熔焊;后续几层用氩弧焊或二氧化碳混合气体保护焊进行填充,焊缝饱满,无裂纹。焊接方法采用二氧化碳混合气体保护焊和氩弧焊;焊丝牌号为 INVAR M93;焊接形式为对焊;对焊坡口形式为 V 形坡口,18 mm×60°。二氧化碳气体保护焊焊接参数:焊接电压为 20～35 V,焊接电流为 150～240 A。氩弧焊焊接电流为 110～220 A。

焊前准备要求:清理焊接坡口及焊接面,去除干涉处。焊接过程要求:每层焊接前应进行抛光,一层段焊接头处也应进行抛光,以去除氧化层及焊渣。

3.5　铸　造　技　术

铸造技术是一种古老而重要的制造方法,用于生产各种形状和大小的金属零件。该技术是将熔融金属倒入预制的铸型、型壳或模具中,待金属液冷却和凝固后获得所需的零件形状。铸造技术适用于生产形状复杂、尺寸大或批量生产的零件。铸造技术的种类繁多,包括砂型铸造、精密铸造、金属型铸造、压力铸造和连续铸造等。以下介绍工装制造常用的铝合金砂型铸造和熔模铸造技术。

3.5.1 铝合金砂型铸造

铝合金砂型铸造是用原砂、黏结剂和附加物等材料配制的型(芯)砂配合模样等工艺装备制造成铸型,将铝合金熔融液体浇注入铸型后冷却得到各种铸件的工艺方法。

1. 砂型铸造工艺

1)铸件在砂型中的位置

确定铸件在砂型中位置的一般原则如下:

(1)为减少气孔及氧化夹杂,铸件重要加工面和较大平面应朝下或侧立。

(2)为了便于安放顶冒口或侧冒口,减少铸件缩孔、疏松等缺陷,应将铸件厚大部分置于铸型最上方,如有困难,也应使热节点部分置于铸型的侧面。

(3)为了保证金属液充满型腔,铸件薄壁部分宜放在砂型下部或侧位。

(4)为了利于砂芯定位和稳固支承,以避免塌箱或错位,芯头部位尽可能设在下箱,尽量避免吊芯或悬臂式砂芯。

2)铸件分型面的选择

铸件分型面选择应满足以下原则:

(1)尽可能使铸件全部或大部分置于同一半铸型内,如达不到此要求,也应把铸件加工基准面置于同一半铸型内,以减少铸件尺寸偏差。

(2)尽量减少分型面数量,机器造型的中小铸件一般只设一个分型面。

(3)分型面尽量选用平面,必要时也可依铸件的形状选用曲面或折面分型面。

(4)分型面一般在铸型最大截面上,且勿使砂箱过高,以便于填砂、紧砂、拔模、下芯、合箱及检查型腔尺寸。

(5)不因分型面而削弱铸件结构强度。为保证形状对称的铸件受力面(或安装面)的性能对称和均一性,铸件受力面(或安装面)应置于铸型同一水平面上。

(6)利于浇冒口的合理设置,保证合金液平稳充填铸型和对铸件有较好的补缩。

(7)尽量减少型芯和活块数量,以保证铸件尺寸精度,减少清理和修整工作量。

(8)铸件的结构要素应直接铸出,以保证铸件轮廓清晰、尺寸准确。

(9)便于铸件落砂、清理和打磨。

3)浇注系统设计

浇注系统设计是铝合金砂型铸造工艺设计的重要组成部分。合理的浇注系统设计应满足下列要求:

(1)金属液充型平稳,流程距离较短,能顺利充满型腔,铸件无冷隔或欠铸缺陷。

(2)创造铸件顺序凝固的有利条件,激冷效果好,铸件凝固速度较快,无局部过热,铸件结晶致密,无疏松、缩裂等缺陷。

(3)浇道具有很好的阻挡金属液中夹杂物进入铸型的作用,并将夹杂物引入冒口,必要时可在浇道内恰当部位设置集渣包。

（4）型腔和型芯排气性好。

（5）浇冒口容易去除和清理,合金液消耗量较少。

（6）不破坏铸件的定位基准点、面。

浇注系统的类型、特点及适用范围见表 3.4。

表 3.4　浇注系统的类型、特点及适用范围

类　型	特　点	适用范围
顶注式	金属液从铸型的顶部引入型腔,有利于顺序凝固、补缩和充型,造型工艺简单,但铸件易产生砂眼、气孔、氧化夹渣等缺陷	形状简单和高度较小的小型铸件
底注式	金属液从铸型底部引入型腔,充型平稳,不易氧化,排气容易,挡渣良好,但不利于补缩和充型,易使铸件产生疏松、欠铸和冷隔等缺陷	高度大于 150 mm 的铝合金铸件
中间注入式	金属液从铸型分型面引入型腔,造型工艺简单,操作方便。其优、缺点介于顶注式和底注式之间	结构较复杂,壁厚均匀,对称的中小铸件,在机器造型时广泛使用
缝隙注入式	金属液通过沿铸件高度方向的单层薄片状内浇道引入型腔,随着型腔内液面上升,立缝宽度和截面面积增大,充型平稳,不易产生二次氧化夹渣,有利于铸件顺序凝固,但铸件清理较困难	高度较大的圆筒状壳体和壁板类铸件,尤其适用于大型镁合金铸件

4）浇注系统结构及尺寸确定

铝、镁合金在液态时具有急剧氧化和吸气的特性,在浇注系统的结构形式上有其特殊之处。其结构类型见表 3.5。

表 3.5　铝、镁合金浇注系统的结构类型

类　型	浇道各组元截面比例	应用范围
开放式	$F_z:\sum F_h:\sum F_n=1:(2\sim3):(3\sim4)$ $F_z:\sum F_h:\sum F_n=1:(2\sim4):(3\sim6)$ $F_z:\sum F_h:\sum F_n=1:(3\sim5):(4\sim8)$	铝合金中小件 镁合金中小件 镁合金大件
半封闭式	$F_z:\sum F_h:\sum F_n=(1.2\sim1.4):(2\sim4):1$	铝合金大件

注:F_z、F_h、F_n 分别为直浇道、横浇道、内浇道截面积。

浇注系统结构一般由浇口杯、浇口塞(或挡片)、直浇道、缓冲包、横浇道、过滤网、内浇道和排气口等组成,如图 3.3 所示。

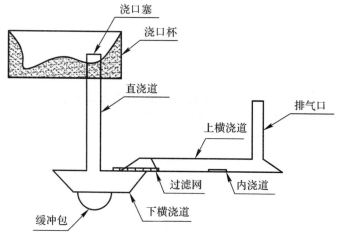

图 3.3　浇注系统结构

铝、镁合金铸件大都采用开放式浇注系统,其直浇道的截面积最小,所以首先要确定直浇道的底部截面积,然后按照浇注系统各单元截面积之比确定其他单元浇道的截面。浇注系统最小截面积的确定常采用理论计算法、经验计算法、查图计算法。

5)补缩系统设计

(1)冒口设计。

冒口的作用:补偿铸件凝固时的收缩,便于排气和浮渣,调整铸件凝固时的温度分布,控制铸件的凝固顺序。

冒口的设计原则:冒口应比铸件被补缩部位凝固得晚;冒口体积的大小,应保证有足够的金属液来补偿铸件的体收缩;对结晶温度间隔较宽的合金铸件,需将冒口与浇注系统、冷铁配合使用,使铸件在凝固阶段向冒口方向顺序凝固。

冒口的设置部位和补缩效果见表 3.6。

表 3.6　冒口的设置部位和补缩效果

种　类		设置部位	补缩效果
明冒口	顶冒口	铸件最高位置或热节部位上部	补缩效果最好,浮渣、排气容易
	侧冒口	铸件侧面或下部热节处	补缩效果好
	贴边冒口	铸件中、下部并垂直壁厚较小的部位	补缩效果较好,与补贴工艺配合使用
暗冒口		铸件的任何热节部位	补缩、浮渣和排气均比明冒口差

注:冒口形状有球体、圆柱体、正方柱体和长方柱体,按具体铸件选择。

(2)冷铁设计和应用。合理地应用冷铁是获得优质铝合金砂型铸件的重要手段之一,冷铁常与浇冒口配合使用,以排除铸件中的疏松、针孔、裂纹等缺陷。铸件愈大、愈复杂,热节愈多,需用冷铁也愈多。

冷铁的作用:使铸件厚薄不同的部位顺序凝固或同时凝固;加快铸件厚大部位的冷却速度,以获得较细的晶粒组织,提高铸件的气密性和力学性能;与冒口联用,改善冒口的补缩功能。

冷铁的设置部位:冷铁经常安置在铸件厚大部位和热节处,有时也要放在冒口下部或内浇道对面;对于铸件上没有冒口补缩的凸台,其高度在 4 mm 以上时,一般都应安放冷铁。凸台高为 4～10 mm 时,应安放成型冷铁。

冷铁材料的应用见表 3.7

表 3.7　冷铁材料的应用

冷铁材料	应用效果
铸铁冷铁	比较经济,制作方便,热容大,导热性好,应用广泛
铸铝冷铁	比较经济,制作方便,导热性较铸铁好,通常用于激冷速度快、热节点较小的部位;多次使用后产生氧化膜,传热能力显著降低,激冷作用减弱,不宜用于被合金液包围、热量不易散失的部位
铸钢冷铁	导热性好,热容量大,激冷效果很好,但不经济,仅用于要求有最大激冷作用的某些部位
电极石墨砂	热导率比铸铁大,制备简单,与砂芯一并制成,并放在铸件需激冷的部位,适用于型芯形状复杂的激冷部位
刚玉砂	热导率和热容量比石墨砂小,但比石英砂大,制作方法与石墨砂相似,适用于铸型(芯)形状复杂但热节点较小处

铸铁制外冷铁厚度的确定方法见表 3.8。

表 3.8　铸铁制外冷铁厚度的确定

铸件平均壁厚度/mm	铸件热节点圆直径	冷铁厚度
≤10	$<2\delta$	8～12 mm
	$>2\delta$	$1.0T$
	$>3\delta$	$0.8T$,与冒口配合使用
>10	$<2.5\delta$	$(0.8～1.0)T$
	$>2.5\delta$	$0.6T$,与冒口配合使用

注:δ 为铸件的平均壁厚;T 为热节处的厚度或连接壁壁厚。

6)砂芯设计

砂芯设计主要是确定砂芯的形状和个数、芯头结构、下芯顺序、砂的通气和加强方法;采用热芯盒、壳芯或冷芯盒制芯时,其设计要保证芯能射砂紧实并顺利地被成形、硬化等。确定砂芯形状的基本原则如下:

(1)保证铸件尺寸精度。铸件内腔尺寸精度要求高的部分由同一半砂芯形成,避免被分盒面分割。

(2)砂芯简单化。将大而复杂的砂芯分为若干个小而简单的砂芯或使芯盒通用。

(3)减少砂芯数目。用砂胎(自带芯)或吊砂替代砂芯。

(4)便于填砂和烘干支撑。沿最大截面将砂芯切分为两半制作。

(5)足够的断面。每块砂芯有足够的断面,保证一定的强度和刚度,砂芯中的气体易排出。

2. 造型工艺

常用的造型方法、种类、特点及使用范围见表 3.9。

表 3.9　常用的造型方法、种类、特点及使用范围

造型方法	种　类	特　点	使用范围
手工造型	砂箱造型	在砂箱内造型,操作较方便,劳动量较小	大、中、小铸件,大量成批和单件生产均可使用
	分箱造型(劈模造型)	将模型和砂箱分成相应的几块,分别造型,然后组装起来,造型、烘干、搬运、合箱、检验等工序操作方便,但制造模样及砂箱的工作量大	成批生产的大型复杂铸件
	脱箱造型(无箱造型)	造型后取走砂箱,在无箱或加套箱的情况下浇注	大批量、成批或单件生产的小件
	地坑造型	在车间的地砂坑中造型,不用砂箱或只用盖箱,操作较麻烦,劳动强度大	在无合适砂箱时,用于中大型铸件的单件生产
	组芯造型	在砂箱、地坑中或用夹具组装多块砂芯铸型	结构复杂的铸件的单件或成批生产
	刮板造型	用专制的刮板刮制铸型,节省制造模样的材料和工时,但造型操作麻烦,生产率低	外形简单或回转体铸件的单件小批生产
滑模造型		砂箱定位在型板上,紧实型砂后,由漏模板承托住砂型,模样从漏模板框内漏出(或顶起漏模板),完成漏模操作。其操作简便,型腔不易损坏,生产率较高	产量较大、外型复杂、要求铸造倾斜度小、尺寸精度高的小型铸件
机器造型	震压式	在震击后加压紧实铸型,克服震击后铸型上部疏松的缺点。其机器结构简单,生产率较高,但噪声较大	中小型件的成批大量生产,常用于脱箱造型
	微震压式	在微震的同时加压紧实铸型,生产率较高,但机器复杂,仍有噪声	中小型件的成批大量生产
负压造型(真空密封)		利用极薄而富有弹性的塑料薄膜将砂箱内无黏结剂的干砂密封,利用真空负压使型砂形成铸型并紧实,生产率高,表面光洁,特别易出箱落砂,成本低,但设备复杂	中小型件的成批大量生产,如油箱箱盖之类的板形结构件

砂型造型的工艺要点如下:

(1)型砂需经检测,符合性能要求。

(2)型砂必须清洁,不得有炭块、草根和烟蒂之类的杂物。型砂应松散,不得有团块,不得有颗粒状的保护剂。面砂或单一砂在使用前要用筛孔为 4 mm×4 mm 的筛网过筛。

（3）对砂型紧实度要严格控制，既要使铸件成形后有较高等级的表面粗糙度，又要保证在浇注时型腔排气性好。

（4）对放有冷铁的砂型，应保持冷铁的准确位置，冷铁与冷铁之间的距离为 2～5 mm，冷铁应贴紧模样。

（5）在砂型的上箱用直径为 3～5 mm 的通气针扎通气孔，铸型局部排气困难而影响铸件成型时，在该处可扎出穿通的通气孔。

（6）大件砂型和放有冷铁的部位，在合箱浇注前，需用喷灯、红外线等加热措施对型腔进行表面干燥，然后在 1.5 h 内浇注完毕。

（7）砂芯的通气孔必须畅通，并引出型外。

3.5.2 熔模铸造

熔模铸造又称失蜡铸造，是精密铸造工艺方法的一种。熔模铸造工艺过程是，先用易熔模料制成模型并将其组成模组，在模组上涂挂多层耐火材料，待涂料层硬化后，将模组加热，熔出模料形成型壳，型壳焙烧后浇注金属液，从而获得与易熔模型形状一致的铸件。

熔模铸件铸造工艺设计的任务是确定合理的工艺方案，采取必要的工艺措施，保证生产出质量优良、价格低的熔模铸件。因此，在设计过程中要确保铸件质量的可靠、生产工艺的可行和简易以及经济合理性。

1. 铸件制造工艺

1）铸孔

熔模铸造铸孔分为通孔、盲孔和形状复杂的异形细孔。一般铸孔的直径与孔深的关系见表 3.10。

表 3.10 铸孔直径与孔深的关系

孔的直径/mm	最大孔深/mm	
	通 孔	盲 孔
3～5	5～10	～5
>5～10	10～30	5～15
>10～20	30～60	15～25
>20～40	60～120	25～50
>40～60	120～200	50～80
>60～100	200～300	80～100
>100	300～350	100～120

2）加工余量

确定加工余量时，要综合考虑铸件结构、生产特点、合金类型、尺寸精度、浇口位置、加工方法等因素。表 3.11 列出了一般熔模铸件的单面加工余量，表 3.12 列出了铸件加工方法与其单面加工余量的关系。

表 3.11 熔模铸件的单面加工余量

单位:mm

铸件最大尺寸	≤50	>50~120	>120~250	>260~400	>400~630
单面加工余量	0.5	0.5~1	1~1.5	1.5~2	2~3
浇口面加工余量	2~4				

表 3.12 铸件加工方法与其单面加工余量的关系

加工方法	单面加工余量/ mm			
	平　面	外　圆	内　孔	叶片型面
车削	1~2	0.7~2	1~2	
铣削	1~2			
磨削	0.2~1	0.2~1	0.2~0.7	0.15~0.5
无心磨削		0.2~0.7		
拉削	0.5~1.0		1~2.0	
钻孔			1~2.0	
扩孔			1~2.0	
镗孔			0.5~1.5	
铰孔			0.5~1.5	

3)工艺筋

熔模铸造采用的工艺筋通常有加强筋、防变形筋、防裂筋和补缩筋 4 种。工艺筋一般在热处理后去除或加工中去除,其一般厚度为 2~5 mm 或直径为 3~8 mm。工艺筋设计参考尺寸见表 3.13。

表 3.13 工艺筋尺寸

工艺筋名称	加强筋	防变形筋	防裂筋	补缩筋
筋厚度设计公式	$t=(0.7\sim0.8)\delta$	$t=2\sim8$ mm	$t=(0.25\sim0.35)\delta>2$ mm	$t=(1.2\sim1.5)\delta$

注:t 为筋厚度;δ 为设置工艺筋处铸件厚度。

4)工艺孔

为防止型壳剥落、开裂变形和铸件产生缩松、缩孔,以及为防止涂料堆积,在铸件大平面或厚大热节部位及铸件凹角处都应开设工艺孔(见图 3.4)。征得设计者同意后,工艺孔可以不予封堵。图 3.4 所示为带有一定深度的盲孔壳体类铸件,开设工艺孔可以增加型芯的支撑,同时防止涂料堆积。

5)工艺凸台

铸件工艺凸台有三种作用:对于不允许在较大面上开设工艺孔的铸件,以工艺凸台防止铸件壁厚增加;对于形状不规则的铸件,以工艺凸台作定位基准,使铸件在机械加工时便于装夹。图 3.5 所示为尺寸较大的回转体铸件,工艺凸台是为了便于装夹而增设的,最后经机械加工去除。

6)基准面选择

基准面是供铸件尺寸检查和机械加工定位测量使用的,并需经设计、机械加工和铸造三方共同商定,一般应考虑以下原则:

(1)基准面尽量选择在非加工表面或加工余量较少的面上,以稳定加工尺寸。

(2)基准面应光滑、平整,尺寸稳定,无分型面和铸造斜度。

(3)基准面要能控制 6 个自由度,一般为 3 个基面(回转体 2 个面)。

(4)铸件基准要尽可能使设计、加工和铸造三者重合,以避免由基准变动造成的误差。

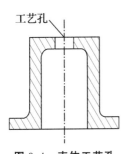
图 3.4　壳体工艺孔

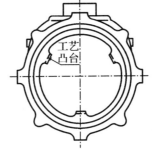
图 3.5　回转体铸件工艺凸台

2.浇注系统设计

熔模铸造的浇注系统是倒出液态模料和注入液态金属的通道,也是熔模铸件的连接桥,在铸件凝固时还起补缩作用。因此,对浇注系统有如下要求:

(1)能将金属液平稳地引入型腔,不产生涡流、飞溅,并能防止卷入气体及杂质。

(2)兼作冒口补缩的直浇道,应具有良好的补缩能力。

(3)有足够的强度,保证在生产过程中不被损坏。

(4)力求简单,便于制模、组焊、制壳和切割等工序的操作。

(5)能顺利地排出模料,防止型壳胀裂。

(6)在保证铸件质量和其他要求的前提下,尽可能提高铸件成活率。

3.补缩系统设计

1)冒口

冒口分为顶冒口、底冒口、侧冒口、明冒口和暗冒口,形状有柱形、矩形、腰圆形、球形、花瓶形、杯形等。图 3.6 所示为球形顶冒口,其位于铸件热节之上,安放方便,补缩效果好,应用较广泛。

2)工艺补贴

工艺补贴是通过改变铸件局部结构而实现补缩的工艺措施,常用的方法有增大铸件局部加工余量和扩大铸件补缩通道。铸件工艺补贴实例如图 3.7 所示。

3)冷铁

安放冷铁的目的在于改变型壳局部蓄热能力,提高铸件局部的冷却速度和冒口的补缩作用。冷铁一般用在一些结构特殊、不易安放冒口补缩的铸件上。冷铁分内冷铁和外冷铁。熔模铸造应用内冷铁较多,因此在压型设计、熔模制造过程中,要考虑到冷铁的安放。

4.基于逆向工程技术的熔模铸造

逆向工程也叫反求工程,是一种产品设计技术再现过程,即对一项目标产品进行逆向分析及研究,从而演绎并得出该产品的处理流程、知识结构、功能特性及技术规格等设计要素,以制作出功能相近但又不完全一样的产品。在制造领域中,逆向工程技术的应用主要集中在对实物产品的逆向重构上,即在没有产品图纸或者图纸不完整,以及没有 CAD 数字模型的情况下。按照现有零件,利用形状数据采集系统获取其数字化信息,再通过逆向建模技术重新构造实物数字模型。

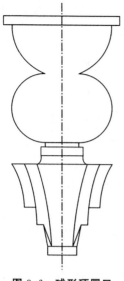

图 3.6 球形顶冒口

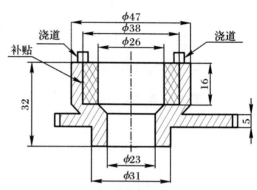

图 3.7 转接座工艺补贴

传统熔模铸造,需先根据模型设计模具,再进行模具制造、蜡型压制,经传统工艺成型铸件。一旦遇到无图纸、无模型,只有样件的产品,就没有办法进行生产了。生产企业现有的早期原型机工装及零件的生产大部分没有应用数字化设计,即没有 CAD 数字模型,对于工装及零件的返修、新制极其困难。此外,旧机型很多零件及模具都是按实样及样板制造的,资源耗费大,生产周期长,一旦样板损坏,将严重影响生产进度。随着制造业的快速发展,可通过逆向工程所获得的数字模型,再经过 3D 打印技术复制一个外形尺寸相同的零件实物。

1)基于逆向工程技术的熔模铸造流程

逆向技术在熔模铸造中的应用过程(见图 3.8)如下:

(1)先使用原有工装压制蜡模,在有尺寸问题的区域增加加工余量 1～2 mm,投产至铸件成型。

(2)根据原检验样板,手工锉修问题区域形状,直至符合样板要求,将其作为产品样件。

(3)利用光学三维扫描系统对产品样件进行扫描,方便、快捷地获取到产品外形点云数据,再进行拼接,得到较完整的外形点云。

(4)将获取的数据点云导入 CATIA 软件中,利用逆向工程相关模块对数据点云进行预处理和三维 CAD 模型的重建。原则是尺寸有标注的严格按照尺寸设计,无标注的则尽量贴合点云数据。

(5)建成数模后,利用选择性激光烧结(SLS)快速成型技术进

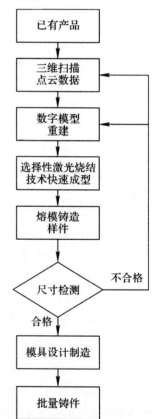

图 3.8 基于逆向技术的
熔模铸造流程

行原始树脂蜡模制作,再通过熔模铸造工艺成型铸件。

(6)产品尺寸是否合格可通过样板检测或试加工的方式进行鉴定,若不合格,可重复步骤(3)～(5),直至产品尺寸符合样板要求。

(7)根据合格数模(即数字模型),可返修原有模具或重新设计制造模具,完成该产品的批量制造任务。

2)逆向曲面重建方法

(1)获取点云数据。目前,用于采集物体外形数据的方法可分为接触式和非接触式两大类,非接触式又分为光学式和非光学式。三坐标测量机是接触式测量法中最成熟、最常用的三维测量方法,但其测量效率低,还会划伤产品表面,且对于复杂曲面外形测量困难。非接触式测量系统采用接触光栅式照相扫描技术,运用标志点拼接技术,对大型物体进行多次扫描,对复杂物体进行多角度扫描,得到完整、精确的三维点云数据,克服了接触式测量的一些缺点,在逆向工程领域得到了广泛的应用。具体步骤如下:在目标样件表面涂上白色显影剂;在涂有显影剂的样件表面贴上圆形标记点,为点云拼接做好准备;将被测样件放置在旋转工作台上,分 5～8 个部分进行表面测绘,直至包含样件所有表面信息;将测量得到的几部分片状点云进行拼接,以 asc 格式输出。

(2)点云数据预处理。利用 CATIA 软件中的数字曲面编辑器模块对目标点云进行处理,具体步骤如下:

a.去除异常点。图 3.9 所示的初始点云存在部分与大量点云数据偏离较大的点,需要将这些点剔除。

图 3.9　初始点云

b.数据精简。由于三维扫描仪测量产生的数据量非常庞大,处理起来很困难,因此要在保证一定精度的前提下,减少点云数据量。图 3.10 所示为精简后的点云图。

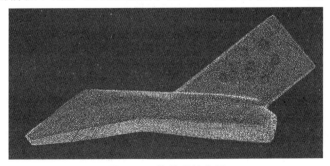

图 3.10　精简后的点云

c.三角网格化。为了清晰地了解曲面特征,还要将点云进行三角网格化,如图 3.11 所示。

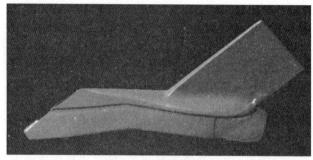

图 3.11　网格化点云

(3)曲面重建。其具体实施步骤如下:针对分块后的点云,运用拉伸曲面、扫面曲面等分别拟合对应的平面和曲面;对各个曲面进行分割、修剪等处理得到初始模型,如图 3.12 所示;对初始模型进行圆角化,得到的是封闭曲面,对封闭曲面进行实体化后得到最终的实体模型,如图 3.13 所示;通过测量点云与模型曲面的距离来对模型精度进行评价,如图 3.14 所示。

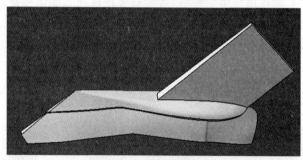

图 3.12　初始曲面模型

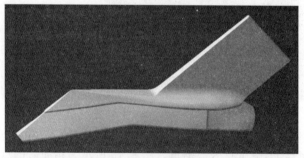

图 3.13　实体模型

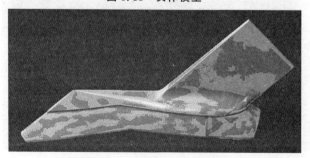

图 3.14　模型与点云对比

3)SLS 蜡模快速成型

(1)成型原理。SLS 蜡模快速成型的原理是使用选择性激光烧结技术(SLS)有选择地分层烧结固体粉末,并使烧结成型的固化层层层叠加,生成所需要性状的零件。材料使用聚苯乙烯(PSB)树脂粉末。整个工艺过程包括 CAD 模型的建立及数据处理、铺粉、烧结以及后处理等。

(2)工艺过程。首先设计出所需零件的三维 CAD 模型,然后根据工艺要求,按照一定的规律将该模型离散为一系列有序的单元,通常在 Z 向将其按一定厚度进行离散,把原来的三维 CAD 模型变成一系列的层片;再根据每个层片的轮廓信息,输入加工参数,自动生成数控代码;最后由成型机成型一系列层片并自动将它们连接起来,得到一个三维物理实体。

(3)三维模型的支撑与切片。与传统制造业去除的加工方式不同,3D 打印基于"离散-堆积"的原理,将三维实体变为若干个二维平面,通过对材料进行处理并逐层叠加进行生产。离散时,先将三维 CAD 模型分成平面的层面,然后再将每一层片进一步离散成线,进而将线离散成点;堆积时,以层面为单位,将点、线按确定的顺序堆积成面,并叠加到已成型的面上。层面层层叠加获得一个三维实体。实际应用时,将 stl 文件导入切片软件 magics 中,完成支撑及成型方向的设置,3D 打印技术在成型过程中都需要支撑,因为支撑结构在固定零件、保持零件形状、减少翘曲变形方面有着重要作用。

根据模型实际结构特点,可选用不同的支撑类型,如点状支撑、网状支撑、线状支撑等。如图 3.15 所示,网状支撑厚度一般为 0.6 mm,与模型连接处为齿状,便于去除。搭建完支撑之后,要对三维实体模型进行平面分层,得到 cli 文件。如图 3.16 所示,三维实体模型层厚为 0.2 mm。将 cli 文件导入 Arps 软件中,生成激光扫描路径,得到 afi 文件。

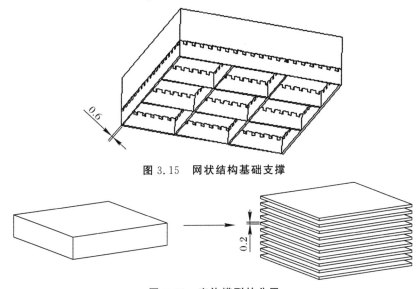

图 3.15　网状结构基础支撑

图 3.16　实体模型的分层

(4)SLS 成型的功率、烧结温度等工艺参数的确定。将 afi 文件输入快速成型机,设置好所有参数后即可进行烧结。对同一实验模型采用不同功率、不同速度进行烧结,结果表明:激光功率越大,扫描熔宽越大;提高扫描速度,可使熔宽变窄;同时提高激光功率和扫描速度,可提高成型件的强度和精度。

(5)原型件的浸蜡修整与缺陷修复。SLS工艺烧结的原型件经过清粉工序,强度较低,容易损坏,浸蜡可起到黏结固化的作用。蜡缸内为液态石蜡,温度控制在 65~68 ℃。浸蜡时长根据零件壁厚可设置为 10~15 s 不等,一般浸蜡 2 次。凝固后表面多余蜡滴可用平刀刮除,其表面缺陷可使用 50%石蜡和 50%硬脂酸制作的混合蜡液进行修补。

4)熔模模组的熔失及脱蜡工艺

与传统熔模铸造相比,SLS蜡型组合件在脱蜡工序后,需要增加一次高温焙烧,以便去除残留的树脂粉末。SLS蜡型组合件在脱蜡的过程中容易出现型壳鼓胀的现象,对铸件尺寸和表面质量均有较大影响。因此,对于壁厚较大的铸件,在切片前需要对模型做镂空处理,即抽空表面厚度为 5~10 mm 的封闭壳体,再进行切片。这样不仅解决了脱蜡时的型壳鼓胀问题,同时减少了成型时间,极大地提高了生产效率。

3.6 表面处理技术

表面处理技术是一项关键的工业过程,用于改善材料的外观、耐腐蚀性、耐磨性以及其他表面性质。这些技术在各种材料,特别是金属和塑料的加工中起着至关重要的作用。常见的表面处理方法包括电镀、涂装、阳极氧化、热喷涂、化学和电化学处理、机械抛光和磨削等。随着技术的发展,表面处理技术变得更加精细和高效,能够在保持基材性能的同时提供所需的表面特性。此外,环境友好型表面处理技术也在逐渐发展,以减少对环境的影响。这些技术在汽车制造、航空、电子、医疗器械以及日常消费品等多个行业中发挥着重要作用。

3.6.1 发蓝处理

发蓝是将钢在空气中加热或直接浸于浓氧化性溶液中,使其表面产生极薄的氧化物膜的材料保护技术,也称发黑。这项工艺的主要目的是通过控制金属表面的氧化层来改变其颜色,从而提高其耐腐蚀性和美观度。在发蓝处理中,通常会将金属件加热到一定温度,然后在空气中或者特定环境中进行持续加热,使得金属表面形成一层氧化层。这个氧化层的厚度和颜色取决于加热温度和持续时间。通过控制这些参数,可以使金属表面呈现出不同的颜色,包括蓝色、紫色,甚至黑色。这种氧化层可以提高金属表面的硬度和耐腐蚀性,同时也具有一定的装饰效果。

钢铁零件的发蓝可在亚硝酸钠和硝酸钠的熔融盐中进行,也可在高温热空气及 500 ℃ 以上的过热蒸气中进行,更常用的是在加有亚硝酸钠的浓苛性钠中加热。发蓝时的溶液成分、反应温度和时间依钢铁基体的成分而定。发蓝膜的成分为磁性氧化铁,颜色与材料成分和工艺条件有关,有灰黑、深黑、亮蓝等。单独的发蓝膜抗腐蚀性较差,但经涂油、涂蜡或涂清漆后,抗蚀性和抗摩擦性都有所改善。发蓝对工件的尺寸和表面质量等影响不大,故常用于精密仪器、光学仪器、工具、硬度块等。图 3.17 为发蓝处理后的工装零件。

图 3.17 发蓝处理后的工装零件

3.6.2 阳极氧化

阳极氧化,又称电化学转化法,所需成本较高,膜层性能
优于化学氧化膜,广泛应用于航空产品,如机匣、外蒙皮、泵体等。它是航空铝构件的主要防护和功能性处理工艺。阳极氧化涉及将金属置于电解质溶液中,然后通过施加电流将金属的阳极连接到电源上。这个过程可以用来改善金属的耐腐蚀性、硬度和外观。

(1)无色阳极氧化。无色阳极氧化通常发生在铝表面。这个过程形成的氧化膜是透明的,不会改变金属的外观。它可以提高铝的耐腐蚀性和硬度,因此常用于制造各种铝制品,如汽车零件、建筑材料和电子设备外壳。

(2)黄色阳极氧化。黄色阳极氧化是一种在铜、锌和铜合金等金属表面产生的氧化膜,通常呈黄色或金黄色。这种氧化膜具有良好的抗腐蚀性能,因此常用于制造装饰性金属制品,如珠宝、装饰品和餐具。

(3)有色阳极氧化。有色阳极氧化通常发生在镁、钛、锆等金属表面,形成的氧化膜可以呈现出各种颜色,包括黑色、蓝色、红色等。这种氧化膜不仅提高了金属的抗腐蚀性能,还可以用于改善金属的美观度。有色阳极氧化通常用于制造航空航天部件、飞机工装等。

3.6.3 渗氮处理

渗氮处理是指一种在一定温度下、一定介质中使氮原子渗入工件表层的化学热处理工艺,旨在增强工装的耐磨性、硬度和耐腐蚀性。这种处理方法通过在工装表面引入氮原子,形成硬度更高、耐磨性更好的氮化层,从而提高工装的性能和寿命。氮化处理通常采用两种主要方法,即气体氮化和盐浴氮化。

传统的合金钢料中的铝、铬、钒及钼元素对渗氮甚有帮助。这些元素在渗氮温度中与初生态的氮原子接触时就生成了安定的氮化物。尤其是钼元素,不仅作为生成氮化物元素,亦作为降低在渗氮温度时所发生的脆性的元素。其他合金钢中的元素,如镍、铜、硅、锰等,对渗氮特性并无太大的帮助。一般而言,如果钢料中含有一种或多种的氮化物生成元素,则氮化后的效果比较良好。其中铝是最强的氮化物元素,含有 $0.85\%\sim1.5\%$ 铝的钢渗氮结果最佳。对于铬钢而言,如果有足够的铬含量,亦可得到很好的渗氮效果。但没有含合金的碳钢,因其生成的渗氮层很脆,容易剥落,所以不适合作为渗氮钢。下面介绍氮化处理的具体工艺流程。

(1)气体氮化处理。气体氮化处理是一种热处理方法,即在高温下将工装置于氮气环境中,氮原子会在工装表面扩散并渗透到金属结构中。这个过程通常在高温炉中进行,如图3.18所示,温度通常在 $800\sim1\,100\;℃$ 之间。气体氮化处理可以产生极硬的氮化层,增强工装的耐磨性和耐腐蚀性。

(2)盐浴氮化处理。盐浴氮化处理是一种在熔融盐浴中进行的氮化处理方法。工装被浸泡在熔融的盐浴中,如图3.19所示,其中含有氮气,使氮原子渗透到工装表面。盐浴氮化

处理通常在较低的温度下进行,通常在 500～700 ℃之间。这种方法适用于对工装的尺寸和形状有更高要求的情况,因为它不会引起零件变形。

图 3.18　气体氮化炉

图 3.19　盐浴氮化炉

3.6.4　渗碳处理

渗碳处理就是将低碳钢加热到 900～950 ℃,使碳在钢材表面扩散,仅使表面层形成含碳量高且淬火硬化的表面强化处理工艺。由于表面层生成含碳量高的硬质马氏体组织,其内部为软性而富于韧性的组织,故耐磨性及耐疲劳性能优异。此外,渗碳处理为高温处理,其优点是可获得比氮化处理深的硬化层,而其缺点是变形大。人们将机械结构钢中含碳量为 $0.1\%～0.2\%$ 的钢称为表面渗碳钢,渗碳处理通常就适用于这种钢材。

渗碳法大致分为固体渗碳、液体渗碳、气体渗碳、真空渗碳、等离子体渗碳等。考虑到批量生产和环保性等因素,目前或今后会得到广泛应用的渗碳工艺主要有气体渗碳法与真空渗碳法。

1.气体渗碳法

气体渗碳法由于其处理质量优异、成本低,是目前渗碳法中应用最广泛的工艺。气体渗碳中,以往的主流是转化式气体渗碳法。转化式气体渗碳法需要有别于渗碳炉的转化炉。这种转化炉能按一定的混合比例供给空气与原料气体(碳化氢气体),并在转化炉内将其加热到 1 000～1 100 ℃,借助 Ni 催化剂产生吸热型转化气体(载气体),输入渗碳炉。除了这种转化气体之外,因渗碳气体的渗碳能力低,所以可直接将作为富煤气的 C_3H_8 等碳化氢气体引入渗碳炉。滴注式气体渗碳法无需转化式气体渗碳法那样的转化炉,通过直接向渗碳炉内滴注液态的甲醇(CH_3OH),发生反应:

$$CH_3OH \longrightarrow CO + 2H_2 \tag{3.1}$$

与转化式气体渗碳法相比,滴注式气体渗碳法有利于增加渗入的 CO 及 H_2,碳转移系数(β)大,故渗碳速度快,而且批量处理及单件渗碳层均匀性优异。

2.真空渗碳法

真空渗碳是向炉内输入丙烷(C_3H_8)、乙炔(C_2H_2)、乙烯(C_2H_4)等碳化氢气体,在压力为 50～4 000 Pa、温度为 850～1 050 ℃的条件下实施渗碳处理的方法。例如,使用乙炔作为渗碳气体时,在炉内发生气体反应:

$$C_2H_2 \longrightarrow 2[C]+H_2 \tag{3.2}$$

即真空渗碳时,不是气体渗碳那样的平衡反应,而是一般的分解反应。

真空渗碳的优点是有利于环保,无晶界氧化,可对细孔表面渗碳,渗碳速度比气体渗碳快,但缺点是设备费用高,表面碳质量浓度的精度比气体渗碳法低。最近,针对真空渗碳的最大缺点,即处理的工件质量不稳定性,开发了分析减压状态的气体介质(氛围)传感器,以便一边控制气体介质一边利用真空渗碳设备使处理工件质量稳定。

3.6.5　表面涂漆

工装的表面涂漆是一个十分专业且关键的过程,它不仅关系到工装的外观,还直接影响飞机的性能和寿命。这一过程涉及多个环节,包括表面的彻底清洁、底漆涂装、顶层漆的应用、图案和标识的添加,以及最终的检查和修正。每个步骤都需要精确控制,以确保涂层的均匀性、耐久性和美观性。底漆的使用对于防止腐蚀至关重要,而顶层漆则提供额外的保护层,抵御环境因素的不良影响,如紫外线和机械磨损。同时,这一过程还需符合严格的安全和环境保护标准,确保涂装材料和方法的安全性和环保性。总的来说,工装的表面涂漆是一项既要求技术精细又需考虑实用性的工作,对航空工业至关重要。

1. 工装表面涂漆工艺流程

(1)除油及清洁。这是涂漆过程至关重要的第一步。工装表面必须先彻底清洁,去除所有油污、灰尘和其他杂物,如焊渣、氧化皮和水泥等,然后打磨、砂光、清洗、擦拭干净。

(2)底漆涂装。底漆的作用不仅在于增强面漆的附着力,还在于保护金属表面不被腐蚀。底漆通常含有防锈成分,能够有效抵抗湿度和化学物质的侵蚀。底漆的选择应考虑与面漆的相容性与配套性。

(3)面漆涂装。面漆不只提供美观的外观,还具有防腐蚀、耐高温和区分工装种类的作用。

(4)标识和标记。在涂漆完成后,工装表面通常还会喷涂各种标识和标记,有助于工装使用的识别性与安全性。

(5)质量检查与修正。涂漆完成后,需要进行细致的检查,以确保涂层无瑕疵、均匀一致。对任何发现的不平整或缺陷都需要进行修补。

(6)干燥和固化。涂层在施加后需要在特定的条件下干燥和固化。这一步骤对于确保涂层的耐久性和附着力至关重要。

2. 工装表面涂漆要求

(1)工装涂漆可采用喷漆或刷漆的方法。

(2)除木质、塑料、橡胶模具和需表面处理的工装外,其他工装一律涂底漆后再涂面漆。

(3)工装表面涂漆后,应保证涂层均匀流畅,表面平整、光亮、整洁、美观;整台工装色泽应均匀一致,不应有发黏、起皱、流挂、漏涂、开裂、剥落等缺陷。

(4)工装非工作表面涂漆前需做准备。

(5)需涂漆的工装表面清理后,要保证平整、光洁,对明显的凹凸处应打磨或刮腻填平,保证表面清洁、平整,之后方能进行涂漆。

(6)在工装表面的涂漆过程中,对工装零组件与产品接触的表面、机构相对运动的活动部位、工装的测量基准定位点,如卡板工作面、基准孔、各类型板、平板、梁腹板定位面等部位应采取妥善和必要的防护措施。

(7)已经涂过漆,但要求重新涂漆的工装应进行彻底的清洁,除掉所有的油、油脂和底漆后,再按要求涂漆。

3.7　应力消除技术

应力消除技术是一种用于减少或消除材料内部残余应力的方法。在金属加工、焊接、铸造和其他制造过程中,由于热处理、机械加工等操作,材料内部往往会产生残余应力。如果不加以控制,这些应力可能导致材料变形、强度降低、耐蚀性下降,甚至产生裂纹。应力消除技术的主要目的是提高材料的结构稳定性和使用寿命。以下是几种常见的应力消除技术。

3.7.1　自然时效消除应力

自然时效是一种将构件长期放置的方法,放置时长一般长达六个月至一年左右。其基本原理是利用昼夜的温差和复杂多样的"环境震荡",使构件发生缓慢、细微的收缩和膨胀,经长期积累达到释放残余应力的目的。自然时效的优点是效果好,不仅可以消除和降低残余应力,还可以提高构件的松弛刚度,对构件的尺寸稳定较好,方法也简单易行;缺点是周期长,占地面积大,效率低,成本高。值得注意的是,自然时效并不适用于所有材料和情况。对于某些需求较高的材料,如高强度、高硬度的金属,可能需要通过其他方法进行应力消除,如热处理、机械加工等。

3.7.2　振动消除应力

振动消除应力是把小构件刚性固定在振动台上振动,对大型构件则直接将振动设备夹固在构件上进行振动,该方法是一种简单而经济的方法,如图 3.20 所示。所谓振动法去除残余应力,其原理是在交变应力的作用下,使材料内产生塑性变形,残余应力得到松弛。在此,残余应力是作为平均应力而起作用的。

图 3.20　振动消除应力

　　振动消除应力的效果取决于振动参数的选择和施加条件的控制。适当的振动参数可以加速材料内部应力的释放和重分布,从而改善材料的性能和可靠性。然而,过大或不适当的振动载荷可能会导致材料的破损或疲劳,因此在实际应用中需要进行合理的设计和控制。

3.7.3　热处理消除应力

　　热处理消除应力是一种常见的工程技术,通常用于金属和合金材料的加工过程中,如图 3.21 所示。在材料加工过程中,特别是在焊接、锻造、淬火等加工过程中,材料内部会产生残余应力,这些应力可能会导致材料产生变形、裂纹甚至失效。因此,为了提高工装材料的稳定性和性能,需要采取措施来消除这些残余应力。

图 3.21　热处理消除应力

　　(1)完全退火。完全退火是将钢材加热到适当温度(通常是奥氏体区),在这个温度下保持足够时间,使得整个工件充分转变为奥氏体,然后以适当的速率冷却,以获得较软的具有良好塑性的珠光体微观结构的热处理工艺。这种方法适用于铸件、锻件、焊接件和冷加工零件,以减小硬度、调整微观结构和消除内应力。

　　(2)球化退火。球化退火是使钢中碳化物球化而进行的退火,得到在铁素体基体上均匀分布的球状或颗粒状碳化物的组织。这种方法用于高碳钢和合金钢,目的是使碳化物球化,降低硬度,以便于切削和加工。

　　(3)正火。正火是一种将钢加热到适当的温度,使其全部或部分转变为奥氏体,然后在空气中冷却,以得到近似于均匀的细小珠光体结构的热处理工艺。正火可改善材料的机械性能,同时减小应力,这种方法广泛用作各种钢材的预处理或最终热处理。

　　(4)低温应力消除。低温应力消除是将材料加热到相对较低的温度,通常在 300～650 ℃之间,并在此温度下保持一定时间,然后冷却。这种方法用于消除焊接、机械加工等过程中产生的较低水平的应力,适用于焊接结构和精密机械部件。

第 4 章　工装安装调试技术

为了提高生产效率和减少错误率,人们在早期的工业生产中便开始研究和开发工装安装调试技术。因为人工操作具有局限性,从而导致效率较低且容易出现错误。随着生产规模的扩大和产品复杂性的增加,安装调试过程需要更加精细和准确,工装安装调试技术逐渐得到重视和发展。在 20 世纪中叶,随着计算机技术的发展和工业机器人的应用,工装的安装调试逐渐实现了自动化。计算机可以协助工人进行工装装配安装,帮助人们进行重复、危险和高精度的装配工作。应用自动化技术大大提高了工装安装调试的效率和质量。随着飞机制造技术的不断进步,飞机工艺装备的安装调试技术也在不断发展。例如,采用先进的传感器技术和图像处理技术,可以监测和控制工装安装调试过程中的各种参数和状态。工装安装调试过程需要高度精确和严密的控制。如今,工装制造中使用的工装安装技术包括零件空间定位技术、标工协调安装技术、钳工安装技术和机电系统调试技术等。应用这些技术可以使得工装制造更加高效、精确和安全。

4.1　零件空间定位技术

在工装装配安装中,零件空间定位技术起着重要的作用。这些技术包括型架装配机安装技术、激光跟踪仪安装技术、激光干涉仪安装技术等。

4.1.1　型架装配机安装技术

如图 4.1 所示,型架装配机是一种可用于精确定位和安装工装的设备,主要用于浇注或安装梁或框架上的零件。它主要由一个具有不同形状的工装模块组成,这些模块可以根据需要进行组合和更换,以适应不同的装配任务。型架装配机的操作步骤:①判明浇注图中的各定位件以及各浇注尺寸;②选好浇注所需要的原点;③计算浇注尺寸时,按选好的模具转接板等进行计算;④按原点及图中各尺寸浇注各叉耳、杯套及工具球支座;⑤浇注凝固后,按原点及图中各尺寸检查位置有无差错;⑥定位件浇注后进行复车检查;⑦收尾。

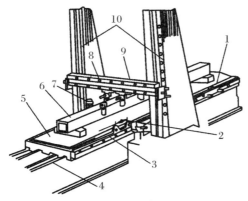

图 4.1 型架装配机

1—纵向定位器;2—固定变距板;3—纵坐标尺;4—滑轨;5—工作台;6—型架梁;

7—叉形接头;8—横向定位器;9—横坐标尺;10—垂直坐标尺

4.1.2 激光跟踪仪安装技术

如图 4.2 所示,激光跟踪仪是一种利用激光技术进行定位的装置。美国 API 公司于 20 世纪 80 年代初率先开展激光跟踪测量技术的研究,该技术早在 1996 年就在美国宇航和美国海军工程中得到了成功应用。目前,激光跟踪仪已经被广泛应用到了航空航天、汽车制造、船舶制造、铁路机车、机床制造、石油平台、电子电器等行业。

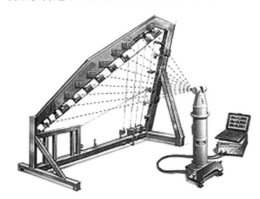

图 4.2 激光跟踪仪

激光跟踪仪辅助工装安装步骤:

(1)根据设计人员提供的工装框架上的基准工具球(Tooling Ball,TB)点建立工装装配参考系。工装装配参考系的建立分为 2 个子步骤:首先初建一次参考系统,初调装大部分零件,保证工装负载均匀、稳定、不变形;然后再精确建立参考系统,作为最终的工装参考系。

(2)根据工装设计员给出的 OTP/OTS(光学工具球点/光学工具面)参考值调整装配各工装零件及卡板组件;在每个工作站位采集数据的增强坐标系(ERS)点,ERS 点应包容调装的零件,且尽可能覆盖整个工装。仪器定位时参考系拟合结果要符合公差要求,保证在不同站位检查同一零件都是合格的。再结合图样中 OTP/OTS 位置信息安装卡板组件及其余零组件。

(3)工装装配完成后,进行 ERS、OTP/OTS 和 TB 点的数据分析及存储,便于后期定检及返修工作。

4.1.3　激光干涉仪安装技术

如图 4.3 所示,激光干涉仪是一种基于干涉原理的精密测量仪器,通过使用激光光束进行测量和分析。激光干涉仪发射一束激光束,然后将其分为两束,再将两束激光束分别照射到工件和参考面上。当两束激光束重叠时,它们会产生干涉条纹。通过观察和分析这些干涉条纹,可以确定工件的位置和姿态。在实际使用中,激光干涉仪通常与计算机和特定的软件一起使用。通过将测量数据输入计算机,软件可以进行数据处理和分析,并给出相应的工装装配指导。

1. 测量范围

激光平面干涉仪的测量范围主要包括线性测量范围和角度测量范围。

(1)线性测量范围:激光平面干涉仪可以测量各种物体的长度、宽度、高度等线性尺寸。根据型号不同,干涉仪线性测量范围可以从几十毫米到几十米不等。

(2)角度测量范围:激光平面干涉仪可以测量物体之间的角度,如垂直度、平行度、倾斜度等。角度测量范围通常为 $\pm 5° \sim \pm 180°$。

2. 应用范围

激光干涉仪有广泛的应用范围,可以对工装零部件的尺寸、形状和表面质量进行精密测量,从而保证零部件的制造精度和装配质量。通过激光干涉仪实现对工装零部件在装配过程中的定位和校准,提高装配精度和效率。激光干涉仪可用于工装零部件的加工和装配过程的监测,确保工装的精确度和稳定性,并帮助操作人员调整和对齐工装,以提高工装装配的精度和效率。

图 4.3　激光干涉仪

4.2　标工协调安装技术

标工协调安装是指协调部位的工装零组件以标准工装为依据制造安装。其采用模拟量协调工装,具有方便、快捷、协调性好、有利于工装的返修和复制等优点。标准工装不仅是协调工装的制造依据,也是检验验收依据。

4.2.1　定位方式

使用标准工装协调安装时,需将标准工装与被协调工装正确定位。当一台工装上所有定位件都按同一个标准工装安装时,该标准工装在其上的定位仅是为了支撑标准工装和保证其复位的一致性。标准工装的定位方式通常有以下几种:

(1)采用工装上与标准工装对应的标高座定位,由于工装及标准工装上的标高座分别按尺寸安装,当出现不协调时,通常按标准工装返修或重新安装个别标高座。

(2)采用基准叉耳定位。该方式适用于机械坐标设备安装并用局部样件或量规进行协调的工装制造,基准叉耳只起定位作用,不能作为承力元件。

(3)通过转接架将标准工装定位在被协调工装上。

(4)通过光学视线将标准工装定位在被协调工装上。

(5)利用数字化测量设备,如激光跟踪仪,按坐标值将标工定位在被协调工装上。

4.2.2　标准工装的使用要求

使用标准工装协调安装工装时,标准工装的使用应符合相关要求,以实现标准工装对相关部位进行协调的目的,满足产品最终的协调要求。

(1)无标高座的标准工装使用时,其支承点的位置应做出标识,不得任意改变,当支承力较大时,力不能由被协调工装的结构来承受。

(2)标准工装和被协调工装上标高座的位置,应能保证标准工装在被协调工装上定位后,其重量通过被协调工装上的标高座传递给厂房地坪,不应使被协调工装的构架承受弯矩和扭矩。

(3)标准工装使用时理论位置的调整,应以标准工装制造完成后测量点位置的实测数据为依据。

(4)标准工装在使用中不应承受任何力,如标准工装的调整力,与被协调工装的定位件之间的配合力等。

4.2.3　协调方法

标准工艺装备之间的协调方法,可分为直接协调、间接协调和加入尺寸控制环节等三种基本方法。

1.直接协调法

直接协调法是指有协调关系的两个标准工装之间通过直接移制进行协调的方法。这一方法又分型面移制、对合交点协调、孔型移制和成套标准工艺装备协调等。

(1)型面移制。从表面样件上取制外形件、套合件、对合件的协调过程即型面移制,如两部件样件的贴合面移制、结构件贴合面移制、截面外形件协调等。

(2)对合交点协调。标准工装之间,对合交点必须进行对合协调,可能是移制,也可能是进行对合检查。协调过程必须有定位基准,以其作为再次检查的基准或控制其正确的空间位置;当标准工装用于产品机加工件的协调依据时,必须控制其孔的垂直度。

(3)孔型移制。孔型是指一组孔的相对孔位,例如接合孔之间的相对位置。孔型移制涉及孔型位置问题,移制过程中应以基准孔为定位基准,并统一基准孔的定位尺寸要素。

(4)成套标准工艺装备协调。成套标准工艺装备一般应采用对合方式进行协调,常用光学仪器作为测量工具。

2．间接协调法

间接协调法是指两个标准工装之间不是以直接对合的方式，而是借助一个过渡工装的移制手段达到协调的方法。当两相邻标准工装因结构原因不能直接进行对合协调时，则采取过渡协调方法。如进气道样件的前部需与下盖样件的前端在对合台上进行协调，但由于结构封闭而不便操作，所以只能采取过渡方法进行协调。

3．加入尺寸控制环节的协调法

一般来讲，在整个协调链中某些环节采取尺寸控制的方法，是普遍存在的，例如采用机械坐标设备安装方法和光学工具测量方法等。这里所说的"尺寸控制"环节是指协调部位所加入的某种尺寸控制方法。

(1)等距型面移制。当标准工装的型面与移制依据的型面之间存在一个等距离时，其等距离尺寸按公差控制。

(2)按尺寸控制更换件。更换件是指在同一标准工装上的同一个部位放置的不同功用的两个元件，因结构上的干涉而采取分别放置的方法。

(3)转换几何要素方式。转换几何要素方式是指将型面用其他易于测量或加工的几何要素来表达的方式，以提高其制造工艺性和位置准确度。一般是用孔来表达，其孔位的确定，应考虑到型面的设计基准或几何特征。可以完全采用结构模拟方法设计两个标准工装，也可以采用准确镗制的孔来表达部件之间的相对位置关系。

(4)局部型面数控加工。相邻两个标准样件，若其中一个采用数控方法加工，而另一个采用样板钳工方法加工时，由于两种加工方法引起的误差将有可能造成两个样件在分离面处的外形不协调，因此，可将按样板加工的那一个样件在分离面处的截面外形也采用数控方法加工，以作为在按样板加工时的"流线"基准。数控加工时的定位基准是分离面上的基准孔。

4.3　钳工安装技术

钳工安装技术的最大特点是手工操作，劳动强度大，并且要求操作人员具备较高的操作水平。这项技术要求操作人员具备良好的手眼协调能力和操作技巧。同时，还需要其能根据实际情况选择合适的钳修工具，并掌握其正确的使用方法和技巧。为了提高加工质量和生产效率，往往还要自制一些辅助工具，使用钳工工具及相关设备在钳工平台上完成工装制造。

4.3.1　工量具及设备

(1)工具：扳手、风钻、电钻、角磨机、螺钉旋具、铁锤、胶锤、木锤、钳子、丝锥、夹钳和锉刀等。

(2)量具：卷尺、钢板尺、游标卡尺、千分尺、高度尺、角度尺、塞尺、量块、直角尺、方箱、工具球等常规检测工具。

(3)设备：激光跟踪仪、钻床等。

4.3.2 钳工工作场地要求

(1)主要设备的布局应合理、适当。

(2)正确摆放毛坯和工件。

(3)合理摆放工具、量具和设备。

(4)工作场地应保持清洁。

(5)远离震源。

4.3.3 钳工技术技能

(1)钳工需要具备精准测量的能力。在安装过程中,钳工需要使用测量工具和设备,例如卷尺、激光跟踪仪等,准确测量各个部件的尺寸和位置,确保安装的精度和准确性。

(2)钳工需要熟悉图纸。在工装安装中,往往需要根据图纸上的标注和符号进行安装操作。因此,钳工要能够准确解读图纸上的信息,理解各个部件的功能和安装方法。

(3)钳工需要具备良好的机械技能。在安装过程中,钳工需要使用各种工具,例如扳手、螺丝刀等,进行紧固和调整工作。因此,钳工需要具备熟练使用这些工具的技能,确保安装的牢固和稳定。

(4)在一些特殊情况下,钳工需要进行焊接操作,例如焊接支架或固定件。因此,部分钳工需要掌握焊接的基本技巧和安全注意事项。

(5)钳工在工装安装过程中还需要具备团队合作的能力。钳工通常与其他工种一起进行安装工作,因此需要与他人良好地沟通和协作,共同完成任务。

4.3.4 钳工安装案例

(1)试验台制造。钳工首先加工壳体类零件,在各零件加工完成后,钳工负责底架、前梁、后梁、牵引杆等组件的焊接。随后,钳工将各组件组合、装配,并安装固定各种成品,按照原理图弯制、连接管路以及各成品和附件。

(2)运输车制造。钳工先进行车架、产品放置机构、牵引杆、导向机构等组件的焊接,然后钳工将各组件组合、装配,并安装固定轮子等成品;喷漆工进行表面喷漆、钳工制作标识,移交使用单位。

(3)型架装配。钳工使用激光跟踪仪或型架安装机装配型架时,首先将型架的骨架进行组装,其次保证型架各个梁之间的相对位置准确;按型架梁上的叉形接头安装卡板和其他定位件;通过安装量规或局部标准样件安装接头定位件或其他定位件;最后进行型架的总检验。

(4)工作梯制造。钳工将梯架、导向机构、轮子等各组件组合,用对应的螺栓等标准件进行装配。

(5)托架装配。钳工将钢托、木托与框架配孔装配,并用毛毡等软垫包扎、钉制木托/钢托。

(6)标工调整。钳工按照测量结果对比理论数据,对标工进行微调,依次进行,最终保证整体的安装精度。

（7）衬套压装。钳工手工磨制引导角，压装时先轻压，校准衬套压入孔时的姿态后再压入。

4.4　机电系统调试技术

随着工业化进展，机械和电气系统的复杂程度不断提高，调试工作变得愈发复杂。过去，调试工作主要依赖于人工经验和简单检测工具，效率较低且容易出错。然而，随着科技的进步，现代技术手段的引入，系统调试技术得到了极大的提升。使用计算机仿真软件可以有效地进行系统模拟与分析，提前发现和解决问题。同时，现代化的检测仪器和设备能够精确、快速地检测系统的各个方面，提高调试效率和准确性。通过先进的系统调试技术及合理的调试方法能够确保机械、电气系统、液气系统的稳定运行，提高工作效率，降低故障率，延长设备和系统的使用寿命。同时，完善的系统调试体系还能够保证调试工作的安全，减少人员和设备的安全风险。在航空航天领域，系统调试过程更是举足轻重，直接关系到飞机产品的安全和设备的稳定运行。

4.4.1　机械系统调试

机械系统调试是指在工装装配完成后对机械系统进行功能性测试和问题排查的过程。通过调试，可以确保机械系统的正常运行，并解决可能存在的问题。进行机械系统调试时，需要根据具体的装备和系统要求，结合实际情况进行参数调整、传动系统调试和运动控制系统调试。通过合理的调整和校准，能够使机械系统达到良好的性能和工作精度，保证装备的正常运行和工作效率。

1. 调试内容

（1）参数调试。参数调试是对机械系统的各种参数进行设置和优化，以实现设备的最佳工作状态。

（2）传动系统调试。传动系统调试是对机械设备的传动部分进行调试，确保传动装置的准确性和可靠性。

（3）运动控制系统调试。运动控制系统调试是对机械设备的运动部分进行调试，确保设备的运动能力和精度符合要求。

2. 应用

机械系统调试技术应用范围广泛，如图4.4～图4.6所示。先进数控钻铆系统上的调试工作包括调试钻铆的参数、检验钻铆的加工效果和质量、校正钻铆头的位置以及检查设备的自动进给等。真空吸盘柔性工装上的调试工作包括调试真空系统的气压和吸盘的吸附力、测试吸盘的定位准确性、检查吸盘运动的平稳性以及调整吸盘的布局和数量等。行列式高速阵列柔性装配工装上的调试工作包括调试机械手的移动速度和精度、测试机械手的定位准确性、检查装配工装的刚性和稳定性以及调整工装的结构和布局等。

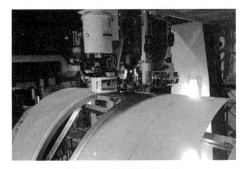

图 4.4　数控钻铆系统

图 4.5　真空吸盘柔性装配工装

图 4.6　行列式高速阵列柔性装配工装

4.4.2　电气系统调试

电气系统调试是指检查和调整电气系统性能的过程。在装配过程中,通过对电气系统进行检查、测试和调整,可以确保其正常工作和稳定运行。电气调试过程要求操作人员具备丰富的电气知识和调试经验,同时还需要使用合适的工具和设备,如测试仪器、调试工具和电源设备等。过去,航空工艺装备的电气系统调试主要依赖于人工操作,通过观察和调整设备状态来排除系统问题,这种方法效率低且容易出错。随着计算机技术和自动化技术的发展,航空工艺装备的电气系统调试逐渐引入了自动化测试设备和测试软件,提高了调试效率和准确性。近年来,随着互联网和物联网技术的发展,航空工艺装备的电气系统开始采用网络化调试技术,其可以远程监控和管理调试过程,提高了调试效率和便利性。

1. 调试内容

电气系统调试技术主要包括电气接线检查、系统整体调试、电气功能调试等。

(1)电气接线检查是指在装备制造过程中,遵循装备的电气原理图和电气施工规范,对电气系统的控制元件、操作元件、执行元件、连接器等各个部分进行装配、接线、标识以及绝缘状况的检查,确保电气系统按图纸要求正常运行。

(2)系统整体调试是指在电气接线检查完成后,对控制系统各个部分进行基础参数设置、通信连接以及系统调试,确保相关控制元件通信、启动正常。在这一过程中,大多需要通过专用自动化调试设备或测试软件进行系统设置及调试。

(3)电气功能调试是指电气系统整体调试完成后,根据装备功能要求及机械、气路、液压系统运行情况对控制程序、伺服系统参数、功能逻辑进行调试,确保装备功能的正确性及准确性。

2. 应用

图 4.7 所示的多点阵真空吸盘式柔性工装通常配备了各种传感器,用于检测工装与工件的接触状态、吸盘的真空度等指标。在调试过程中,需要对传感器进行校准,确保其准确、可靠地工作。工装通常需要通过控制系统来实现吸盘的吸附和释放。在调试控制系统时,需要检查各个控制信号的传输情况,确保各个元件的工作正常,并进行相应的参数调整,以确保工装的操作精度和可靠性。

图 4.7 多点阵真空吸盘式柔性工装

如图 4.8 所示,柔性导轨自动制孔设备为 CNC 自动控制,可以精确控制钻孔的钻速和进给速度及刀具加工位置,这样可以把复杂的混合夹层结构制孔分解为单一材料的分别制孔。调试过程中,需要对柔性导轨自动制孔设备的电气接线进行调试,确保各电气元件之间的连接正常可靠(这包括连接传感器、执行器、电源等各个部分),并进行电气接线的绝缘测试和电阻测试,以保证安全可靠的电气接线。需要对柔性导轨自动制孔设备的电气设备进行检查,包括电机、开关、继电器等设备的功能性检测。通过使用测试仪器如电压表、电流表等,检查设备的工作状态和电气参数,确保各个电气设备正常工作。检查气缸、电磁阀、气源等电气元件在制孔过程中的工作情况,并调试电气回路的电气参数,以确保制孔过程的稳定性和可靠性。

图 4.8 柔性导轨自动制孔设备

4.4.3 液气系统调试技术

1. 液压系统调试

液压设备调试的主要内容就是液压系统的运转调试,即不仅要检查系统是否完成设计要求的工作运动循环,而且还应该把组成工作循环的各个动作的力、各动作的时间和整个工作循环的总时间等调整到设计时所规定的数值,通过调试测定系统的功率损失和油温升高是否有碍于设备的正常运转,否则应采取措施加以解决。液压系统的调试包括压力调整、流量调整、液压阀的调试等。在调试过程中需要确保液压系统的正常工作,包括液压系统的渗漏情况、液压缸的顺畅运动、液压阀的灵敏度和准确性、流量和压力等技术参数是否满足系统要求,液压系统的温升及液压油的清洁度等。图 4.9 中,液压千斤顶通常需要配备液压控制阀,用于控制千斤顶的起升和下降。在安装时,需要确保液压控制阀的位置正确,并与液压千斤顶和泵站之间的连接顺畅。

图 4.9　液压千斤顶

2. 气压系统安装调试

1) 气压系统安装

(1) 管道安装。安装前要检查管道内壁是否光滑,并进行除锈和清洗;管道支架要牢固,工作时不得产生振动;装紧各处接头,管道不允许漏气;管道焊接应符合规定的标准条件;安装软管时,其长度应有一定余量;在弯曲时,不能从端部接头处开始弯曲;在安直线段时,使端部接头和软管间不受拉伸;软管安装应尽可能远离热源或安装隔热板;管路系统中任何一段管道均应能拆装;管道安装的倾斜度、弯曲半径间距和坡向均要符合有关规定。

(2) 元件安装。安装前应对元件进行清洗,必要时要进行密封试验;各类阀体上的箭头方向或标记,要符合气流流动方向;应按控制回路的需要,将逻辑元件成组地装于底板上,并在底板上引出气路,用软管接出;密封圈不要装得太紧,特别是 V 形密封圈,由于其阻力特别大,所以松紧要合适;移动缸的中心线与负载作用力的中心线要同心,否则会引起侧向力,使密封件加速磨损,活塞杆弯曲;各种自动控制仪表、自动控制器、压力继电器等在安装前应进行校验。

2) 气压系统调试

(1) 空载试运转。空载试运转不得少于 2 h,注意观察压力、流量、温度的变化。如果发现异常现象,应立即停车检查,待排除故障后才能继续运转。

(2) 负载试运转。负载试运转应分段加载,运转不得少于 2 h,要注意摩擦部位的温升变化,分别测出有关数据,记入试车记录。

4.4.4　系统联合调试技术

系统联合调试技术是一种用于检查和调整多个系统之间协同工作的方法。在装配过程中,通过对不同系统之间的接口和交互进行调试,可以确保系统的整体性能和稳定性。这种技术要求操作人员具备良好的系统集成和调试经验,同时还需要合理安排调试顺序和步骤,并使用合适的工具和设备,如通信设备、测试设备和模拟器等。系统联合调试技术在飞机工艺装备中应用的发展历程与飞机制造行业的数字化转型和智能制造的发展密切相关。随着计算机和网络技术的不断发展以及飞机工艺装备系统的不断复杂化,传统的独立调试方法已经无法满足要求,飞机制造行业开始引入数字化技术,并逐渐应用于工艺装备的调试过程中。目前,越来越多的飞机制造企业和相关技术公司开始使用系统联合调试技术来提高调试效率和质量。

在飞机工艺装备的系统联合调试中,由于飞机工艺装备具有高度复杂性和特殊性,需要考虑飞机的特殊工作环境和安全性要求。因此,系统联合调试技术在飞机工艺装备中的特点主要包括以下几个方面。

(1)高度模块化。飞机工艺装备的各个子系统通常都是相对独立的模块,因此需要进行模块化的联合调试,以确保各个模块的功能互不干扰。

(2)实时性要求高。飞机工艺装备的系统需要实时地响应和处理数据,所以系统联合调试技术需要保证数据的实时传输和处理能力。

(3)多厂家设备协同。飞机工艺装备通常涉及多个不同厂家的设备,系统联合调试技术需要能够实现多厂家设备的协同工作,确保系统的整体性能。

在进行飞机工艺装备系统联合调试时,机电联调以其重要性和复杂性备受关注。

(1)机电联调的主要内容包含符合性验证、协调性验证、稳定性验证三部分,通过机械、电气联合调试来验证整个系统是否满足工艺需求、生产需求和工艺装备设计需求。

符合性验证:通过机电联调对系统架构、系统逻辑、系统接口、系统原理等基本原理、功能和性能的正确与否进行确认。

协调性验证:通过机电联调对机械、电气、软件、液气等各专业接口的协调一致性进行确认。

稳定性验证:在正确性和协调性的基础上,查看运行是否顺畅、运行效率是否满足要求,并对发现的问题进行全面优化和完善。

(2)机电联调依据调试大纲或工装调试工艺指令进行,调试大纲或工装调试工艺指令的主要内容应包含集成装备的具体技术指标、调试内容、调试步骤,同时也应包含安全风险提示及其防范措施,明确各系统可能发生的故障和排除方法。

(3)对于机电联调过程中出现的未预知风险和故障,调试人员应及时报告专业技术人员,并制定相对应的技术措施加以完善。

(4)机电联调前应对集成装备进行总体集成及各系统专业技术的风险评估,评估内容应涉及调试中可能发生的系统及元器件损坏、机械电气安全,以及人员、物料、产品的安全等。

第5章 工装制造专用技术

工装制造专用技术是指在飞机制造过程中,为特定的生产任务设计和制造专门的工装设备的技术体系,是飞机工装制造的关键技术。工装制造专用技术可分为样板制造专用技术、标准工装制造专用技术、夹具制造专用技术、模具制造专用技术、地试工装制造专用技术、装配工装制造专用技术以及工量具制造专用技术等。在制定这些专用技术时,主要考虑以下几方面的问题:

(1)材料选择。工装的制造材料通常选择具有足够的强度、硬度和耐磨性的材料。常见的工装制造材料包括金属合金、工程塑料等,具体的选择取决于工装的使用环境和要求。

(2)制造工艺。工装的制造过程涉及多种工艺,包括数控加工、磨削、焊接、热处理等。制造过程需要确保工装的精度和稳定性,以满足生产的要求。

(3)适应性和灵活性。工装制造专用技术注重工装的适应性和灵活性。工装需要能够适应不同类型和规格的产品生产,同时在生产线变化时能够进行调整。

(4)自动化集成。随着制造业的自动化水平提高,工装制造专用技术也涉及与自动化设备的集成。这包括与机器人、传感器等设备的协同工作,以实现更高水平的自动化生产。

(5)在工装制造过程中,质量控制是关键步骤。通过严格的质量控制,确保工装的精度和性能,以达到提高产品质量的目标。

总体而言,工装制造专用技术在飞机制造业中扮演着重要的角色,掌握这些专用技术可以优化生产过程,提高生产效率和产品质量,降低生产成本,同时提高工作环境的安全性。这对于现代飞机制造业的竞争力和可持续发展至关重要。

5.1 样板制造

样板是按照模线或数据制造,表示飞机零、部、组件真实形状,刻有标记并钻有工艺孔的专用刚性量具。飞机制造中,样板具有制造、协调、检验零件和工艺装备的作用,因此样板之间必须相互协调。样板工装制造的基本方法有数控激光加工、数控铣床铣切、接触晒相法制造、手工加工生产样板,以及按标准件、模胎取制等。

5.1.1 样板制造要求

(1)材料要求。生产样板一般用厚度为 1.2～2 mm 的 20 冷轧钢板,大型样板可用厚度为 2～3.5 mm 的硬铝板,用晒相法制造的外形、展开样板一般可用 0.8 mm 厚的硬铝板,在曲面上钻孔用的钻孔样板可用厚度为 0.5～1 mm 的弹性较好的钢板制造。

(2)样板焊接要求。当样板毛料尺寸较大时,可采用几块钢板焊接而成,其中焊缝在游动砂轮机上磨平。焊缝技术要求有:①为了便于校平,应防止构成"T"字形状的焊缝;②焊缝应避免在基准线和主要结构轴线上;③焊缝处不允许有气孔、夹渣和裂纹等现象;④焊缝附近长、宽、深分别为 15 mm、10 mm、0.3 mm 的凹坑在 1 m 范围内不得超过 4 处。

(3)样板不平度。样板表面的不平度应达到:①在 500 mm 范围内,一般样板表面不平度不得超过 1 mm;②在 1 m 范围内,一般样板表面不平度不得超过 1.5 mm;③在 1 m 以上,一般样板表面不平度不得超过 2 m。

样板不平度检查方法为:先将样板放在平台上,然后在样板上安装直尺,在不加压力的情况下用千分垫测量直尺与样板间的间隙。当不平度超过规定时,应放在平台上校平,校平后的样板不得有鼓动现象和深度超过 0.3 mm 的榔头印痕。

(4)样板补加。外廓尺寸较小的样板为了打标记,以及狭长的样板为了增加刚性与满足工艺要求,均需留出额外的补加材料,并打补加标记。一般根据样板外廓尺寸 L 确定补加尺寸 A,见表 5.1。若由于画基准线等要求增大样板毛料尺寸时,则尺寸 A 不受表 5.1 限制,由下料者根据具体情况确定。

表 5.1 尺寸 L 与 A 之间的关系

单位:mm

L	<500	500～1 000	1 000～2 000	2 000～3 000	3 000～4 000	>4 000
A	80～120	100～150	130～200	200～300	300～400	0.1 L

5.1.2 样板制造工艺

(1)数控激光加工样板工艺。工艺过程:①按数模设计模线和样板;②补充样板工艺信息并进行数控编程;③按照数控程序数控激光加工样板;④样板打毛刺、喷漆;⑤成品检验。

(2)数控铣床铣切样板工艺。工艺过程:①下料,包括剪料、校平、打标记等;②装入快穿纸带;③数控铣,铣切样板基准面及工作边,也可以钻基准孔、工艺孔和画基准线;④按数据检验;⑤打标记;⑥喷漆;⑦描线,涂白铅油;⑧成品检验。

(3)接触晒相法制造样板工艺。工艺过程:①按尺寸下毛料,喷漆;②晒相移形;③切割外形;④加工外形、补画标记线;⑤钻工艺孔;⑥打标记,容易变形或尺寸较小的样板可以在加工外形前打标记;⑦喷漆;⑧描线,涂白铅油;⑨成品检验。

(4)相板制造样板工艺。工艺过程:①下毛料,包括剪料、焊接校平、画样板毛料线等;②钻基准孔,画坐标轴线,其中基准孔一般只有在制造夹具、样件或需要组合使用的切面样板时才钻;③切割外形,打标记;④加工外形,画标记线;⑤钻工艺孔;⑥打标记,容易变形或尺寸较小的样板可以在加工外形前打标记;⑦喷漆;⑧描线,涂白铅油;⑨成品检验。

(5)手工加工生产样板工艺。工艺过程:①下料,按轮廓尺寸补加毛料,校平;②按尺寸画线;③工序检验;④切割外形,打标记;⑤加工外形;⑥钻工艺孔;⑦喷漆;⑧描线,涂白铅油;⑨成品检验。

(6)按标准件、模胎取制样板工艺。工艺过程:①提供有外形或切面位置刻线的标准样件或模胎;②在平台上调平标准样件或模胎的基准线,取外形样板不需调平;③按标准样件或模胎取外形或研合加工切面外形并刻基准线;④打标记;⑤喷漆;⑥成品检验。

5.1.3　样板制造公差

(1)样板外形公差。样板外形公差(见表 5.2)按飞机速度分为两组:第一组用于速度超过 900 km/h 的飞机;第二组用于速度等于或低于 900 km/h 的飞机。表 5.2 中,①当工作边周长大于 10 m 时,样板按模线加工的公差值加大 0.1 mm;②检查样板外形对模线的偏差时,是从模线线条外缘展到样板边缘;③表中其他样板系指外形、内形、展开、切面、钻、机加、专用样板;④与理论外形或结构协调无关的样板边缘,公差值的下偏差允许放大 0.1 mm;⑤按样板加减实际材料厚度制造时的公差方向;⑥当工作边长度大于 1.5 m 时,正反样板的间隙公差值加大 0.05 mm。

表 5.2　样板外形公差

单位:mm

样板品种和加工依据		组　别	
		第一组	第二组
夹具、样件样板按模线		−0.10~0	−0.20~0
夹具、样件样板按坐标数据	机翼和尾翼	±0.05	±0.15
	其余	±0.10	
其他样板按模线		−0.20~0	−0.25~0
其他样板按尺寸		±0.20	±0.25
各种样板按样板加减材料厚度		+0.150	+0.200
正、反样板的间隙		−0.10~0	−0.15~0
切面样板按样件、模胎取制间隙		0~0.20	0~0.30
展开样板按外形样板和展开尺寸		0~0.30	0~0.30
样板按工装、标准零件或展形件		±0.20	±0.30
样板按直线加工直线边		0~0.10	0~0.15
样板交点的协调、样板对称性要求、两样板间的工作协调	夹具样板	0.15	0.20
	其余样板	0.20	
样板工作边复制	展开样板	±0.10	±0.15
	其余样板	±0.05	±0.10
样板工作边表面质量		$Ra6.3\ \mu m$	$Ra6.3\ \mu m$

（2）样板画线公差。样板画线公差见表 5.3。

表 5.3　样板的画线公差

单位：mm

名　称	公　差
坐标轴线（对称轴线、水平基准线、弦线等）	±0.10
结构轴线（长桁轴线、肋轴线、框轴线、转动轴线、切面轴线等）	±0.20
零件结构线（斜角、缺口、减轻孔等）	±0.30
样板上线条宽度	0.15～0.25

（3）样板钻孔公差。钻孔公差包括按线钻孔的偏差、孔偏差以及孔与线的距离偏差。样板钻孔公差见表 5.4。表中样板因经过使用而磨损后，其工艺孔的孔径精度允许按制造精度降一级使用，定位孔的孔径精度允许按使用单位的技术文件要求钻孔。

表 5.4 样板钻孔公差

单位：mm

工艺孔		孔径精度		孔对线（或尺寸）偏差
名称	标记	孔径精度	扩孔精度	
基准孔	JZ	$\phi8H8$	—	±0.10
安装孔	AZ	$\phi8H8$	—	±0.10
定位孔	DW	$\phi5.2H11$	$\phi8H11$	±0.20
销钉孔	XD	$\phi5.2H11$ $\phi2.7H11$	$\phi8H11$ $\phi6H11$	±0.50
工具孔	GJ	$\phi2.7H11$	$\phi6H11$	±0.20
装配孔	ZP	$\phi5.2H11$ $\phi2.1H11$	$\phi6H11$ $\phi5H11$	±0.20
导孔	D	$\phi2.7H12$ $\phi2.1H12$	$\phi6H12$ $\phi5H12$	边距：±0.30；间距：±0.50
工序孔	GX	$\phi2.7H11$ $\phi5.2H11$	—	—

（4）采用数控机床制造样板公差。所有采用数控机床加工的样板工作边钻孔的位置，以及在样板上画线的位置等，样本公差不超过±0.1 mm。

5.1.4　样板喷漆

样板喷漆应根据样板品种选择合适的颜色，如相板喷漆颜色为浅蓝色或其他淡颜色，夹具、样件样板喷漆颜色为绿色，标准样板喷漆颜色为黄色，其余生产样板喷漆颜色为黑色或其他深颜色。当工厂多机型生产时，不同机型的样板可用不同的颜色区别，聚酯薄膜材料的相板不喷漆。

漆料选择主要考虑以下几个因素：①漆料性能及其用途；②漆料涂层作用及其使用环

境;③施工条件;④漆料成本;⑤多层异类原则。漆料调配方法见表5.5。

表5.5　漆料调配方法

名　称	牌　号	稀释剂	工作粘度/($m^2 \cdot s^{-1}$)	干燥温度/℃	干燥时间/h
铁红(底漆)	C06-1	二甲苯、松节油、200号溶剂油	4~6	60~80	>1
				18~35	10~6
				12~17	>24
锌黄环氧底漆	H06-2	二甲苯	4~6	60~80	12~8
聚氨酯磁漆	S04-20	X-11稀释剂	90~130	室温	2(表干)
					12(实干)
油基磁漆	C04-2	200号溶剂油	6~10	60~80	6~4
酯胶清漆	T01-1	200号溶剂油	4~6	50~60	6
				60~70	5
				70~80	4
醇酸磁漆	C01-7	200号溶剂油	3.5~6	70~80	4
				60~70	6
水性涂料	WEP220543	去离子水	54~85	室温	2(表干)
					8(实干)
	BFJ-1658		63~85	室温	2(表干)
					8(实干)

1. 样板喷漆工艺过程

(1)漆料准备。各种漆料在喷漆前必须搅拌均匀,用表5.5规定的稀释剂调整至表5.5规定的黏度,并用200目铜丝网或2~4层纱布过滤待用。

(2)样板除锈、除油、清洗。首先表面用$1^{\#}$~$1\frac{1}{2}^{\#}$纱布除锈,并用布擦干净;其次用香蕉水清洗,并用棉纱或布擦干净;然后用汽油清洗,并用新棉纱或细纱布擦干净;最后用新白布擦拭并检查,白布上无明显灰尘及脏物即可。

(3)喷漆工具准备。清洗喷枪待用,打开抽风机。

(4)喷漆。

2. 漆层表面要求

漆层表面应平滑、光泽,不得有疙瘩、皱纹和伤痕等现象。漆层要牢固,用钢针画线时不能有爆裂现象。如果在湿度比较大的情况下喷涂硝基磁漆,发现漆膜发白,可加10%~25%的F-1硝基漆防潮剂调整,也可用50%乙酸乙酯与50%丁醇配成混合溶剂调整。

3. 喷漆室要求

(1)喷漆室温度应保持在20℃以上,相对湿度不得超过70%。

(2)各种漆料及溶剂都是易燃物质,喷漆室内严禁吸烟及明火。

(3)灰尘会影响漆层的表面质量,喷漆室及烘干室必须注意保持清洁、卫生,严禁堆积杂物。

5.1.5 样板检验

为了使样板的外形、工艺孔、标记和标记线等符合样板设计的要求,样板必须根据样板图、模线等有关加工依据进行检验。样板检验分为工序检验和成品检验。以下情况样板应进行工序检验:①按尺寸加工样板的外形画线和排孔时;②作图或加工用的各类基准线;③成套样板的协调;④作为移形或复制样板用的标准样板;⑤有画线钻孔台工序的;⑥先喷漆后画线的。

1. 样板检验内容

样板的检验内容一般应包括:①样板的材料规格;②坐标轴线、结构轴线的精确度;③画线和钻孔的正确性和精确度;④外形挫修的正确性、精确度和几何规律性;⑤相互间的协调;⑥标记的正确性;⑦样板表面的平整度;⑧样板的喷漆质量;⑨样板的补加位置、补加开孔和刚度是否符合规定。

2. 样板检验常用方法

(1)在平台上检验样板表面的平整度和工作边的垂直角。

(2)用塞规检验 H8 精度孔。

(3)在画线钻孔台上按标尺和画线尺检验基准孔和坐标轴线。

(4)样板外形加工的精度可用以下工具进行检验:钢板尺、卡尺、刻度放大镜、千分尺、塞尺、检验尺、数控测量机。

(5)用钢板尺、直角尺、曲线条靠样板的工作边以及目测、手摸等方法检验样板外形的光滑流线性。

(6)用直角尺检验样板的垂直工作边和垂直轴线。

(7)用平尺检验样板的直线工作边及长直线。

(8)用地规、卡尺检验成套切面样板的协调性。

(9)用卡尺或检验尺测量坐标数据,精度要求不高的地方使用薄钢板尺测量,精度要求很高的地方可用数控测量机测量。

(10)用万能角度尺测量角度边尺寸不大的角度,用测量三角形对边高度的方法测量大尺寸的角度线。

(11)用法线尺检验长桁轴线和斜角标记线与工作边的垂直度。

(12)用投线尺检验样板正、反面线条的一致性。

(13)用测孔器检验孔中心线的偏差。

5.2　标准工装制造

标准工艺装备是以类比模拟来体现产品某些部位几何形状和尺寸的刚性实体,它作为制造、协调、检验工装的模拟量标准,是保证工装之间以及产品部件、组件之间尺寸和形状协调的重要依据。标工必须具有足够的刚度以保持其尺寸和形状的稳定,同时其应具有比其他工装更高的准确度。

5.2.1　外形精度控制

（1）对标准样件、量规上的切面外形件和切面模型的外形，按切面样板对合加工时，允许局部间隙为 0.1 mm，如图 5.1 所示。当按样板叠合加工时，允许阶差为 ±0.1 mm，如图 5.2 所示，弯边斜角 α 允许公差为 ±10′。

图 5.1　按切面样板对合加工

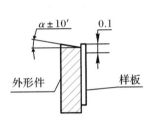

图 5.2　按样板叠合加工

（2）标准样件的外形，允许相对于检验依据有局部间隙 δ，如图 5.3 所示并见表 5.6。其中"基准切面"是指加强框、加强肋和流线性检查的工艺基准。直线度检查的工具直线度不大于 0.1 mm，双曲面外形在样板加工切面之间应为光滑流线，必要时用曲线条检查。此外，用曲线条一次检查的区间不得少于三个样板加工切面。

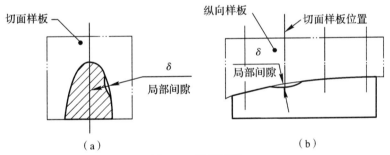

图 5.3　局部间隙

（a）切面外形；（b）纵向流线

表 5.6　样板或测量工具的间隙

单位：mm

类　别	精　度	基准切面	一般切面	双曲面纵向外形流线 （在切面样板位置）	
结构 样件	一区	0.1	0.2	0.2	有直线性要求的外形 直线度为 0.1 mm/m、 0.3 mm/3 m 以上
	二区	0.2	0.3	0.3	
表面 样件	一区	0.2	0.3	0.3	
	二区	0.3	0.4	0.4	

注：飞机部件表面的前段为一区，其余表面为二区。

(3)标准样件外形采用数控加工时,外形极限偏差控制在±0.1 mm,基准面表面粗糙度 Ra 的最大允许值为 3.2 μm,外形工作面表面粗糙度 Ra 的最大允许值为 1.6 μm。

5.2.2 平面精度控制

(1)标准样件或量规上的切面外形和切面模型,其基准面的平面度,每平方米范围不大于 0.1 mm,如图 5.4 所示。当长度超过或小于 1 m 时,则根据长度比例递增或递减。

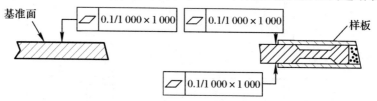

图 5.4 基准面的平行度要求

(2)标准平板工作面的平面度或在平台上的自由状态挠曲度,每平方米范围不大于 0.1 mm,如图 5.5 所示。两面使用的标准平板,其两面的平行度,在每平方米的范围不大于 0.1 mm,如图 5.6 所示。当长度超过或小于 1 m 时,则根据长度比例递增或递减。标准平板的衬套端面应低于平板工作面 0~1 mm,如图 5.7 所示。标准平板工作面的表面粗糙度 Ra 的最大允许值为 3.2 μm。

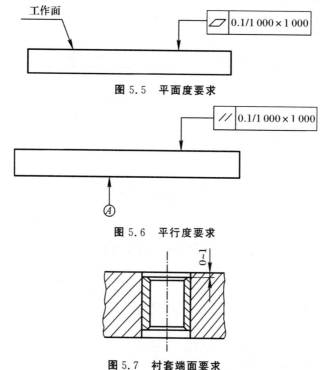

图 5.5 平面度要求

图 5.6 平行度要求

图 5.7 衬套端面要求

(3)在量规上有平面度要求的共面外形件,其对基准平面的倾斜度要求,与其各自的平面度相同,其相邻处的平面阶差不得大于 0.15 mm。

(4)在同一个框架上组合使用的数块标准平板,其对基准面的倾斜度,仍与其各自的平

面度相同。平板相邻处的阶差不得大于 0.1 mm,单平板之间的最高和最低部位(局部下陷
除外)之差不得大于其平面度和倾斜度的总和,如图 5.8 所示。

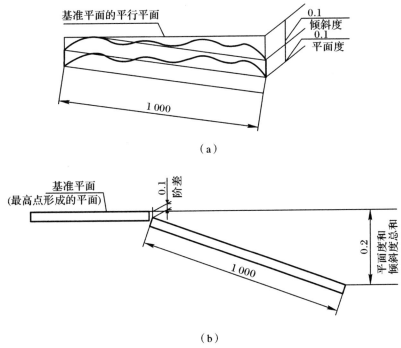

（a）

（b）

图 5.8　组合标准平板精度要求(单位:mm)

(a)平板倾斜度;(b)平板组合精度

5.2.3　孔位置度、垂直度控制

(1)标准样件和量规上的平面零件以及标准平板、切面模型上的安装孔相对于工作平面
的垂直度,在 100 mm 长度上不得大于 ϕ0.1 mm,如图 5.9 所示。

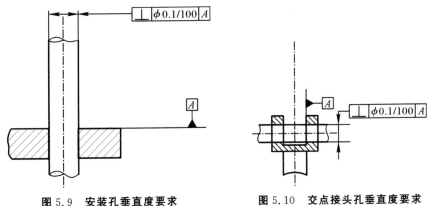

图 5.9　安装孔垂直度要求　　　　**图 5.10　交点接头孔垂直度要求**

(2)交点接头孔相对于其叉耳平面的垂直度,在 100 mm 长度上不得大于 ϕ0.1 mm,如
图 5.10 所示。

(3)两面使用的标准平板,其上对接孔相对于任一面的垂直度,在 100 mm 长度上不得

大于 $\phi 0.1$ mm。成对标准平板,其上对接孔相对于对接平面的垂直度,在 100 mm 长度上不得大于 $\phi 0.1$ mm,如图 5.11 所示。

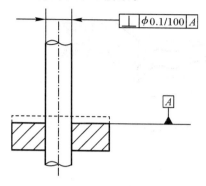

图 5.11　对接孔垂直度要求　　　　图 5.12　对接孔的位置按样板
　　　　　　　　　　　　　　　　　　　　　上的孔的确定

(4)当对接孔的位置按样板上的孔确定时,相对于样板上孔的位置度不得大于 $\phi 0.2$ mm,如图 5.12 所示;当对接孔的位置按样板上零件外形线或标记线确定时,其位置度不得大于 $\phi 0.4$ mm,如图 5.13 所示;当对接孔按另一标工相应的孔浇套时,应采用直径为 $d_{-0.01}^{0}$ 的销子插入对接孔中进行浇套,其中 d 为孔径基本尺寸,如图 5.14 所示。

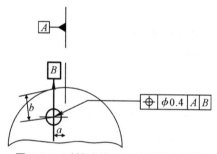
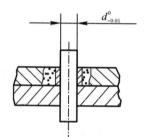

图 5.13　对接孔的位置按样板上零件　　图 5.14　对接孔按另一标工
　　　　外形线或标记线的确定　　　　　　　相应的孔浇套

5.2.4　划线精度控制

划线宽度见表 5.7,此外划线深度应保证线条清晰,便于塑造移形。标记线相对于所规定的基准的位置精度见表 5.8,结构基准线是指飞机水平基准线、对称轴线弦线等,结构轴线是指框、梁、长桁轴线等,括号中的数字用于表面样件。按标记线投线或以标记线为基准,根据尺寸划线,其位置均以标记线的中心计算,如图 5.15 所示。

表 5.7　标记线宽度

单位:mm

划线表面类别	金属表面	精致层板、夹布胶板	塑造表面
标记线宽度	0.1～0.2	0.2～0.3	0.3～0.5

表 5.8　标记线位置精度

单位：mm

表面类别	标记线类别	
	结构基准线、结构轴线	其他结构线
金属、精制层板、夹布胶板	0.15(0.2)	0.2(0.3)
塑造表面	0.2(0.3)	0.3(0.5)

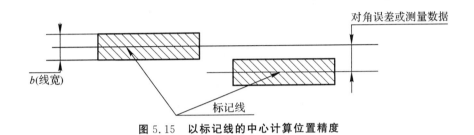

图 5.15　以标记线的中心计算位置精度

5.2.5　安装精度控制

如图 5.16 所示，按尺寸制造的标准工装安装时，确定量规位置用的基准叉耳或标高接头相互位置误差不得大于 ± 0.1 mm。其任意两交点之间的距离误差和每个交点相对于基准叉耳或视线孔的位置误差不得大于 0.1 mm。两个以上的同一组旋转交点，其同轴度不得大于 0.1 mm。此外，外形件或曲线板的任意间距误差不得大于 0.3 mm，但基准外形件的基准面、基准孔相对于标高叉耳和交点的位置误差不得大于 0.2 mm。图中 $l_1 \sim l_{13}$ 均为尺寸参数。

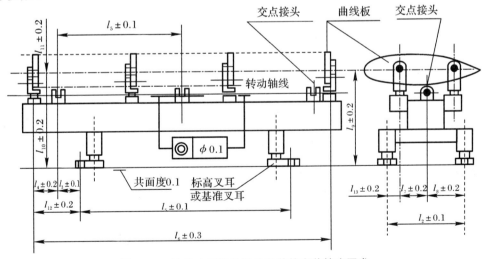

图 5.16　按尺寸制造的标准工装的安装精度要求

如图 5.17 所示，安装平板、转接架等，耳子平面的平面度不得大于 0.1 mm。耳子之间的距离用划线钻孔台标尺检查，并且能灵活插入 h6 级精度插销。此外，对于空间耳子，其孔、面之间的尺寸误差不得大于 ± 0.1 mm，图中 $l_1 \sim l_6$ 均为尺寸参数。

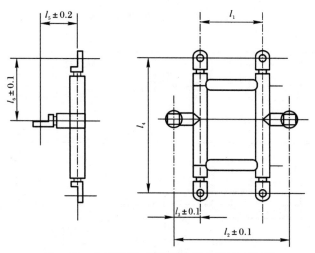

图 5.17　安装平板、转接架等的安装精度要求

5.2.6　对合精度控制

(1)标准工装在对合过程中如有水平要求,应将基准调水平或铅垂,其水平度或铅垂度不得大于 0.1 mm。所谓水平度或铅垂度是指各测量点相对于理想水平面或铅垂面尺寸误差之差,如图 5.18 所示。

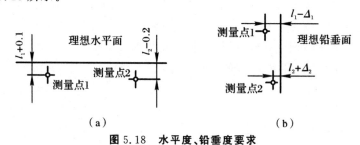

（a）　　　　　　　　　　　（b）

图 5.18　水平度、铅垂度要求

(a)水平度$=\Delta_1-(-\Delta_2)=\Delta_1+\Delta_2=0.1$ mm;(b)铅垂度$=\Delta_2-(-\Delta_1)=\Delta_1+\Delta_2=0.1$ mm

(2)对合检查时,应将参与对合的标准工装在规定的支承部位支承起来。若图样中未规定支承部位,则应根据标准工装的结构特点支承在最佳部位。

(3)如图 5.19 所示,叉耳对合时,其两侧间隙在 0.05 mm 以内,接头平面间的对合间隙允许误差为±0.05 mm。

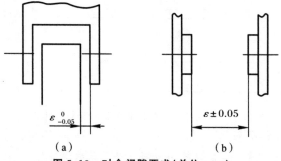

（a）　　　　　　　　　　　（b）

图 5.19　对合间隙要求(单位:mm)

(a)间隙对称性;(b)接头平面对接误差

（4）相互对合的标准平板，首先应灵活插入与孔径基本尺寸相同的 h6 级精度的插销，插入各基准孔，全部定位后，再检查各对接孔的同轴度，要求如下：

a.当标准平板上产品的对接孔为压套时，采用 f9 级精度的专用圆柱销灵活插入各对接孔，逐个检查，应无紧涩现象。

b.当标准平板上产品的对接孔为浇套时，采用 f7 级精度的插销专用圆柱销灵活插入各对接孔，逐个检查，应无紧涩现象。

c.标准样件、量规、标准平板对合用的平台，其平面度公差为 0.1 mm。

d.标准样件、量规、标准平板对合温度为 20 ℃±5 ℃。

e.对合时的承力标高，允许有局部间隙 0.05 mm，非承力标高或测量耳子，其对合面间隙 ε 允许为±0.5 mm，标高对接孔应能用与孔径基本尺寸相同的 h6 级精度的插销灵活插入。

（5）样件或量规的外形误差应符合如下要求：

a.吻合性，允许误差为±0.1 mm，如图 5.20 所示。

b.贴合外形，允许有局部间隙 0.2 mm。

c.平面分离面的贴合程度或间隙均匀性，即最大最小间隙之差，允许有局部间隙 0.2 mm 或±0.1 mm。

d.对合加工的样件外形，在对合部位应为光滑流线，不应有阶差。但按各自切面样板加工，允许对合流线加工的切面外形件，其顺气流阶差允许为 0.1 mm，如图 5.20 所示。不得有逆气流阶差出现，沿气流方向的阶差允许为±0.1 mm。

图 5.20　气流阶差要求（单位：mm）

5.3　夹 具 制 造

夹具工装是飞机制造过程中用以固定产品零件，使之位置正确，保证产品零件完成制造及检验的工艺装备，主要用于飞机结构件、钣金件等零件的定位、夹紧、检验等。常见夹具工装有机床夹具、焊接夹具、热处理保形夹具等。

5.3.1　机床夹具制造

机床夹具是机床上用以定位夹紧工件和引导刀具的一种装置，其通常指为某一工件的某道工序而专门设计的夹具。图 5.21 为固定模板式钻床夹具，该夹具结构简单、刚性好、精度高，用于加工孔位精度较高的零件。

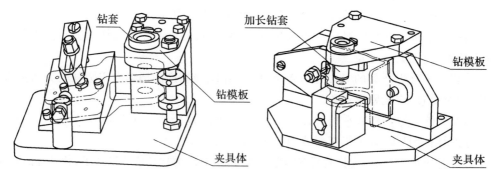

图 5.21　固定模板式钻床夹具

机床夹具制造过程中,工人应具有一定的专业水平,熟悉机床夹具的分类、制造工艺等,并在通过相应的专业技术培训、考核,取得相关资质证书后持证上岗。用于机床夹具制造的机床设备、仪器、辅助工装、工刀量具等,应有相应操作规程和保养维护制度,并且在使用范围和有效期限内,能满足机床夹具制造的技术指标和工艺要求。用于机床夹具制造的原材料符合机床夹具的设计要求,满足工艺性能和经济性能,符合机床设备、工刀具的加工制造能力。机床夹具最大程度地采用标准件,优先采用有储备的标准件。机床夹具制造过程中不同工序对应的环境要求按相关行业标准的规定执行。对机床夹具制造过程中产生的可能危及人身、产品、设备设施安全的操作和环境因素,应符合相关生产场所的安全防护规定,操作人员应熟悉相关操作规程和应急措施。

1.制造公差控制

1)平行度要求

(1)夹具定位件水平定位面与夹具底平面的平行度公差 δ 应符合表 5.9,结构形式如图 5.22 所示。

表 5.9　水平定位面与夹具底平面平行度公差

单位:mm

主参数 L	钻床夹具	平面磨夹具	镗床夹具	真空夹具	铣床夹具	随行夹具
≤63	0.020	0.012	0.012	0.020	0.030	0.030
>63～100	0.025	0.015	0.015	0.025	0.040	0.040
>100～160	0.030	0.020	0.020	0.030	0.050	0.050
>160～250	0.040	0.025	0.025	0.040	0.060	0.060
>250～400	0.050	0.030	0.030	0.050	0.080	0.080
>400～630	0.060	0.040	0.040	0.060	0.100	0.100
>630～1000	0.080	0.050	0.050	0.080	0.120	0.120
>1000～1600	0.100	0.060	0.060	0.100	0.150	0.150

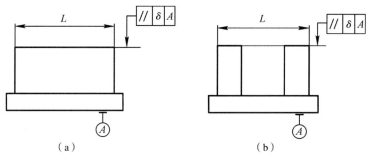

图 5.22　水平定位面与夹具底平面平行度要求

(a)连续型水平定位；(b)分段型水平定位

(2)夹具体定位件的水平定位轴线与夹具底平面的平行度 δ 应符合表 5.10，结构形式如图 5.23 所示。

表 5.10　定位件水平定位轴线与夹具底平面平行度公差

单位：mm

主参数 L	钻床夹具	平磨夹具	镗床夹具	铣床夹具
≤63	0.012	0.008	0.008	0.020
>63～100	0.015	0.010	0.010	0.025
>100～160	0.020	0.012	0.012	0.030
>160～250	0.025	0.015	0.015	0.040
>250～400	0.030	0.020	0.020	0.050
>400～630	0.040	0.025	0.025	0.060
>630～1 000	0.050	0.030	0.030	0.080
>1 000～1 600	0.060	0.040	0.040	0.100

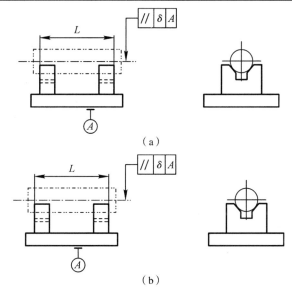

图 5.23　定位件水平定位轴线与夹具底平面平行度要求

(a)V 形定位件；(b)圆柱形定位件

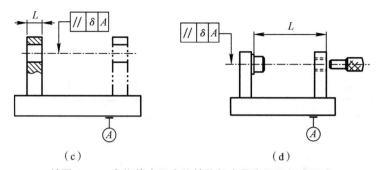

续图 5.23　定位件水平定位轴线与夹具底面平行度要求

(c)双孔型定位件;(d)混合型定位件

(3)夹具定位件的定位面、轴线,与夹具底平面键槽同一侧面平行度公差 δ 符合表 5.11,结构形式如图 5.24 所示。

表 5.11　定位件与夹具底平面键槽平行度公差

单位:mm

主参数 L	铣床夹具	镗床夹具
≤63	0.020	0.012
>63~100	0.025	0.015
>100~160	0.030	0.020
>160~250	0.040	0.025
>250~400	0.050	0.030
>400~630	0.060	0.040
>630~1 000	0.080	0.050
>1 000~1 600	0.100	0.060

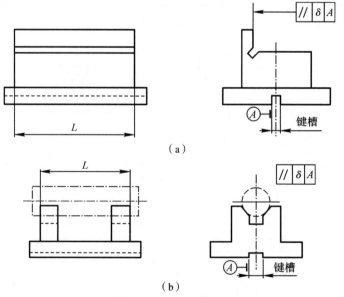

图 5.24　定位件与夹具底平面键槽平行度要求

(a)垂直定位面;(b)V 形定位件轴线;

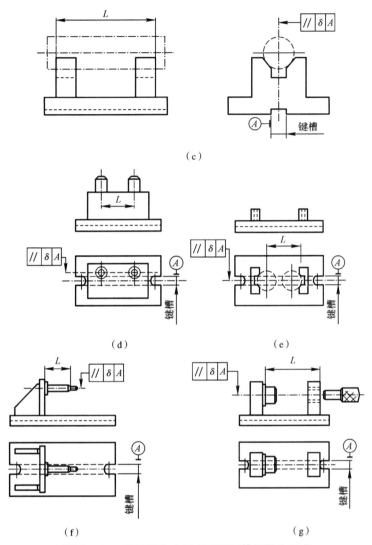

续图 5.24　定位件与夹具底平面键槽平行度要求

(c)圆柱形定位件轴线；(d)定位销中心连线；

(e)垂直 V 形定位件中心连线；(f)定位轴；(g)混合定位轴中心连线

（4）由对线器定位安装工件的夹具，装配后对线器两端刻线的连线与夹具底平面键槽同一侧面平行度公差 δ 符合图 5.25。

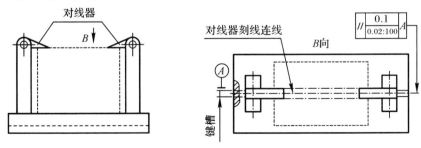

图 5.25　对线器与夹具底平面键槽平行度要求

(5)对于角铁式车床夹具和磨床夹具,定位件的水平定位面、V形定位件的水平定位轴线,与锥体或法兰盘旋转中心平行度公差δ符合表5.12,结构形式如图5.26所示。

表5.12 水平定位面或轴线与旋转中心平行度公差

单位:mm

主参数 L	磨床夹具	车床夹具
≤63	0.020	0.030
>63～100	0.025	0.040
>100～160	0.030	0.050
>160～250	0.040	0.060
>250～400	0.050	0.080

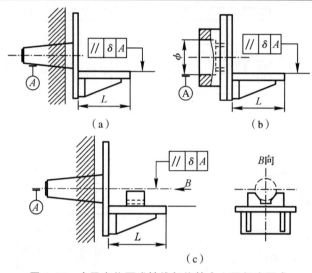

图5.26 水平定位面或轴线与旋转中心平行度要求

(a)水平定位面与锥体中心线;(b)水平定位面与法兰盘中心线;

(c)V形定位件的水平定位轴线与锥体中心线

(6)夹具定位件的定位面按标工协调制造时,标工上的"基准线"或"基准面"与夹具底平面平行度要求如图5.27所示。

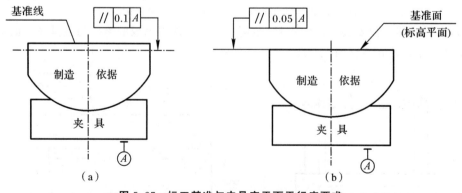

图5.27 标工基准与夹具底平面平行度要求

(a)基准线与夹具底平面;(b)基准面与夹具底平面

(7)夹具定位件的定位面按样板协调制造时,定位面利用样板一个方向(横向或纵向)制造的单曲面或两个方向(横向和纵向均有)制造的双曲面,其样板"基准线"或"基准孔"的中心连线与夹具底平面平行度要求如图 5.28 所示。

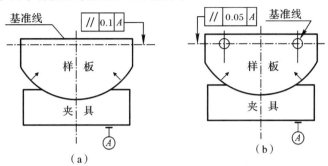

图 5.28　**样板基准与夹具底平面平行度要求**

(a)基准线与夹具底平面;(b)基准孔连线与夹具底平面

2)垂直度要求

(1)夹具定位件的垂直定位面、轴线以及孔中心线(包括中心连线、V 形定位块中心线)与夹具底平面垂直度公差 δ 符合表 5.13,结构形式如图 5.29 所示。

表 5.13　**垂直定位面(线)与夹具底平面垂直度公差**

单位:mm

主参数 H	钻床夹具	平磨夹具	镗床夹具	铣床夹具	随行夹具
≤63	0.020	0.012	0.012	0.030	0.030
>63~100	0.025	0.015	0.015	0.040	0.040
>100~160	0.030	0.020	0.020	0.050	0.050
>160~250	0.040	0.025	0.025	0.060	0.060
>250~400	0.050	0.030	0.030	0.080	0.080
>400~630	0.060	0.040	0.040	0.100	0.100
>630~1000	0.080	0.050	0.050	0.120	0.120

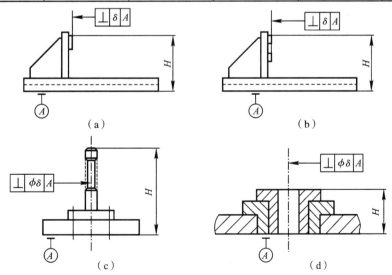

图 5.29　**垂直定位面(线)与夹具底平面垂直度要求**

(a)连续垂直面;(b)非连续垂直面;(c)定位轴轴线;(d)定位孔轴线

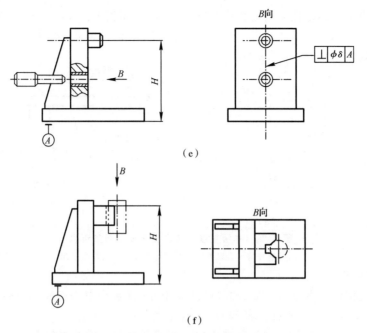

（e）

（f）

续图 5.29　**垂直定位面(线)与夹具底平面垂直度要求**

(e)定位孔中心连线；(f)垂直 V 形定位件轴线

（2）夹具的垂直定位面、V 形定位件轴线、定位销或定位孔中心线（包括连心线）与图 5.30所示的基准垂直度公差符合表 5.14。

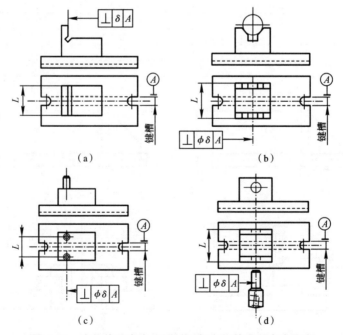

图 5.30　**定位件垂直定位面(线)与定位基准垂直度要求**

(a)垂直定位面；(b)V 形定位件轴线；(c)定位轴中心连线；(d)定位孔中心线连线

表 5.14　定位件垂直定位面(线)与定位基准垂直度公差

单位：mm

主参数 L	铣床夹具	镗床夹具
≤63	0.020	0.012
>63～100	0.025	0.015
>100～160	0.030	0.020
>160～250	0.040	0.025
>250～400	0.050	0.030
>400～630	0.060	0.040
>630～1 000	0.080	0.050

(3)位于同一轴线上的各钻套孔连线与夹具底平面垂直度公差 $\phi\delta$ 符合图 5.31 和表 5.15要求。

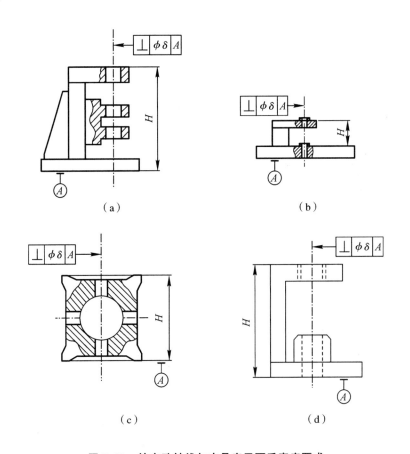

图 5.31　钻套孔轴线与夹具底平面垂直度要求

(a)多孔钻套;(b)双孔钻套;(c)整体翻转式钻套;(d)大间距双孔钻套

表 5.15　钻套孔轴线与夹具底平面垂直度公差

单位：mm

主参数 H	≤63	>63～100	>100～160	>160～250	>250～400	>400～630	>630～1000
公差值	0.012	0.015	0.020	0.025	0.030	0.040	0.050

（4）夹具上的定位销轴线、V 形块定位面的轴线与法兰盘（或尾椎）旋转中心线的垂直度公差 $\phi\delta$ 符合表 5.16，结构形式如图 5.32 所示。

表 5.16　定位轴线与旋转中心线的垂直度公差

单位：mm

主参数 L	磨床夹具	车床夹具
≤40	0.010	0.020
>40～63	0.012	0.025
>63～100	0.015	0.030
>100～160	0.020	0.040
>160～250	0.025	0.050
>250～400	0.030	0.060
>400～630	0.040	0.080

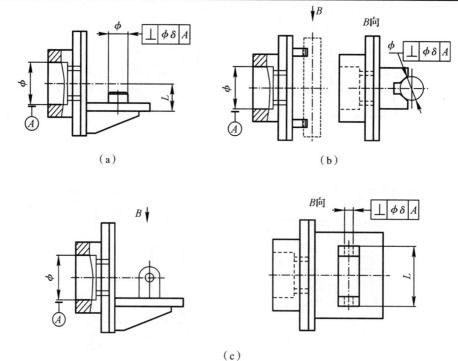

（a）　　　　　　　　　　（b）

（c）

图 5.32　定位轴线与旋转中心线垂直度要求

（a）定位销轴线与旋转中心线；（b）V 形定位面轴线与旋转中心线；（c）定位孔水平连心线与旋转中心线

3）同轴度要求

（1）夹具体上钻套孔轴线与定位销、定位孔、V 形定位块中心线同轴度公差 $\phi\delta$ 符合表

5.17,结构形式如图 5.33 所示。

表 5.17　钻套孔轴线与定位中心线同轴度公差

单位:mm

主参数 H	≤30	>30~50	>50~120	>120~250	>250~500	>500~800	>800~1 250
公差值 δ	0.012	0.015	0.020	0.025	0.030	0.040	0.050

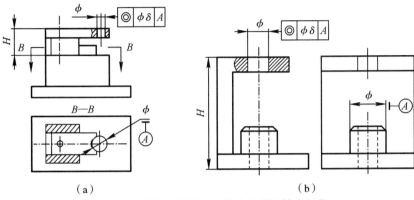

（a）　　　　　　　　　　　　　（b）

图 5.33　钻套孔轴线与定位中心线同轴度要求

(a)钻套孔中心线与定位件中心线;(b)钻套孔中心线与定位孔中心线

（2）夹具体上同一轴线的各钻套孔、带有前引导的钻模同轴度公差 $\phi\delta$ 符合表 5.18,结构形式如图 5.34 所示。

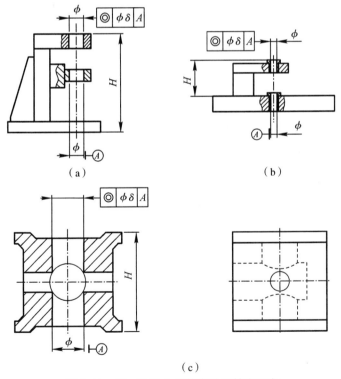

（a）　　　　　　　　　　　　　（b）

（c）

图 5.34　同一轴线上各钻套孔同轴度要求

（a）多孔钻套;（b）双孔钻套;（c）整体翻转式钻套

表 5.18　同一轴线上各钻套孔同轴度公差

单位：mm

主参数 H	≤50	>50～120	>120～250	>250～500	>500～800
公差值	0.015	0.020	0.025	0.030	0.040

（3）钻模、车具、铣具、磨具、镗具等，位于同一轴线上两个或两个以上定位孔（或定位销）的同轴度公差 $\phi\delta$ 符合表 5.19，结构形式如图 5.35 所示。

表 5.19　定位孔(或定位销)同轴度公差

单位：mm

主参数 L	钻床夹具	磨床夹具	镗床夹具	铣床夹具	车床夹具
≤30	0.010	0.010	0.010	0.015	0.010
>30～50	0.012	0.012	0.012	0.020	0.012
>50～120	0.015	0.015	0.015	0.025	0.015
>120～250	0.020	0.020	0.020	0.030	0.020
>250～500	0.025	0.025	0.025	0.040	0.025
>500～800	0.030	0.030	0.030	0.050	0.030
>800～1250	0.040	0.040	0.040	0.060	0.040

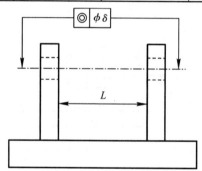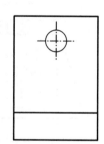

图 5.35　定位孔(或定位销)同轴度要求

4）夹具圆跳动要求

（1）车床和磨床夹具，允许圆柱定位面与锥体中心线之间有圆跳动，其结构形式如图 5.36 所示，圆跳动度公差 δ 符合表 5.20。

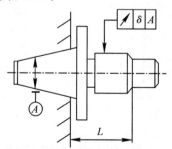

图 5.36　圆柱定位面与锥体中心线之间圆跳动度要求

表 5.20　圆柱定位面与锥体中心线圆跳动度公差

单位：mm

主参数 L	磨床夹具	车床夹具
≤30	0.010	0.015
>30～50	0.012	0.020
>50～120	0.015	0.025
>120～250	0.020	0.030
>250～500	0.025	0.040

以内孔定位的车床和磨床弹簧心轴,允许弹簧夹头外圆定位面与锥体旋转中心线之间有圆跳动,其结构形式如图 5.37 所示,圆跳动度公差值 δ 符合表 5.21。

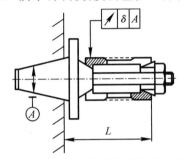

图 5.37　弹簧夹头外圆定位面与锥体旋转中心线圆跳动度要求

表 5.21　弹簧夹头外圆定位面与锥体旋转中心线圆跳动度公差

单位：mm

主参数 L	磨床心轴	车床心轴
≤30	0.015	0.025
>30～50	0.020	0.030
>50～120	0.025	0.040
>120～250	0.030	0.050
>250～500	0.040	0.060

(2)以外圆定位的车床和磨床心轴,允许弹簧夹头内孔定位面与锥体旋转中心线之间有圆跳动,其结构形式如图 5.38 所示,圆跳动度公差 δ 符合表 5.22。

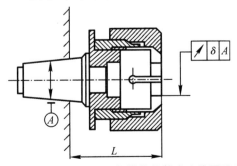

图 5.38　弹簧夹头内孔定位面与锥体旋转中心线圆跳动度要求

表 5.22 弹簧夹头内孔定位面与锥体旋转中心线圆跳动度公差

单位：mm

主参数 L	磨床心轴	车床心轴
≤30	0.025	0.030
>30～50	0.030	0.040
>50～120	0.040	0.050
>120～250	0.050	0.060
>250～500	0.060	0.080

(3)以外圆定位的车床和磨床心轴，允许内孔定位面与锥体旋转中心线之间有圆跳动，如图 5.39 所示，圆跳动度公差 δ 符合表 5.23。

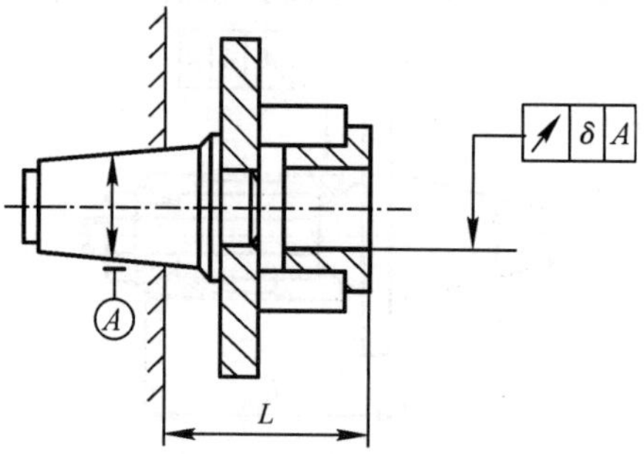

图 5.39 内孔定位面与锥体旋转中心线圆跳动度要求

表 5.23 内孔定位面与锥体旋转中心线圆跳动度公差

单位：mm

主参数 L	磨床心轴	车床心轴
≤30	0.010	0.015
>30～50	0.012	0.020
>50～120	0.015	0.025
>120～250	0.020	0.030
>250～500	0.025	0.040

5)对称度要求

带有左右螺纹传动的自动定向夹紧装置的夹具，两夹紧工作面关于对称中心面对称，结构形式如图 5.40 所示，对称度公差 δ 符合表 5.24。

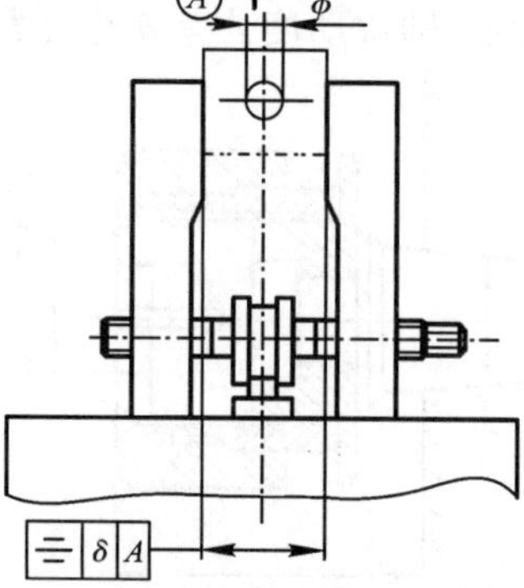

图 5.40 夹具夹紧工作面对称度要求

表 5.24　夹具夹紧工作面对称度公差

单位：mm

主参数 L	钻床夹具	车床夹具	铣床夹具
≤30	0.025	0.025	0.050
>30～50	0.030	0.030	0.060
>50～120	0.040	0.040	0.080
>120～250	0.050	0.050	0.100

6)位置度要求

(1)位于同一轴线上的定位销和定位孔,其定位销中心线与定位孔中心线应在同一平面上,其结构形式如图 5.41 所示,位置度公差 $\phi\delta$ 符合表 5.25。

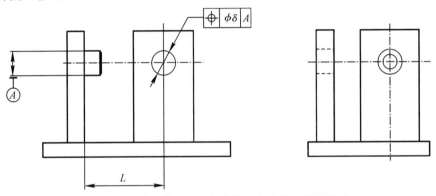

图 5.41　定位销中心线与定位孔中心线位置度要求

表 5.25　定位销中心线与定位孔中心线位置度公差

单位：mm

主参数 L	钻床夹具	磨床夹具	镗床夹具	铣床夹具	车床夹具
≤30	0.010	0.050	0.050	0.015	0.050
>30～50	0.015	0.010	0.010	0.020	0.010
>50～120	0.020	0.015	0.015	0.030	0.015
>120～250	0.030	0.020	0.020	0.040	0.020
>250～500	0.040	0.030	0.030	0.050	0.030
>500～800	0.050	0.040	0.040	0.060	0.040
>800～1250	0.060	0.040	0.050	0.070	0.050

(2)钻套孔轴线与定位销、定位孔、定位 V 形块中心线相交,允许有位置度公差,其结构形式如图 5.42 所示,位置度公差 $\phi\delta$ 符合表 5.26。

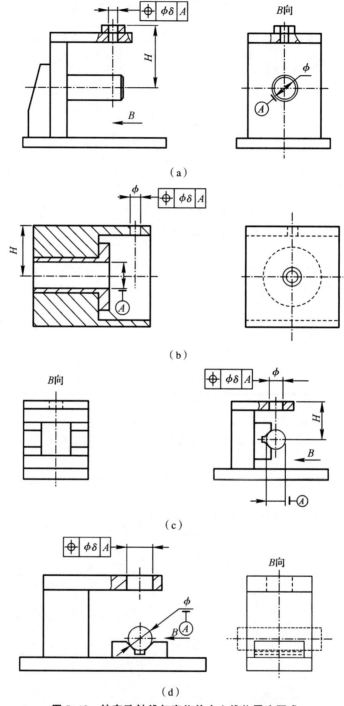

（a）

（b）

（c）

（d）

图 5.42　钻套孔轴线与定位件中心线位置度要求

（a）钻套孔中心线与定位销中心线；（b）钻套孔中心线与定位孔中心线；

（c）钻套孔中心线与垂直 V 形块中心线；（d）钻套孔中心线与水平 V 形块中心线

表 5.26　钻套孔轴线与定位件中心线位置度公差

主参数 H	≤30	>30～50	>50～120	>120～250	>250～500	>500～800	>800～1 250
公差值	0.010	0.012	0.015	0.020	0.025	0.030	0.040

（3）铣床和镗床夹具，两端定位滑键和定位圆键中心面或线在同一平面上，其位置度公差 δ 如图 5.43 所示。

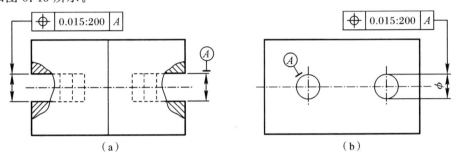

图 5.43　夹具两端定位键位置度要求

(a)定位滑键；(b)定位圆键

（4）车床和磨床夹具，允许定位销、定位孔中心线与夹具旋转中心线有偏差，其位置度公差如图 5.44 所示。

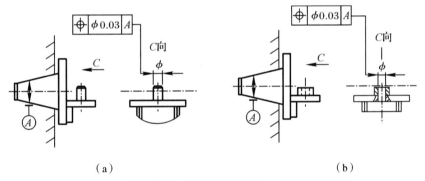

图 5.44　定位件中心线与夹具旋转中心线位置度要求

(a)定位销中心线与夹具旋转中心线；(b)定位孔中心线与夹具旋转中心线

（5）多工位加工用夹具，各定位孔轴线位置度公差符合表 5.26，结构形式如图 5.45 所示。

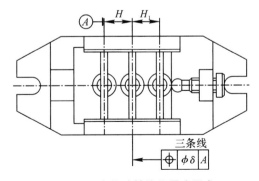

图 5.45　定位孔轴线位置度要求

(6)使用两块及以上成套样板协调制造的夹具定位面,使用样板时,各样板上基准线或基准孔位置度公差如图 5.46 所示。

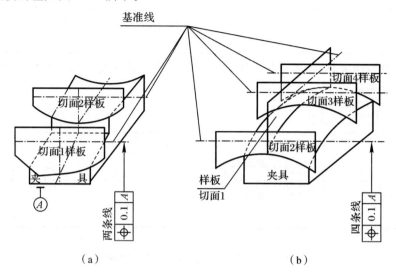

图 5.46 成套样板上基准线位置度要求

(a)凸面样板基准线;(b)凹面样板基准线

7)定位面线轮廓度及面轮廓度要求

(1)夹具定位面按切面样板协调制造时,线轮廓度公差 δ 和对型面的重合度要求符合表 5.27,结构形式如图 5.47 所示。

表 5.27 线轮廓度公差值

型面类型	公差值 δ	重合度要求
单曲面	0.100 mm	80%
双曲面	0.150 mm	75%

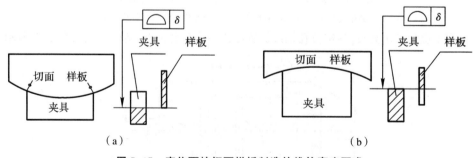

图 5.47 定位面按切面样板制造的线轮廓度要求

(a)按凸面样板制造;(b)按凹面样板制造

(2)夹具定位面、供产品加工用的修合面、检验夹具工作型面、平面靠模板工作面等,分别按外形样板协调制造时,其轮廓度公差如图 5.48 所示,夹具型面与样板型面的重合度不小于 90%。

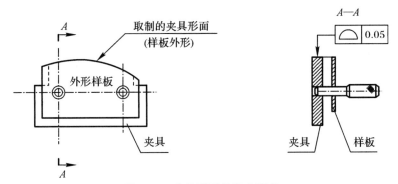

图 5.48　夹具型面轮廓度要求

（3）凡夹具定位面、检验夹具工作型面等立体型面,采用环氧塑料按模型、模胎、实样件以及工序件移形塑造时,型面的面轮廓度公差如图 5.49 所示,型面与制造依据型面的重合度不小于 90% 的原则进行。

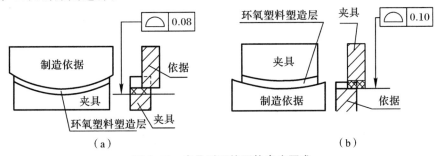

图 5.49　夹具型面的面轮廓度要求

(a)按凸胎制造的夹具型面；(b)按凹胎制造的夹具型面

2.其他制造要求

1)夹具定位(导向)装置尺寸要求

夹具上的定位装置或导向装置,若孔与交点、面与面、孔与孔、孔与线按标工、样板、工序件制造时,公差 Δ 符合表 5.28,结构形式如图 5.50 所示。

表 5.28　按实物制造的定位(导向)装置距离公差

单位：mm

主参数 L	孔与孔	孔与面	孔与交点	面与面
≤120	0.010	0.020	0.050	0.010
>120~250	0.020	0.030	0.060	0.020
>250~500	0.030	0.040	0.080	0.030
>500~800	0.040	0.050	0.100	0.040
>800~1 250	0.050	0.060	0.120	0.050
>1 250~1 500	0.060	0.070	0.150	0.060
>1 500~2 000	0.080	0.080	0.180	0.070
>2 000	0.100	0.120	0.200	0.100

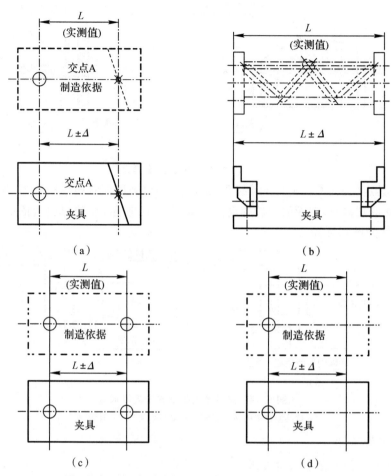

图 5.50 按实物制造的定位(导向)装置距离公差要求

(a)孔与交点;(b)面与面;(c)孔与孔;(d)孔与线

2)分度夹具的分度公差要求

各类分度夹具的分度公差应符合表 5.29,该表仅适用于垂直分度和水平分度。

表 5.29 各类分度夹具的分度公差值

夹具名称	分度公差	累积公差
钻床夹具	$\pm 2'$	$\pm 5'$
镗床夹具	$\pm 2'$	$\pm 5'$
划线夹具	$\pm 3'$	$\pm 6'$
车床夹具	$\pm 2'$	$\pm 5'$
铣床夹具	$\pm 4'$	$\pm 8'$

3)机床心轴尾椎与标准锥孔贴合度要求

磨床心轴、车床心轴和铣床心轴的尾锥与标准锥孔的贴合度参考如下:磨床心轴不小于 90%,车床心轴不小于 85%,铣床心轴不小于 80%。

4)夹具表面缺陷要求

(1)各类夹具的定位面,允许局部有锉痕、划伤、擦伤,锻、铸件允许有未被加工掉的凹处和因热处理变形无法加工掉的凹处等。

(2)每处缺陷所占面积小于定位件表面积的 5％,呈均匀分布。

(3)缺陷面积总和小于定位面表面积的 15％。

5)夹具相互协调要求

凡图样上注明此夹具与某夹具协调或相互协调时,以先制者作为协调依据。先制者可按图示尺寸和公差进行制造,后制者按先制者与其协调的部位制造。此外,图样由工装使用单位提供给夹具制造单位,用于夹具制造相协调的工序件、铸件和模压件,应是检验合格的零件。

6)可串联使用夹具制造公差要求

细长工件、串联使用多套同一结构的夹具,应一次加工出各套夹具的定位面。若受加工设备条件或受夹具结构的限制,需分别加工出夹具的定位面时,两套夹具定位面的允许制造公差不能大于 0.02 mm,数套夹具定位面制造的累积公差不大于 0.1 mm。该要求适用于水平定位面的高度公差、垂直定位面的位置度公差和垂直度公差,以及垂直定位面对夹具底面键槽中心的平行度公差。

7)车床及磨床夹具焊接要求

车床和磨床夹具,其尾柄与法兰盘结合处应采用全焊。

8)未注公差要求

机床夹具的底板、底座、基体的尺寸公差按 IT13 级精度制造验收,未规定的其他公差依照《一般公差》(HB 5800—1999)中的规定。机床夹具的平面度和直线度公差采用《形状和位置公差未注公差值》(GB/T 1184—1996)中公差等级 H 对应的公差值。

3.检验要求

按机床夹具设计图样、数据、协调制造标准等相关技术要求进行检验,检验过程有详实记录。采用数控加工的机床夹具检验技术要求按相应标准执行。此外,机床夹具零件采用锻、铸成形时,应进行毛坯外形、尺寸、表面质量的检查。机床夹具零(组)件的镀覆、表面涂漆及钢铁件化学氧化检验要求按相应标准执行。

5.3.2　焊接夹具制造

焊接夹具是焊接过程中用以固定产品零件,使之位置正确,保证产品零件完成焊接及检验的工艺装备,主要用于导管、法兰盘、钣金件等零件的定位、夹紧、焊接。图 5.51 所示为飞机导管类零件定位焊夹具,其主要零部件包括高支座、压管器、管子夹紧器、大头销等。此外,还有激光定位焊接夹具,如图 5.52 所示,此类工装用于产品的焊前定位和焊接过程变形控制。图 5.53 所示为装配焊接夹具,此类工装用于产品装配定位。

焊接夹具制造过程中,焊接夹具必须符合图纸中规定的各项要求,图纸上未注明的有关要求依照国家标准《机床夹具零件及部件技术要求》(GB/T 2259—1992)及本书的规定。铸件和焊接组合件依照《飞机装配夹具零组件技术条件》(HB 644—1989)及《机床夹具零件及部件技术要求》(GB/T 2259—1992)的规定。夹具图纸上未注明的尺寸公差,除本书要求外,一般公差采用《一般公差》(HB 5800—1999)规定。此外,焊接夹具上明显位置应有标识,并且交付前要涂漆。

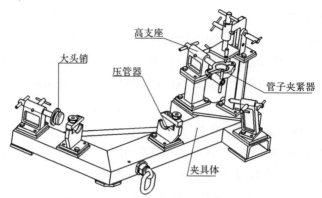

图 5.51　导管焊接夹具

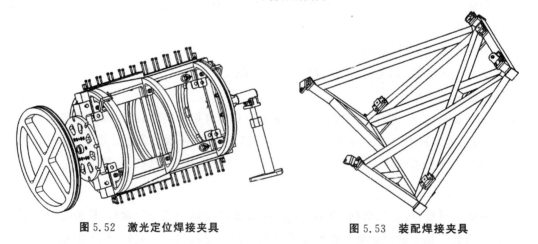

图 5.52　激光定位焊接夹具　　　　　图 5.53　装配焊接夹具

1. 定位件制造要求

(1)定位件加工后,基准面的平面度在全长范围内不超过 a,如图 5.54 所示并见表 5.30。

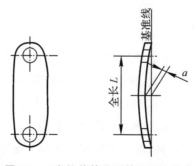

图 5.54　定位件基准面的平面度要求

表 5.30　定位件基准面的平面度要求

单位：mm

L	0~500	>500~1 000	>1 000~2 000	>2 000
a	0.1	0.15	0.2	0.3

（2）按样板、样件、实样等基准件加工的定位件，工作表面与基准件配合面之间的局部最大间隙不得超过 0.2 mm，且应保证定位件工作表面为光滑流线，结构如图 5.55 所示。

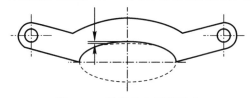

图 5.55　局部最大间隙要求

（3）采用环氧塑料制造定位件的工作面，环氧塑料层厚度一般为 2~8 mm，不允许夹带杂物，环氧塑料的配方及使用方法由制造车间按有关资料决定。

2. 浇注法安装夹具零组件制造要求

（1）用快干水泥浇注安装的接头、叉耳，其尾杆直径与杯座孔径之差不应小于 10 mm，浇注时一般应保证不小于 2~3 mm 的单面间隙，必要时允许将尾杆的凸块磨去。采用水泥浇注安装衬套时，工艺方法按照《灌注水泥用衬套安装孔》（HB 997—1989）与《带支座的卡板端头制造典型图》（HB 998—1989）的要求制定。用快干水泥在框架底板上安装定位器或接头时，快干水泥最小厚度应不小于 5 mm，且框架底板上应开交叉小槽，槽的大小、数量由制造车间工艺决定。

（2）快干水泥必须充满整个空隙，不允许有夹杂物和气孔。快干水泥完全固结后，其表面不应有裂纹等缺陷。

（3）采用环氧塑料或环氧树脂胶浇注、胶接钻套和导套时，工艺过程按照《胶注安装钻套》（HB 995—1989）、《导套》（HB 636—1989）的要求进行。

（4）浇注钻套、导套时，环氧塑料应充满间隙，环氧塑料填注后隔 12 h 方可拆除定位装置，48 h 后方可使用。

3. 零组件安装及其尺寸公差控制

（1）焊接夹具上的若干定位件（卡板、定位接头等）的实际轴线对基准线，如光学视线或基准孔轴线的偏差不超过±0.2 mm，如图 5.56 所示。

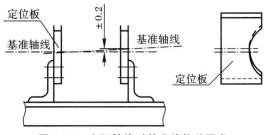

图 5.56　实际轴线对基准线偏差要求

(2)夹具定位件之间或定位件与定位夹紧件之间的装配尺寸 L 在未注公差时,其公差采用 Js15、h11 和 H11,结构形式如图 5.57 所示。定位件与夹紧件的装配尺寸及公差如图 5.58所示及见表 5.31。

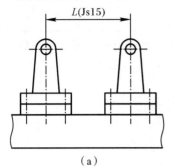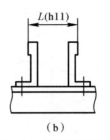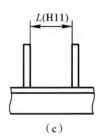

（a） （b） （c）

图 5.57 装配尺寸 L 未注公差要求

(a)公差按 Js15;(b)公差按 h11;(c)公差按 H11

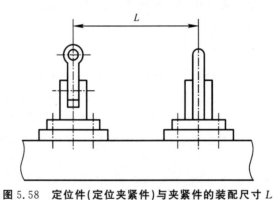

图 5.58 定位件(定位夹紧件)与夹紧件的装配尺寸 L

表 5.31 定位件与夹紧件的装配尺寸 L 公差要求

单位：mm

测量长度 L	0～120	>120～250	>250～500	>500～800	>800
公差值 Δ	±1.4	±1.9	±2.5	±3.0	±3.5

(3)按样板、模型或标准实样安装的夹具零组件,其型面与基准件型面的贴合度应保持在 80% 以上,局部不贴合处最大间隙不应超过 0.2 mm,安装方式如图 5.59 所示。

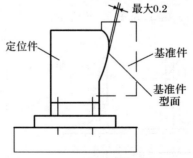

最大0.2

定位件

基准件

基准件型面

图 5.59 型面与基准件型面的贴合度要求

(4)当按样板、模型或实样的刻线安装夹具的零组件时,零组件型面的表面粗糙度必须保证 $Ra6.3$ 的要求。此外,还应检查夹具与刻线位置的误差,焊接夹具不应超过 0.3 mm,检验、校正夹具不能超过 0.15 mm,如图 5.60 所示。

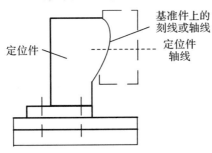

图 5.60　零组件的型面要求

(5)按样板、模型或实样安装接头或定位器时,不应有强迫配合现象,装配后应保证与标准工装或实样协调一致,活动处应灵活。

(6)焊接夹具零件的一般位置公差的公差值按《形状和位置公差未注公差值》(GB/T 1184—1996)的规定检查;平行度、垂直度公差采用 9 级,如图 5.61 所示;同轴度、对称度公差采用 10 级,如图 5.62 所示。

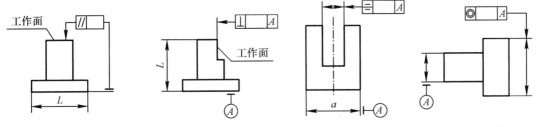

图 5.61　平行度、垂直度公差要求　　　　图 5.62　同轴度、对称度公差要求

(7)焊接夹具组合件用于定位的零件之间的一般位置应检查平行度和垂直度误差,公差值采用《形状和位置公差未注公差值》(GB/T 1184—1996)中规定的 10 级,如图 5.63 所示。

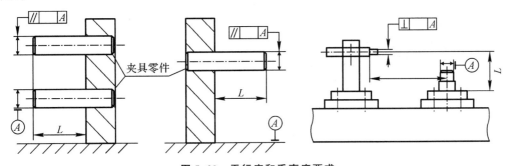

图 5.63　平行度和垂直度要求

4.其他制造要求

(1)图纸中未注明的螺栓孔、销钉孔,安装时配做,销钉孔径公差采用 H7。螺栓与销钉

的具体位置由制造车间自定,但要排列整齐、孔径中心至零件边缘的边距应大于螺栓头(或螺母)的最大半径,销钉孔边距应大于销钉直径。若安装零件为标准件,则要按标准件上已有的初孔配做所需的孔。

(2)夹具上焊接方法一般采用手工电弧焊或气焊;焊缝应整齐,连接牢固,并不影响零件之间的装配;焊后必须清理焊缝,除去氧化皮等。

(3)用于安装定位件的底座或框架焊接后应按图纸规定进行正火或人工时效处理。不正火也不人工时效处理的底座或框架焊接后不少于7昼夜无翘曲变形时才允许加工安装表面。

(4)焊接夹具上未注角度的公差应在±1°内。

(5)在不影响夹具精度、刚性及其他性能的情况下,允许在夹具的适当位置钻工艺孔、检验孔及安装工艺零件。

(6)转动夹具由制造车间配置适当配重,使夹具达到静平衡。配重材料一般用黑色金属,采用螺接或焊接方法固定在夹具上。配重形状、大小由制造车间自定,但不应影响夹具的使用美观且应保证安全。

(7)夹具上的可拆卸零件用钢丝绳或小锁链系于夹具上。夹具交付前要涂漆,并做好标记。

5.典型零件制造

1)夹具体制造

常见焊接夹具的夹具体由上下板、圆管、槽钢、侧面吊环块等组成,结构形式如图5.64所示,材料均为Q235。

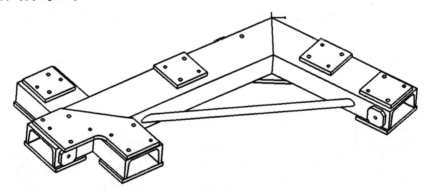

图5.64 常见夹具体结构

(1)下料。由于加工及热处理过程会产生较大的变形量,根据以往经验参数,夹具体尺寸在2 m以内,上下板单面需留出1~2 mm加工余量,夹具体尺寸超过2 mm的,上下板在下料过程中留3~4 mm加工余量。上下板采用水切割的下料方式,将上下板外形切割至设计尺寸,避免后续数控机床对外形的加工。夹具体槽钢采取气割方式下料至设计尺寸。当槽钢接头角度不规则时,可安排数铣对槽钢角度进行加工。

（2）焊接。

a. 焊前准备。夹具体焊接前需由钳工配合摆放好位置。对于形状复杂、尺寸较大且无法直接按数图样摆放的夹具体，可在槽钢主体焊接之后采取数控刻线的方法刻出上下板焊接位置线，焊接时由钳工按焊接线位置摆放即可。由于焊接后进行热处理操作，部分夹具体矩形管焊接之后会形成封闭腔，在热处理过程中由于热胀冷缩会产生爆裂等，因此组焊时在各封闭腔制出通气孔，点焊后在侧面吊环块位置引通槽钢做吊环孔。

b. 焊接要求。采用二氧化碳气体保护膜焊接，焊丝材料选用 ER49-1 或 H08Mn2SiA，焊丝直径为 1～1.2 mm，电流强度为 100～300 A，焊接电压为 20～32 V，气体流量为 5～20 L/min，定位焊的电流比焊接时电流大 10%～20%。保证气密，不能有气孔等缺陷。

c. 焊后处理。焊接后需清理焊缝、去焊渣。在非工作面打出标记。

（3）整体热处理。板料焊接后，应力大，释放缓慢，在夹具体加工过程中，最少安排一次去应力退火。夹具体尺寸超过 1.5 m 的，按相关要求进行去应力退火，温度为 500～600 ℃，保温 1 h。退火后，检查夹具体变形，分配加工余量。为避免后续加工过程中可能出现的生锈、腐蚀等情况，对尺寸小于 800 mm 的夹具体进行吹砂处理，对于尺寸超过 800 mm 的夹具体，在非工作面刷一次底漆。

（4）基准面精加工。对于按尺寸加工的焊接夹具，加工前检查厚度二面余量，均匀分配余量。为减少加工过程变形，进行多次去余量加工。每次切削深度小于 1 mm，进行多次翻转加工，在最后一次加工厚度二面时精铣厚度二面，单面仍留出磨削余量，由数控铣床在夹具体侧面铣出拉直边，见光即可。由磨床磨削厚度二面，保证厚度二面平面度及平行度。厚度二面加工完成之后，由磨床见光拉直边（见图 5.65），便于后续孔位加工。对于按实样浇注的焊接夹具，为保证浇注过程中的快干水泥的粘连性，夹具体上表面无需磨削，仅需铣出，且无需铣出拉直边。

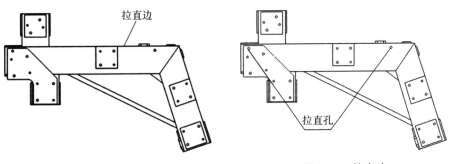

图 5.65 拉直边   图 5.66 拉直孔

（5）定位孔加工。定位孔加工要求如下：①对于按尺寸加工的焊接夹具，以拉直边为基准，加工各定位支座定位销孔位及螺纹孔；②对于拉直边太短无法拉直的夹具体，可在加工定位销孔前制出拉直孔（见图 5.66），以拉直孔为基准加工其余孔；③对于尺寸小于 1.5 m 的夹具体，优先采用精密镗床加工孔位；④对于尺寸超过 1.5 m 的夹具体，采用数控铣床加工孔位。定位孔位置公差按照±0.03 mm加工;⑤对于按实样加工的焊接夹具,夹具体上表面无需预先制出定位孔,其夹具体定位孔在装配阶段由钳工配做。

2)定位支座制造

定位支座主要有2种形式,即直支座和斜支座。定位支座材料为Q235。

(1)直支座。该类型定位支座立板与底板垂直,结构形式如图5.67所示。针对按尺寸加工的直定位支座,均由水切割下料,底板厚度留出2 mm余量。立板在焊接前将R圆角及下陷加工到设计尺寸,焊接后进行热处理,其焊接及热处理与夹具体相同。由于此类零件尺寸小,热处理后进行吹砂即可。吹砂后由普通铣床加工底面,并见光立板一处侧面,底面及见光后的侧面均留磨。通过磨削底面及见光后的侧面以保证二者垂直。最后以底面及侧面为基准,在精密镗床设备上加工底面定位销孔及螺纹过孔。其中所有精制孔孔位尺寸均需按±0.03 mm加工。对于按实样加工的直定位支座,底面及侧面无需进行磨削,仅需制出立板定位孔,其余孔位在装配阶段按样件调整位置后由钳工配做。

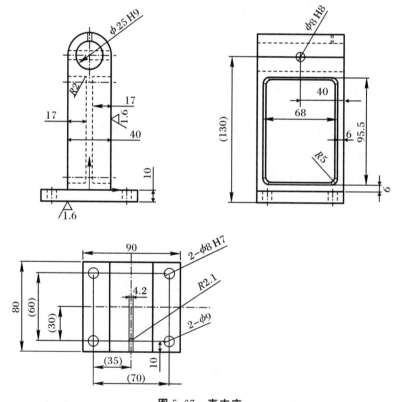

图 5.67 直支座

(2)斜支座。该类型定位支座立板定位孔与底板成一定夹角,结构形式如图5.68所示。针对按尺寸加工的斜定位支座,由于立板定位孔 ϕ12H9 与底面成夹角,在精镗加工立板定位孔时无法直接找正底面定位孔 2-ϕ8H7,因此需用插销孔 ϕ6H9 进行转换。在底面及侧面磨削后,由精镗先制出插销孔,插销孔与立板定位孔共面,以插销孔为基准加工立板定位孔。通过控制镗床转台翻转角度 79.17°,可制出底面定位孔及过孔。在加工过程中,图 5. 68 括号内尺寸需按 ±0.03 mm 保证,括号内角度需按 ±5′ 保证。

对于按实样加工的斜定位支座,底面及侧面无需进行磨削,仅需制出立板定位孔及插销孔,其余孔位在装配阶段按样件调整位置后由钳工配做。

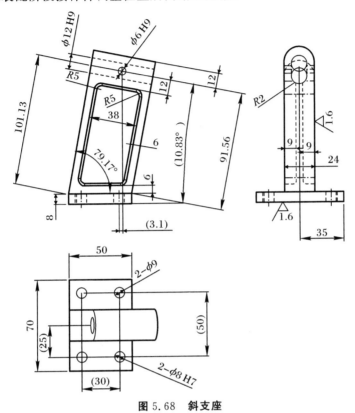

图 5.68 斜支座

3)压管器制造

压管器主要有直压管器和斜压管器两种形式,压管器材料为 Q235。

(1)直压管器。该类型压管器立板与底板垂直,结构形式如图 5.69 所示。针对按尺寸加工的直压管器,底板及立板材料均由水切割下料。底板厚度留出 2 mm 余量,立板在水切割下料时 R 圆弧留出 3 mm 余量。焊接后进行热处理及吹砂。吹砂后由普通铣床加工底面,并见光立板一处侧面,底面及见光后的侧面均留磨。通过磨削底面及见光后的侧面以保证垂直。最后以底面及侧面为基准,在精密镗床设备上加工底面定位销孔及螺纹过孔。所有精制孔位尺寸均需按 ±0.03 mm 加工。若 R 圆弧为设计给定尺寸的焊接夹具,可直接将 R 圆弧镗至尺寸;若 R 圆弧为设计给定型面的焊接夹具,可将 R 圆弧留 2 mm 余量且装配后加工。

对于按实样加工的直压管器,底面及侧面无需进行加工,仅需按实样加工出 R 圆弧,留出研修余量,在装配阶段由钳工按实样修配,其底面孔位在装配阶段按样件调整位置后由钳工配做。

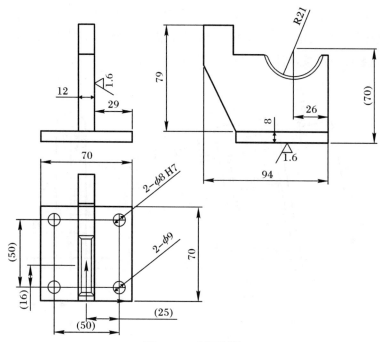

图 5.69　直压管器

（2）斜压管器。

该类型压管器立板与底板成一定夹角，结构形式如图 5.70 所示。

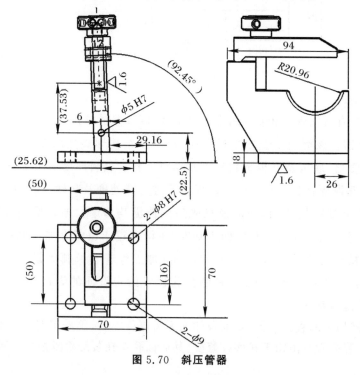

图 5.70　斜压管器

针对按尺寸加工的斜压管器,由于立板与底面间有一定夹角,在精镗加工立板 R 圆弧时无法直接找正底面定位孔 $2-\phi 8H7$,因此需用工艺孔 $\phi 5H7$ 进行转换。在底面及侧面磨削后,由精镗先制出工艺孔。通过控制镗床转台翻转角度 92.45°,可制出底面定位孔及过孔。通过控制工艺孔至 R 圆弧的距离 37.53 mm 可制出 R 圆弧。在加工过程中,图 5.70中括号内尺寸需按 ±0.03 mm 保证,括号内角度需按 ±5′保证。其中 R 圆弧为设计给定尺寸的焊接夹具,可直接将 R 圆弧镗至尺寸;对于 R 圆弧为设计给定型面的焊接夹具,可将 R 圆弧留 2 mm 余量装配后加工。

对于按实样加工的斜压管器,底面及侧面无需进行加工,仅需按实样加工出 R 圆弧,留出研修余量,在装配阶段由钳工按实样修配,其孔位在装配阶段按样件调整位置后由钳工配做。

4)定位销制造

常见的定位销为 Q/4AG 2695,材料为 Q235,结构如图 5.71 所示。对于 1# 件直径大于 40 mm 且与 2# 件直径差别比较大的定位销,采用分体加工。1# 件与 2# 件相配部分按 H7/r6 配车,图中各 $Ra3.2\ \mu m$、$Ra1.6\ \mu m$ 外圆及端面留精车余量,配合后进行焊接,焊接后进行热处理并吹砂。最后精车图中各 $Ra3.2\ \mu m$、$Ra1.6\ \mu m$ 外圆及端面清根,由精镗制孔。为保证装配要求,此处 d_3 孔位与 $Ra3.2\ \mu m$ 端面距离需按 ±0.1 mm 保证。若 1# 件直径小于 40 mm,则将 1# 与 2# 件车为整体,无需进行热处理。

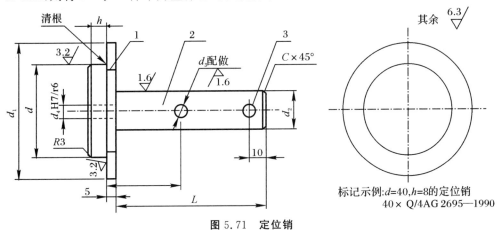

图 5.71　定位销

5.3.3　热处理保形夹具制造

机加件在粗加工、半精加工、精加工各个装配面的过程中,会产生内应力,通过去应力退火热处理后,这些应力释放的同时也会产生其他变形。在应力释放的同时,零件产生的变形也是不可避免且不可估量的,而且零件越长、形状越复杂,其变形也就会相应越大、越严重,若产生较大的变形,则会使机械加工校正非常困难,严重影响零件的装配使用甚至会造成零件报废。采用热处理保形夹具配合零件进行热处理,可以减少零件变形。

图 5.72 所示为热处理保形夹具结构,该工装主要由夹具体和 4 件定位座组成。工装使用时,首先利用两端定位座对产品的端面进行定位,其次利用夹具体框架上型面对壁板进行支撑,然后利用基准面上的法兰定位销将产品零件进行彻底固定,最后将工装和产品一起送

入真空炉中进行热处理。因为工装制造材料均为1Cr18Ni9Ti,具有较好的稳定性,所以和产品一起送往热处理的过程中不会因为受热而引发零件的变形。在热处理保形夹具整体装配时,需要求引入激光跟踪仪对整套夹具的所有定位面进行安装并检测,并且工装夹具需具有一定温度下的抗变形能力。

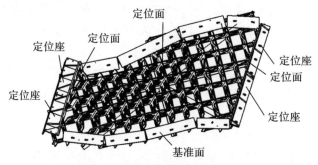

图 5.72 热处理保形夹具结构

该类型工装夹具体主要由多个卡板相互拼接,然后点焊组成,如图 5.73 所示。由于焊接量偏大且结构过于单薄,导致加工出的夹具体变形量十分巨大。而且焊接缝大小对产品质量有着重大影响。缝隙过大会导致型面位置偏移,缝隙过小焊接可能会因为受热膨胀而无法对插。此外,工装定位平面上分布着若干法兰定位槽,用于产品零件定位,工装顶面距离定位面约 650 mm,如图 5.74 所示,加工时数控机床需装夹超过 0.5 m 的加长刀杆以对定位面进行加工。

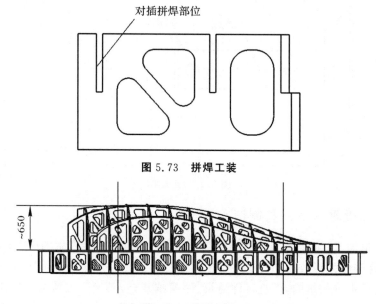

图 5.73 拼焊工装

图 5.74 定位尺寸

为了减少热变形对夹具体的影响,加工时采用二次焊接的方式。先将夹具体中部定位卡板进行拼装焊接,经过热处理消除焊接应力后,精铣夹具体,由数控铣床精铣框架上表面、划线,然后钳工根据数铣划线摆放焊接夹具体台面上板。之后进行热处理退火,再由数铣精铣台面、型面和制台面上 TB 点基准点,及法兰定位键槽。最后钳工领取各个散件并将其装成一体,由激光测量各个 OTS 型面。具体加工步骤见表 5.32。

表 5.32　二次焊接

工序号	工序名称	工序内容
10	钳工	按蓝图细目表集齐零件,并清理干净,按蓝图组装、校正,注意保护未焊接部分
20	焊接	将零件焊为一体,安二氧化碳气体保护罩。焊丝材料为 1Cr18Ni9Ti,焊丝直径为 1~1.2 mm,电流强度为 100~300 A,焊接电压为 20~32 V,气体流量为 5~20 L/min,定位焊的电流比焊接时电流大 10%~20%
30	钳工	去焊疤,清理焊缝
40	热处理	去应力,退火
50	数铣	铣底面及台面一平,底面仍留余量
60	钳工	按蓝图细目表集齐其余零件,并清理干净,按蓝图组装、校正,注意保护未焊接部分
70	焊接	将零件焊为一体,安二氧化碳气体保护罩。焊丝材料为 1Cr18Ni9Ti,焊丝直径为 1~1.2 mm,电流强度为 100~300 A,焊接电压为 20~32 V,气体流量为 5~20 L/min,定位焊的电流比焊接时电流大 10%~20%
80	热处理	去应力,退火
90	数铣	制工艺孔 2 处,粗铣型面。留精铣余量;半精铣、精铣底面及台面,制 31 处压板槽、2-ϕ16H7 孔、4-ϕ10H7 孔;以 2-ϕ10H7 孔拉直,精铣型面
100	钳工	配合激光测量,去毛刺倒锐边,打光型面,基准配合计量
110	钳工	激光测量 OTS 面
120	钳工	根据激光数据引钻孔,去毛刺、倒锐边,螺纹孔攻丝

5.3.4　检验夹具制造

以飞机垂尾前梁接头为对象,阐明典型检验夹具制造方法。该垂尾前梁接头检验夹具主要由夹具体、支座、定位座等零件组合而成,结构分别如图 5.75~图 5.77 所示。该产品用定位座上已加工好的孔来作为 X、Y 方向的基准,以定位座上表面的小面为 Z 向基准。通过以小面定大面的方式,任何微小的误差都会产生零件的综合性误差。

从装配图中可看出,下列尺寸、位置关系必须得到保证:①夹具体底平面的平面度,夹具体上表面相对于底平面的平行度关系;②支座两斜面的角度,定位块的高度;③各定位块要等高共面,并且平行于底平面;④各零件的位置尺寸及对夹具体的高度尺寸关系。

由于该夹具体积较大、精度高,不可采取组装后的整体加工来消除它的制造误差,所以必须控制零件精度。单件的制造误差必然产生于装配综合误差中,影响装配质量,很难达到夹具整体的高精度要求,所以应尽量减小加工误差。如图 5.77 所示,该夹具以定位座左下角的孔为基准,所有零件的位置都围绕这个点,协调好这个点和其他零件的装配关系是该夹具制造的关键。

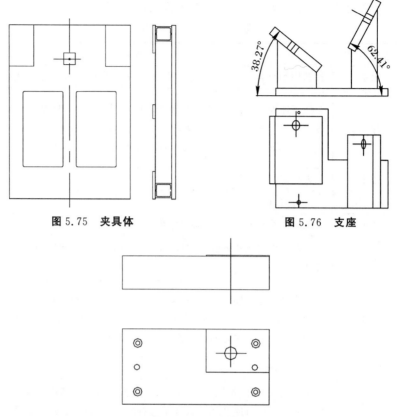

图 5.75　夹具体　　　　　　　　　　　图 5.76　支座

图 5.77　定位座

1．夹具体制造

夹具体是夹具的基础，由于它是焊接件，所以存在焊接应力。若要消除应力须严格进行时效过程，使其性能达到稳定状态再进行机械加工。对夹具体上下表面的平行度以及上表面的平面度须严格控制，从而为最终的装配精度提供条件。此外，要保证装配精度以及方便操作，须增加一些辅助基准，在夹具体加工中均以此为基准。

2．支座制造

支座也是焊接件，其制造过程与夹具体类似，即"焊接→时效→粗加工→基准面精加工→孔精加工"。在镗孔前，首先由磨工磨出装配底平面和该座的侧基准面，供精镗加工和检测各孔使用。由于总装精度要求高，所以必须控制零件的加工精度，精度控制可以采取对各衬套内孔留磨量的方法。在镗完孔后压入衬套，须控制衬套与钻模板的压量足够，以防止衬套在使用过程中松动，然后对衬套孔进行最终加工。因销孔是与体相连接的基准，在最终加工时以销孔为基准，由高精度磨床磨削各衬套内孔，从而达到孔径及位置精度要求。

3．装配及调整

装配可分为粗装配和精装配。粗装配先用插销将各零件与夹具体连接起来，配做所有螺钉孔。精装配是先以定位座左下角孔为基准，用标准平板将右下角的定位座装上，再将支座等零件按顺序装在夹具体上，然后送到五坐标测量机，由测量工配合调整。调整的过程是消除装配及零件制造误差的过程,前面已加工的辅助基准可方便最终的装配调整。装配调整的具体操作过程为:①以支座角度面上的定位孔为高度基准检查所有零件的高度,若不符合图纸要求,则由磨工配合加工来保证;②调整左边定位座左下角孔的 X 和 Y 方向,再以它为基准调整右边定位座的位置,两个定位座上的孔是通过标准平板来协调的,因此精度很高;③先后调整支座 X 方向与 Y 方向,保证其与底面的关系及两个支座的角度面共面,再将右边定位座通过磨削加工控制高度后装上;④若夹具在调整过程中无相对窜动,则打上定位销,装配完成。该垂尾前梁接头检验夹具的装配图如图 5.78 所示。

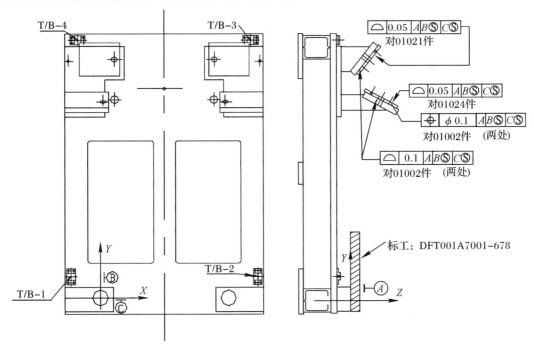

图 5.78　垂尾前梁接头检验夹具装配图

5.3.5　应急门主铰链镗具制造

应急门主铰链零件结构复杂,且各组孔同轴度、平行度要求高。在普通卧式镗床上加工各组孔时,零件定位装夹刚性差,机床精度无法直接保证零件精度要求,因此需要使用专用镗床夹具保证零件的加工精度。镗床夹具(即"镗具")可以使得零件加工时能够获得较高的孔位置精度、几何精度和表面粗糙度,并且方便零件定位、装夹及加工,从而保证批量生产零件的质量稳定性。

1.镗具结构分析

图 5.79 所示为用于加工应急门主铰链上各组孔的专用镗具。为提高零件在加工中的刚性和稳定性,除零件底面为主定位面外,侧面、斜面采用了过定位的方式。因此,工装各个定位面的加工精度要求很高。

如图 5.80 所示,各形位公差要求均分布在 A、B、C、D 基准上,同轴度为 0.03 mm,平行度为 0.04 mm,各组孔之间的基准为 A 基准。根据"基准统一"的原则,确定 a 组孔先加工,以此为基准加工其余各组孔。夹具体底板两端各有一定位销孔，以该两孔定位夹具在机床上的方向，即两定位销孔连线与机床主轴垂直。零件侧面通过 E 面定位，图中隐含着 E 面与 a、b、c、d 四组孔轴线垂直的要求，a、b、c、d 四组孔的位置如图 5.81 所示。

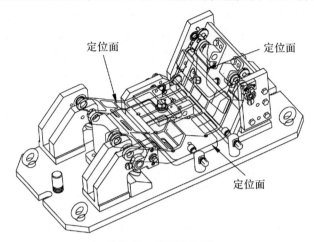

图 5.79　镗具定位面

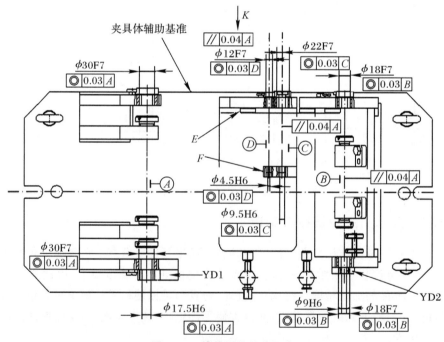

图 5.80　镗具形位公差要求

图 5.80 中形位公差要求如图 5.81 所示，其为夹具 K 向旋转视图，孔组之间尺寸公差为±0.03 mm，角度公差为±3′。a 组孔的基准是 G 面，在夹具长度方向为第一基准，b 组孔的基准是 a 组孔与 60°±3′斜面，c 组孔的基准是 b 组孔与 60°±3′斜面，d 组孔的基准是 c 组孔与 G 面。在 a 组孔确定的情况下，b 组孔通过（388.23±0.03）mm 及（50±0.03）mm 尺寸确定位置，但 b 组孔到 60°±3′斜面有（20±0.03）mm 尺寸要求，按照尺寸链传递关系，在加工 b 组孔时存在尺寸封闭，因此在确定 A 基准在夹具长度方向位置时要考虑 a 组孔与

60°±3′斜面之间的关系。

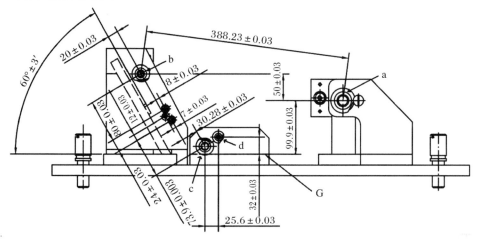

图 5.81　夹具 K 向旋转视图

2.加工难点

(1)此夹具外形宽 380 mm,长 800 mm。图 5.81 中各尺寸公差均为±0.03 mm,因此各组孔轴线与夹具体 G 定位面平行度误差不应超过±0.03 mm,进而对 G 定位面 60°±3′斜面的平面度及斜面与各组孔的平行关系、角度关系要求很高。各孔间连续性的尺寸关系影响某一环节尺寸超差,很容易引起连锁反应,使其他尺寸、形位公差超差,增加返修难度和工作量。

(2)b、c、d 三组孔以基准 A 为第一基准,平行度为 0.04 mm。加工各孔时夹具体拉直基准稍微不平行或者各孔的偏差方向不同,容易引起超差。

(3)各组孔的同轴度为 0.03 mm,对机床重复定位、刀具刚性要求很高,主轴坐标位置的细微偏差或者刀具的摆动都有可能引起超差。若进行整体一端加工,每组孔两端间距离与孔径大小比率均大于 10:1,实际为深孔镗削范围,加工难度大。

(4)精密设备误差在 0.005～0.015 mm 之间,由找正、刀具、加工等所产生的加工误差在 0.02～0.04 mm 之间,综合误差在 0.025～0.055 mm 之间,而该夹具公差在 0.03～0.04 mm之间,在加工能力的极限上。

3.加工方案

为提高零件在夹具体上的定位面平面度,以及定位面与夹具体底面的平行度,可采取精磨夹具体厚度两面、定位块厚度两面的方法分别保证平面度,组合后保证定位面与夹具体底面的平行度,也可将夹具体与定位块组装后,精磨定位面和夹具体底面。60°±3′斜面在定位座加工时先将其粗加工,组装后再由精镗刮削保证角度及平面度,并保证 b 组孔至斜面距离为(20±0.03) mm。为减少各孔之间尺寸相互影响程度,可进行过程控制,协调基准间关系,增加夹具辅助基准,加工过程中控制各孔与辅助基准的几何关系,必要时采取芯轴调整或者一端加工的方法,保证同轴、平行要求。

通过分析上述加工策略,确定总体方案为部分零件单独加工,控制各零组件装配的销孔位置,装配后由两端分别加工各组孔。针对夹具体外形尺寸、各组孔轴线平行与夹具体的特点,加工时以夹具体底面定位,使各孔轴线与机床主轴平行,即选择带有水平转台的卧式精密镗床。因 F 面 c、d 两组孔在组合后加工精度不易保证,所以在零件加工时将其公差进行分配,确保其误差在 0.01～0.015 mm 之间;组合后,c、d 两组孔的位置已经确定,打破了"基准统一"的原则,必须从尺寸链关系上重新协调加工基准。为加工方便,选择夹具体侧面作为加工的辅助基准,该面与夹具体两定位销孔连线保持平行,被加工孔必须与该辅助基准保持垂直关系。具体实施过程如下:

(1)为消除夹具 G 定位面对整体精度的误差累积,将定位块与夹具体装配成一体后,精磨 G 面及夹具体底面。将平行度、同轴度转换为各组孔与夹具体辅助基准之间的垂直度及各组孔之间的线性尺寸,将 d 孔组作为第一基准孔;考虑隐含的 E 面与各组孔轴线垂直的要求,配加工 E 面与夹具体侧基准面平行。

(2)为减少加工的找正误差,找正、拉直过程中尽可能将误差降到最低。为消除加工孔机床坐标误差,各孔加工前先进行找正,校准坐标。将夹具体辅助基准用千分表拉直,在 F 件 d 组孔安装工艺销轴,用千分表找其中心,加工 D 基准中 ϕ22F7 孔。在 F 件 c 组孔安装工艺销轴,用千分表找其中心,加工 C 基准中 ϕ12F7 孔。此环节所产生的误差有:定位面平面度、平行度误差 0～0.01 mm;零件加工孔距误差 0.01～0.015 mm;找正误差 0～0.005 mm;对图 5.80 中各同轴度产生的误差为 0.03 mm,对平行度产生的误差为 0.04 mm,对图 5.81 中(32±0.03) mm、(25.6±0.03) mm 的影响为 0.01～0.03 mm。在加工 D 基准的机床坐标基础上,计算 A 基准相对坐标值,并加工图 5.80 上部 ϕ30F7 孔。通过 D 基准换算尺寸,加工图 5.80 上部 B 基准中 ϕ18F7 孔,按照尺寸关系,以 B 基准坐标换算图 5.81 左部与 B 基准相关的各孔坐标并将其加工出来。

(3)为降低各孔之间尺寸的相互影响程度,将工作台旋转 180°,校正夹具体侧基准面,找正图 5.80 上部已加工的 ϕ30F7 孔,加工下部 ϕ30F7 孔,安装 YD1 引导板,并加工其 ϕ17.5H6 孔;找正图 5.80 上部已加工的 ϕ18F7 孔,加工下部 ϕ18F7 孔,安装 YD2 引导板,并加工其 ϕ9H6 孔;最后在水平转台上安装弯板,将夹具体以底面定位装夹在弯板上,将夹具体辅助基准拉直并与机床平面平行,旋转 60°,按 B 基准找正加工 60°±3' 的斜面并确保(20±0.03) mm 尺寸,因为斜面两端钻模板对斜面加工有影响,所以仅加工斜面的有效使用部分。

该方案综合误差为 0.01～0.025 mm,C、D 基准的尺寸误差为 0.01～0.015 mm,考虑加工中的尺寸传递误差 0～0.005 mm,最终同轴度公差合格率为 100%,平行度公差合格率为 100%,尺寸公差合格率为 100%。

5.3.6　典型多功能镗具制造

以扰流板中接头零件为例,阐明典型多功能镗具制造方法。图 5.82 所示工件是扰流板中接头零件,这种零件外形结构相似,但尺寸大小不一,腔中两孔与端头两孔间距范围为312～438 mm。在工件宽度两端各附带一个工艺夹头;工艺夹头用于工件定位夹紧。工艺夹头结构如图 5.83 所示。

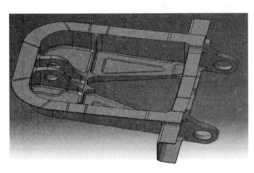

图 5.82　扰流板接头

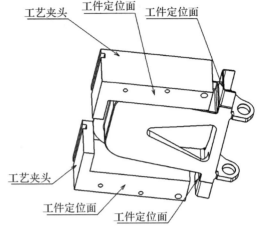

图 5.83　工艺夹头

　　图 5.84 所示为用于加工此类一组零件的多功能镗具,工装组件状态可通过图 5.85 进行分析。该镗具所有引导孔的孔径公差都是 7 级精度,引导孔还有空间位置度要求。此外,该镗具右侧两处引导孔主要有两个作用:①钻铰工件上的右端大孔;②用插销定位大孔,精铣内腔,并钻铰内腔的两个大孔和两个小孔。使用时,将工装夹具体安装在数控镗铣床上,分别用夹具体上的定位座安装孔定位,安装各自定位座和引导件,从而用来加工不同零件。数控加工工件时,使用夹具右端的对刀块建立数控加工基准。

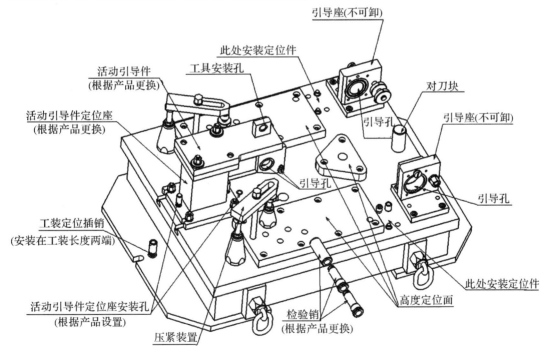

图 5.84　镗床夹具组件

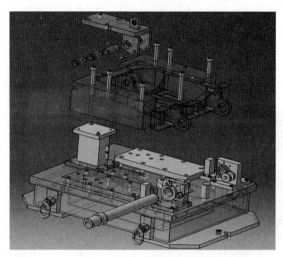

图 5.85　镗床夹具爆炸图

1.加工方案

夹具体是承载所有定位件、夹紧件及工件的基础,必须具备较高的平面度和平行度。此外,引导件更换后,需要保存较高的重复定位精度。因此,根据上述要求,该镗具加工方案如下:

(1)零件制造阶段严格保证镗床夹具体上基准孔、定位孔的制造精度。镗床夹具左侧的可卸引导座内孔留有余量,右侧的固定引导座内孔同样留有余量。

(2)如图 5.85 所示,夹具体上安装的定位块上表面仍留加工余量。

(3)将夹具体和定位块组装,其他零组件暂时不安装。一起磨削三块定位块上表面共面,即图 5.85 中的高度定位面共面。

(4)安装定位件、引导件及其他引导座,进行整体调整并加工各孔。

(5)液氮压装衬套。

(6)检测型面和基准孔,检测引导孔。

2.镗具加工方法

1)夹具体加工

夹具体必须将平面度和平行度控制在 0.02 mm 以内,同时将所有的安装销孔位置精度控制在±0.02 mm 以内。其制造流程如下:加工各分件→焊接→去应力退火→粗加工上下表面→自然时效 7 d 以上→半精加上下表面→平面磨削上下表面→精密坐标镗床镗削定位销孔及螺纹底孔→钳工攻丝→精磨上下表面。经过以上对夹具体表面的反复加工,不但能使夹具体达到较高的精度要求,而且可以基本消除蠕变对精度的影响。

2)活动引导件

图 5.86 所示为活动引导座,该工装共有四个活动引导座,其作用是在钻铰工件时引导钻头、铰刀。活动引导座安装时用主视图中高精度面定位在工装上,三处 H7 精度孔各引导不同的工具加工。焊接内应力大,会造成焊接变形较大,如果耳片被焊偏或者两个耳片不整齐,焊接带来的误差可能导致孔的加工余量不足。

通常情况下,工装焊接件的制造顺序是先分别加工好各分件,再焊接成一体。为避免出现上述提到的问题,在焊接前加工耳片时,给外形留有余量。去应力退火后先加工基准面后精加工基准孔和耳片外形,能使耳片外形准确并能保持孔的余量均匀。此时 $\phi26H7$、$2-\phi48H7$、$2-\phi15H7$ 引导孔均留有余量 1 mm,其他孔及面均按图纸加工。

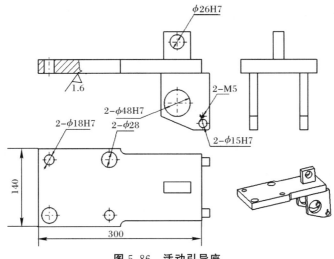

图 5.86　活动引导座

3)固定引导座

图 5.87 所示为固定引导座,其作用是引导钻头、铰刀等工具加工工件大孔,工作时其受力比较大,因此必须保持足够的稳定性。由于是焊接体,所以需要热处理工序。固定引导座的底面和侧面都需要精加工,其中底面是安装面,而侧面是精密坐标镗床加工的基准面,即工艺面。这两个面必须经过磨削方可保证较高的精度,并保持垂直度在 0.02 mm 以上。

综上所述,滑动引导件和固定引导座的加工工序安排如下:加工各分件→焊接→去应力退火→粗加工底面和侧面→精加工,磨底面和侧面→在精密坐标镗床精镗定位销子孔,精镗引导孔,钻螺钉孔→发蓝。

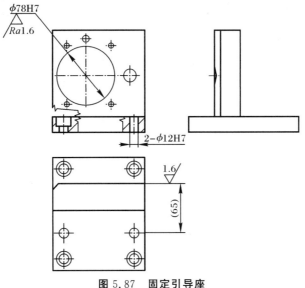

图 5.87　固定引导座

4)定位块

夹具体三个定位块上表面在使用时要求共面,所有定位块制造时留有加工余量。

3. 装配及装配后加工

装配后加工的内容有加工引导孔、加工基准孔,并需要调整侧向定位面共面。主要的公差要求如下:引导孔有位置度要求,其基准是定位块的上表面。该上表面指高度定位面和定位侧向定位面,所以在制定工序安排时首先考虑将两个基准面制造完成。根据上述分析,装配及装配后加工按以下步骤进行:

(1)组装夹具体和定位块,其他各零组件暂时不安装。磨削定位块上表面(即工装高度定位面),平面度在 0.015 mm 以内,与底面的平行度在 0.02 mm 以内。

(2)安装定位侧向定位面,如图 5.88 中的 A 基准。在精密数控镗铣床上加工,拉直工装定位块加工精度在 0.01 mm 以内,将 A 基准面整体加工到共面(0.015 mm)。

(3)安装固定引导座和第一个组活动引导件,以高度定位面及 A 基准面为尺寸基准,镗削各引导孔。

(4)拆下第一个活动引导件,再分别安装并加工其余活动引导件、引导孔。

(5)使用液氮在 4 个活动引导件和固定引导座上安装衬套。

(6)重新安装各活动引导件,分别检测各引导孔位置度公差及尺寸。

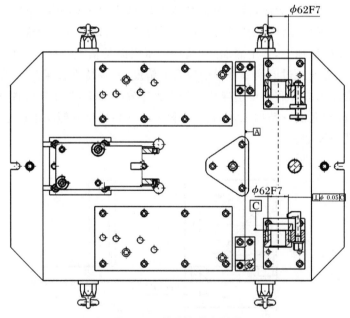

图 5.88　镗床夹具主视图

活动引导件与工件夹具体是依靠两处活动定位销定位的,存在一定间隙,螺钉仅有两个,刚性较差,加工过程中容易发生窜动、颤刀等问题。因此,在定位座与引导件之间及定位座与夹具体之间增加螺钉,来提高安装压紧力。同时,镗削时注意观察孔的加工状态,当发生颤动时要及时减少刀尖径向进给,从而达到减小切削力的目的。此外,镗削时要充分冷却,尽量减少刀尖磨损。

5.4　模　具　制　造

模具是飞机制造工程的重要组成部分,是产品生产制造中的重要工艺装备。常见模具类型有:非金属类模具,如铸铝基体＋普通环氧(按样板)拉伸模、高强度石膏模;金属类模具,如钣金类冲裁/拉深、弯曲等模具。此外,还有塑料注塑模、长寿精密冲模、复材成型模等。应用模具的目的在于保证产品的质量、提高生产率和降低成本等。因此,除了正确进行模具设计,采用合理的模具结构外,还必须有高质量的模具制造技术。模具制造应满足以下要求:

(1)制造精度高。为了生产合格的产品和发挥模具的效能,模具设计和制造必须具有较高的精度。模具的精度主要由制品精度要求和模具结构决定。为了保证制品的精度和质量,模具工作部分的精度通常取产品制造公差的 1/3,要比制品精度高 2～4 级。模具结构则对上下模之间的配合有较高的要求,组成模具的零件都必须有足够的制造精度,否则模具将不可能生产合格的制品,甚至会导致模具无法正常使用。

(2)使用寿命长。模具是比较昂贵的工艺装备,目前模具制造费用约占产品成本的10%～30%,其使用寿命直接影响生产成本。因此,除了小批量生产和新产品试制等特殊情况外,一般都要求模具具有较长的使用寿命,在大批量生产的情况下,模具的使用寿命更加重要。

(3)制造周期短。模具制造周期的长短主要决定于制造技术水平和生产管理水平的高低。为了满足生产的需要,提高产品的竞争能力,必须在保证质量的前提下尽量缩短模具制造周期。

(4)制造成本低。模具成本与模具结构的复杂程度、模具材料、制造精度要求以及加工方法有关。模具技术人员必须根据制品要求合理设计和制定其加工工艺,努力降低模具制造成本。

上述 4 个指标是互相关联、相互影响的,片面追求模具精度和使用寿命必将导致制造成本的增加,只顾降低成本和缩短周期而忽略模具精度和使用寿命的做法也是不可取的。在设计与制造模具时,应根据实际情况全面考虑,即应在保证产品质量的前提下,选择与生产量相适应的模具结构和制造方法,将模具成本降到最低。因此,应积极采用先进制造技术,提升模具制造的综合性能,以满足现代工业发展的需要。

5.4.1　金属模具制造

金属模具可分为冲压成形模具与体积成形模具,本节主要介绍冲压模具的制造技术。图 5.89 所示为典型的导柱式冲孔模,模具由可沿导柱上下滑动的上模和工作时需要固定的下模两部分组成。上模经模柄安装在压力机滑块的固定孔内,可随滑块上下移动,下模通过下模板用压板螺栓固定在压力机工作台垫板上。

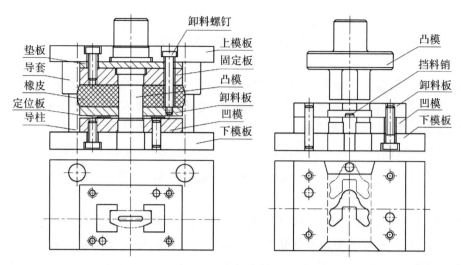

图 5.89　导柱式冲孔模

1.模具零件加工

1)模具零件加工基本要求

(1)完成制作的模具零件,必须符合模具零件设计图所规定的要求,包括结构形状、尺寸及精度、加工表面粗糙度以及与相关零件的配合关系和其他技术要求等。

(2)需进行热处理的模具零件,大多是模具的成形工作零件或功能性零件,硬度应达到设计规定的要求,渗碳表面的层深应均匀正确,并且无脱碳、烧蚀、软点、裂纹、变形及残余应力。

(3)用铸造方式成形的模具零件,应进行必要的时效处理,不得有夹渣、过硬及超过规定要求的坑、气孔,表面应圆滑、光洁,应进行严格的清砂处理及浇、冒口的清除修平工作。

(4)各成形工作零件的刃口应尖锐、锋利,无倒钝、裂纹、缺口等缺陷。成形表面应圆滑光洁,无划伤等缺陷。成形各部分与固定部分的方向、位置关系应能满足相应的规定要求。

(5)板状零件大面应平整,两大面保证平行,基准面应进行精加工,且保证与相邻表面的垂直度。

(6)非工作棱边及各装配固定用孔的孔口均需适当倒角,非成形的台阶表面根部连接宜采用圆弧或斜面过渡。

(7)模具零件的加工过程应坚持正常的工序检验,确保工序内容全面、正确完成,问题零件或未经妥善处理的问题零件均不得流入下道工序继续作业。

2)模具零件加工基本工艺过程

(1)备料及毛坯制作。内容包括:按工艺要求下料;保证毛坯件尺寸大小和数量;需要锻造成形的则应完成锻造;对经过热加工的中、高碳钢材料毛坯件进行退火处理,以消除应力,提高切削加工性能。

(2)粗加工。粗加工多为模具零件的外形加工,如去掉备料及毛坯制作时外形上预留的加工余量,使模具零件的外形规则,尺寸大小达到所需要求,必要时还应为后工序预留足够、合适的加工余量,为后续工序加工创造条件。

(3)半精加工。半精加工主要指局部有成形且需进行热处理淬火的模具零件,要完成热处理前必须完成的那一部分加工内容。

(4)热处理。冷冲压模具零件时,对成形工作零件及大多数有特殊用途的功能零件都需要安排热处理淬火,来提高其硬度、强度,增加其耐磨及抗变形能力,从而确保其使用性能及寿命。热处理的工作内容主要是根据不同的材料完成加热、淬火及回火的工序操作,达到热处理的具体技术要求。

(5)精加工。精加工是指模具零件经热处理后的全部加工,也是模具零件的最后加工,是确保模具零件形状、尺寸符合设计及装配、使用要求的关键。大部分的加工精度要求高,有的难度还大,而且经淬火后硬度高,一般的切削加工无法正常进行,除采用电加工成形外,多采用磨削、研磨的方式进行加工。

3)先进加工工艺

随着科学技术的发展,计算机技术、信息技术、自动化技术等先进技术正不断向传统制造技术渗透、交叉、融合,对其实施改造,形成先进制造技术。

(1)高速铣削加工。普通铣削加工采用低的进给速度和大的切削参数,而高速铣削加工则采用高的进给速度和小的切削参数,高速铣削加工相对于普通铣削加工具有如下特点:

a.高效。高速铣削的主轴转速一般为 15 000～40 000 r/min,最高可达 100 000 r/min。在切削钢时,其切削速度约为 400 m/min,比传统的铣削加工高 5～10 倍;在加工模具型腔时,与传统的加工方法(传统铣削、电火花成形加工等)相比,其效率提高 45 倍。

b.高精度。高速铣削加工精度一般为 10 μm,有的精度还要高。

c.高的表面质量。由于高速铣削时工件温升小(约为 3 ℃),故表面没有变质层及微裂纹,热变形也小。最好的表面粗糙度 Ra 小于 1 μm,减少了后续磨削及抛光工作量。

d.可加工高硬材料,可铣削 50～54HRC 的钢材,铣削的最高硬度可达 60HRC。

鉴于高速加工具备上述优点,其在模具制造中正得到广泛应用,逐步替代部分磨削加工和电加工。

(2)电火花铣削加工。电火花铣削加工是电火花加工技术的重大发展,这是一种替代传统用电极加工模具型腔的新技术。像数控铣削加工一样,电火花铣削加工采用高速旋转的杆状电极对工件进行二维或三维轮廓加工,无需制造复杂、昂贵的成形电极。日本三菱公司最近推出的 EDSCAN8E 电火花加工机床,配置有电极损耗自动补偿系统、CAD/CAM 集成系统、在线自动测量系统和动态仿真系统,代表了当今电火花加工机床的水平。

(3)慢走丝线切割技术。目前,数控慢走丝线切割技术水平已相当高,功能相当完善,自动化程度已达到无人看管运行的程度。最大切割速度达 300 mm/min,加工精度可达到 ±1.5 μm,加工表面粗糙度达 $Ra0.1～0.2$ μm。直径 0.03～0.1 mm 细丝线切割技术的开发,可实现凹凸模的一次切割完成,并可进行 0.04 mm 的窄槽及半径 0.02 mm 内圆角的切割加工。锥度切割技术已能进行 30°以上锥度的精密加工。

(4)磨削及抛光加工技术。磨削及抛光加工由于精度高、表面质量好、表面粗糙度值低等特点,在精密模具加工中得到广泛应用。目前,精密模具制造广泛使用数控成形磨床、数控光学曲线磨床、数控连续轨迹坐标磨床及自动抛光机等先进设备和技术。

(5)数控测量。产品结构的复杂,必然导致模具零件形状的复杂。传统的几何检测手段已无法适应模具的生产。现代模具制造已广泛使用三坐标数控测量机进行模具零件的几何量的测量,模具加工过程的检测手段也取得了很大进展。三坐标数控测量机除了能高精度地测量复杂曲面的数据外,其良好的温度补偿装置、可靠的抗震保护能力、严密的除尘措施以及简便的操作步骤,使得现场自动化检测成为可能。

2.模具装配

模具装配是按照模具的设计要求,把组成模具的零部件连接或固定起来,使之成为满足一定成形工艺要求的专用工艺装备的工艺过程。模具装配过程是模具制造工艺全过程中的关键环节,包括装配、调整、检验和试模。在装配时,零件或相邻装配单元的配合和连接均需按装配工艺确定的装配基准进行定位与固定,以保证它们之间的配合精度和位置精度,从而保证模具凸模与凹模间精密均匀的配合、模具开合运动及其他辅助机构(如卸料、顶件、送料等)运动的精确性,从而保证制件的精度和质量,保证模具的使用性能和寿命。

1)装配基本要求

(1)完成全部加工内容,并经工序检验合格的模具零件,方能进入模具的装配环节。

(2)采用有导向模架时,模架应符合相关技术要求,包括:压入底座的导柱或导套应牢固可靠,在正常使用状态下不得有松动或拔脱现象,其固定端头部应低于安装表面 $1\sim2$ mm;压入的导柱或导套对底座平面的垂直度误差精度一般不超过 0.015:100,高精度不超过 0.01:100;模架上托的上平面与底座的下平面的平行度误差,一般精度不应超过 0.08:300,高精度则不应超过 0.05:300。

(3)完成装配的成套冷冲压模具,各零件加工表面应平整,无锈蚀、锤痕、碰伤,更不得有补焊;模具各组合零件间的接合面应平整、密合。

(4)完成装配后的冲头把对上托上端面的垂直度误差不应超过 0.05:100。带台冲头把固定端面不应高出上托下端面,固定部分配合长度足够且不高出上托上端面。带凸缘冲头把凸缘部分不得高出上托上端面。带螺纹冲头把及铆接冲头把装配应到位。

(5)完成装配后的各凸模的轴线对凸模固定板大面的垂直度误差,应根据凸凹模之间的最小间隙来决定:当间隙为 $0.02\sim0.06$ mm 时,垂直度误差不应超过 0.02:100;当间隙为 $0.06\sim0.15$ mm 时,垂直度误差不应超过 0.04:100;当间隙大于 0.15 mm 时,垂直度误差不应超过 0.06:100;而当间隙小于 0.02 mm 时,垂直度误差不应超过 0.01:100,甚至更小。

(6)凸凹模之间的配合间隙应符合设计规定的要求。新模具控制在要求的下限为好,周围分布均匀。均匀度可用冲件剪切面的质量或变形后的厚度来判断。

(7)利用导料板或导料槽实现导料的,导料方向应与凹模型孔形成的送料中心线平行。

(8)模具漏料应保证畅通,凹模刃口部分不应有喇叭口,必要时可做出少量斜度。凹模型孔反面的漏料孔单面扩孔应控制在 0.5 mm 左右,垫板及底座的漏料孔可酌情扩大一些,且应分别与凹模漏料孔对正。

(9)模具的推件及卸料装置应保证动作灵活,无干涉及卡滞现象,且活动零件应有足够、合适的活动距离。弹簧或橡胶等弹性元件应有足够、合适的弹压力和压缩距离。在分模后模具处于非工作自由状态时,弹压卸料板或推板应高出凸模或凹模端面 0.2~0.5 mm。

(10)完成装配的冷冲压模具,应在模拟使用的状态下进行试模验证,保证模具能满足设计及正常使用的要求。

2)装配方法

模具的装配方法是由模具的产量和装配精度要求等因素确定的。一般情况下,模具的装配精度要求越高,其零件的精度要求也越高。但根据模具生产的实际情况,采用的装配方法合理,也可能用较低精度的零件装配出较高精度的模具,所以选择合理的装配方法是模具装配的首要任务。

生产实践中常用的模具装配方法特点及其适用场合有以下几种。

(1)互换装配法。按照装配零件能够达到的互换程度,互换装配法分为完全互换法和不完全互换法。

完全互换法是指装配时各配合零件不经过选择、修理和调整即可达到装配精度要求的装配方法。采用完全互换法进行装配时,如果装配精度要求高而且装配尺寸链的组成环较多,易造成各组成环的公差很小,使零件加工困难。但是采用完全互换装配法,具有装配工作简单、对装配工人技术水平要求低、装配质量稳定、易于组织流水作业、生产效率高、模具维修方便等许多优点。因此,这种方法只适用于大批、大量和尺寸链较短的模具零件的装配。

不完全互换法是指装配时各配合零件的制造公差将有部分不能达到完全互换装配的要求。这种方法克服了前述方法计算出来的零件尺寸公差偏高、制造困难的不足,使模具零件的加工变得容易和经济。它充分改善了零件尺寸的分散规律,在保证装配精度要求的情况下,降低了零件的加工精度,适用于成批和大量生产的模具装配。

(2)分组装配法。分组装配法是将模具各配合零件按实际测量尺寸进行分组,在装配时按组进行互换装配,使其达到装配精度的方法。在成批或大量生产中,当装配精度要求很高时,装配尺寸链中各组成环的公差很小,使零件的加工非常困难,有时可能使零件的加工精度难以达到。此时可先将零件的制造公差扩大数倍,以经济精度进行加工,然后再将加工出来的零件按扩大前的公差大小和扩大倍数进行分组,并以不同的颜色加以区别,之后按组进行装配。这种方法在保证装配精度的前提下,扩大了组成零件的制造公差,使零件的加工制造变得容易,适用于要求装配精度高的成批或大量生产模具的装配。

(3)修配装配法。修配装配法是将指定零件的预留修配量修去,以达到装配精度要求的方法。

a.按件修配法。按件修配法是在装配尺寸链的组成环中,预先指定一个容易修配的零件为修配件,并预留一定的加工余量,装配时根据实测尺寸对该零件进行修磨,以达到装配精度要求的方法。指定修配的零件应易于加工,而且在装配时它的尺寸变化不会影响其他尺寸链。修配装配法是模具装配中广泛应用的方法,适用于单件或小批量生产的模具装配工作。

b.合并加工修配法。合并加工修配法是将两个或两个以上的配合零件装配后,再进行机械加工,使其达到装配精度要求的方法。将零件组合后所得尺寸作为装配尺寸链中的一个组成环对待,从而使尺寸链的组成环数减少,公差扩大,更容易保证装配精度的要求。

(4)调整装配法。调整装配法是通过改变模具中可调整零件的相对位置或者选用合适的调整零件,以达到装配精度要求的方法。

a.可动调整法。可动调整法是在装配时通过改变调整件的位置来达到装配精度的方法。

b.固定调整法。固定调整法是在装配过程中选用合适的调整件来达到装配精度的方法。

3)装配工艺过程

模具总体装配前应选好装配的基准件,安排好上下模装配顺序。若以导向板作基准进行装配,则应通过导向板将凸模装入固定板,然后通过上模配装下模。在总装时,当模具零件装入上下模板时,先装作为基准的零件,检查无误后再拧紧螺钉,打入销钉。其他零件以基准件进行配装。模具装配工艺过程如图 5.90所示。

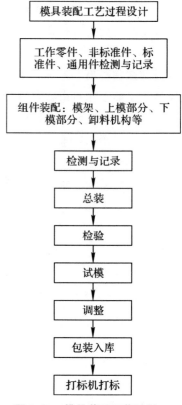

图 5.90 **模具装配工艺过程**

5.4.2 铸铝基体+普通环氧拉伸模制造

铸铝基体+环氧树脂拉伸模由基体和表面层两部分组成,如图 5.91 所示,该类型模具用于钣金零件拉伸成形、外形切割。制造依据为样板、划线图、实样或工装数模。该类型工装中部分为多机型共用工装,工装上刻划蒙皮零件线、长桁零件线,多用作化铣样板、钻孔样板、展开样板的制造依据,同时为长桁检验工装制造的依据。

面层
(环氧塑料)

基体
(铸铝)

图 5.91 **铸铝基体+普通环氧拉伸模**

1. 主要制造要求

模具使用过程中,零件由于需要在模具表面滑动,因此对表面质量要求较高,表面摩擦因数需尽可能小,保证产品材料在模具表面滑动过程中流畅,不能出现划伤现象。同时模具在承载方面要求较高,基体与表面之间不能出现脱层现象。

模具表面刻线用于工装零件外形切割,对零件质量影响较大,因此需要保证模具表面刻线清晰,标记准确。同时模具作为协调工装,对后续工装的制造影响较大,因此需要对模具表面刻线严格控制,保证协调过程中的准确性。

2. 主要加工方法

(1)型面加工:①模具型面加工依据为样板,在按样板加工的过程中,样板定位为模具型面制造中的重要环节,样板结合工装安装台计算每块样板之间的相对位置,利用样板定位线及安装台横标尺定位孔定位各块样板,加工过程中样板之间存在不同基准时,注意样板标示基准之间的关系,样板加工完成后,样板与型面之间的间隙控制在 0.2 mm,在保证型面流线性的基础上,局部可以存在 0.5 mm 间隙;②模具型面移形法加工,使用样件翻制过渡模,型面保证光滑流线,随后使用过渡模翻制工装型面,移形时保证均匀料厚关系;③按工装数模数控加工,工艺人员依据工装数模编制数控加工程序,操作工人依据程序通过数控加工方法加工出工装型面,保证光滑流线。

(2)零件刻线:①按样板划出基准线、框线、长桁线,框线按安装台标尺划出,长桁线按样板上长桁点位,利用曲线条流线划出。零件线按划线图在长桁及框线基础上划出,划线深度约为 0.5 mm,宽度约为 0.5 mm,注意工装投影线划线过程中需要借助安装台、样板;②基准线、框线、长桁线按样件移形法翻制而成,利用划线图划零件线,划线深度约为0.5 mm,宽度约为 0.5 mm;③按工装数模数控加工,工艺人员依据工装数模编制数控加工程序,操作工人依据程序划线,划线深度约为 0.5 mm,宽度约为 0.5 mm。

3. 测量/测试要求

按样板加工成形工装需要在加工过程中同步检验,保证工装加工过程精度。此外,零件线按不同类型线迹分步检验,在长桁线和框线合格的基础上,方可进行后续线迹加工,不允许混合检验。

移形法制造的工装型面需保证光滑流线,型面不做检验要求,零件外形线依据划线图进行检验。数控加工法制造的工装,需使用测量机测量型面、线、孔的精度,具体精度要求依据工装数模标注。

4. 质量风险

(1)按样板加工工装,若样板位置计算错误,加工时会出现工装型面误差,造成零件质量问题。

(2)工装划线过程中,必须对不同机型零件分次划线、分别标记,特别注意各机型中基准线是否存在偏移。

（3）按样板加工及移形法加工为模拟量制造技术，属于成熟工艺，在工装设计过程中重点应考虑使用需求。

5.4.3　高强度石膏模制造

1.高强度石膏模分类

高强度石膏模按其结构特点可细分为样板架结构高强度石膏模、带标高的焊接骨架结构高强度石膏模、带加强筋空心结构的高强度石膏模、木质骨架结构的高强度石膏模、实心结构的高强度石膏模以及带分合式结构的空心薄壳高强度石膏模等。

图 5.92 所示为样板架结构高强度石膏模，该类型模具适用于按样板加工的表面标准样件、靠模等。图 5.93 所示为带标高的焊接骨架结构高强度石膏模，该类型模具适用于尺寸大于 600 mm、长期保存、精度要求高的表面标准样件、移形模、靠模、检验模等。图 5.94 所示为带加强筋空心结构的高强度石膏模，该类型模具适用于移形模、靠模、复合材料构件成型模等。图 5.95 所示为木质骨架结构的高强度石膏模，该类型模具适用于尺寸小于 600 mm 的移形模、靠模。图 5.96 所示为实心结构的高强度石膏模，该类型模具适用于尺寸小于 600 mm 的表面标准样件、检验模等。图 5.97 所示为带分合式结构的空心薄壳高强度石膏模，该类型模具适用于油箱、管形表面样件等。

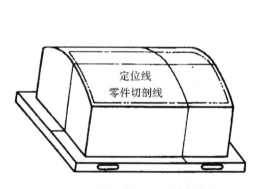

图 5.92　样板架结构高强度石膏模

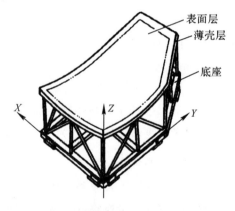

图 5.93　带标高的焊接骨架结构高强度石膏模

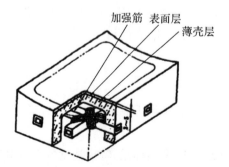

图 5.94　带加强筋空心结构的高强度石膏模

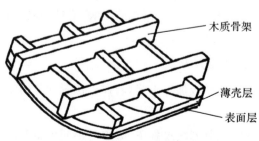

图 5.95　木质骨架结构的高强度石膏模

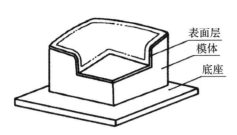

图 5.96　实心结构的高强度石膏模　　图 5.97　带分合式结构的空心薄壳高强度石膏模

2.制造技术要求

1)制造依据技术要求

制造依据技术要求如下:①制造依据的图号、标记应符合订货单要求,工艺装备(包括标准实样)合格证或证明书(履历表)应齐全;②制造依据塑造部位的型面应为光滑流线,不允许有缺陷或凹坑,线条清晰、齐全;③木质或石膏模表面应采取表面保护措施,以获得光滑表面。

2)型面几何形状技术要求

采用移形的高强度石膏模表面脱模后不进行几何形状的检查。按样板架制造的高强度石膏模型面按样板检查,其间隙见表 5.33。其中,下陷长度和深度极限偏差应满足《环氧塑料工艺装备设计与制造 钣金类》(HB/Z 100—1985)中的 5.2.4 条规定,加强槽(窝)高度极限偏差应满足 HB/Z 100—1985 中的 5.2.5 条规定,模具工作部分转角半径极限偏差应满足 HB/Z 100—1985 中的 5.2.6 条规定,模具工作部分角度极限偏差应满足 HB/Z 100—1985 中的 5.2.7 条规定。

表 5.33　样板与型面间隙

单位:mm

分　类	样板与型面间隙	适用范围
表面标准样件	0.15(局部 0.20)	机翼前缘表面标准样件
	0.20(局部 0.30)	机身表面标准样件
其他工装	0.15(局部 0.30)	机翼前缘
	0.20(局部 0.50)	与气动外形有关的模具
	0.30(局部 0.70)	与气动外形无关且不需协调的位置

3)材料使用技术要求

麻丝剪切长度为 450~650 mm,梳理松软,不得成团,要全浸透石膏浆方可使用。其中,薄壳中麻丝与石膏粉的比为 1:(4~5)。每批高强度石膏粉都必须对各项技术性能进行试验,合格后方可使用。此外,高强度石膏粉应在通风、干燥的库房内储存。

4)其他技术要求

(1)表面划线的技术要求按 HB/Z 100—1985 规定执行。

(2)型面要喷涂清漆,工作表面不允许有直径 ϕ0.5 mm 以上的气孔,不允许有裂纹。

(3)工作型面粗糙度 Ra 值为 0.8~1.6 μm。

（4）在制造过程中要保持高强度石膏的湿润性，当工作面产生凸凹、麻眼、裂纹等缺陷，未达到要求时，要凿毛重新刮制。

3. 制造工艺

1）样板架结构高强度石膏模制造典型工艺规程

（1）按图样要求制底座并划线。

（2）制造样板并组装样板架，安装倒钩。

（3）安装钢板网，按样板架两道样板间的距离切割钢板网并将其用铁丝系牢到螺杆上。

（4）粗制薄层壳，用S-2高强度石膏浆浸透麻丝，将其均匀铺敷在钢板网上，其厚度低于样板型面14～16 mm；再用S-1高强度石膏浆浇在上面，形成薄壳层。

（5）齿形刮板如图5.98所示。用齿形刮板刮出齿形面，最低齿形面距样板型面8～12 mm，如图5.99所示。

（6）刮制表面层，将S-1高强度石膏浆倒在齿形壳上，制成光滑流线型面。

（7）按图样要求刻线并标记。

（8）表面喷清漆，非工作面刷色漆。

（9）安装标牌。

（10）检验。

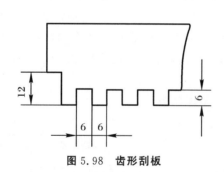

图5.98 齿形刮板　　　　图5.99 粗制壳法

2）带标高的焊接骨架结构高强度石膏模制造典型工艺规程

（1）按图样要求制造带标高的焊接骨架并进行时效处理。

（2）按要求制围框。

（3）在样件、移形模等制造依据上涂脱模剂并描线。

（4）将S-1高强度石膏浆均匀抹到制造依据表面上，形成表面层，待到半凝固状态时，用S-2高强度石膏浆浸透麻丝，铺敷在表面层上。

（5）安放焊接骨架，铺敷至达到要求，制成薄壳层。

（6）安装基准块。

（7）脱模、描线、修整型面并标记。

（8）表面喷清漆，非工作面刷色漆。

（9）安装标牌。

（10）检验。

3）带加强筋空心结构的高强度石膏模制造典型工艺规程

（1）在制造依据上按要求配置围框。

（2）按围框配置加强筋。

（3）将围框临时固定在制造依据要求的位置上，涂脱模剂并描清所需要线条。

（4）将 S-1 高强度石膏浆均匀抹在制造依据表面上，形成表面层，待半凝固状态时用 S-2 高强度石膏浆浸透麻丝进行铺敷，制成薄壳层。

（5）加入加强筋，第一排半埋入模体，再交叉放上第二排，用 S-2 高强度石膏浆浸透均匀的麻丝缠绕，形成整体构架。

（6）在石膏未凝固时沿围框内表面用 S-2 高强度石膏浆浸透均匀的麻丝堆垒，直至模具底面，并刮平。

（7）待石膏凝固后，拆除围框。

（8）待石膏完全凝固后，脱模、描线、修整型面、标记。

（9）表面喷清漆，非工作面刷色漆。

（10）安装标牌。

（11）检验。

4）木质骨架结构的高强度石膏模制造典型工艺规程

（1）按制造依据制木质骨架，表面钉圆钉，底面修平。

（2）在制造依据上涂脱模剂，描线。

（3）制高强度石膏模表面层和薄壳层，并埋入木质骨架。

（4）待石膏凝固后脱模、描线、修整型面、标记。

（5）表面喷清漆，非工作面刷色漆。

（6）安装标牌。

（7）检验。

5）实心结构的高强度石膏模制造典型工艺规程

（1）在制造依据上按要求配置围框。

（2）将围框临时固定在制造依据要求的位置上，涂脱模剂并描清所需要的线条。

（3）将 S-1 高强度石膏浆均匀抹在制造依据表面上，形成表面层，待半凝固时用高强度石膏浆浸透均匀的麻丝进行铺敷，形成模体。

（4）安装底板。

（5）完成石膏模的制造。

6）带分合式结构的空心薄壳高强度石膏模制造典型工艺规程

（1）在制造依据上涂脱模剂，描线。

（2）分成两半制造空心薄壳。

（3）分别安装金属连接板。

（4）待凝固后脱模。

（5）将两半模体连成一体，划线并标记。

（6）表面喷清漆，非工作面刷色漆。

（7）安装标牌。

（8）检验。

4.材料配方及调配工艺规程

高强度石膏浆配方见表5.34。高强度石膏浆调配工艺规程为：①备好高强度石膏粉、水、量具及调料容器；②按表5.34分别称好高强度石膏粉和水；③将水倒入调料容器中，把石膏粉缓缓撒入水中，搅拌均匀后立即使用；④清洗调料容器，用于第二次调料。

表5.34　高强度石膏浆配方

编　号	组分名称	质量比	适用范围
S-1	高强度石膏粉	100	表面层塑造
	水	32～34	
S-2	高强度石膏粉	100	粗制面层壳或铺敷表面层
	水	26～28	

5.4.4　塑料注射模制造

塑料注射成型是塑料制品高效率的生产方法之一，注射成型获得的塑料制品在各种塑料制品中所占的比例很大。注射成型模具是实现注射成型加工的重要工艺装备，目前占整个塑料成型模具的一半以上。注射模基本结构由定模和动模两部分组成，动模安装在注塑机的移动模板上，定模安装在注塑机的固定模板上。注射时，定模和动模闭合构成浇注系统和型腔，开模时，定模和动模分开，由开模机构将塑料制品推出。图5.100所示为典型的推板式塑料注射模。

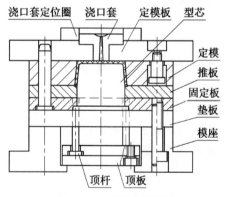

图5.100　推板式注射模

1.模具制造要求

1)零件加工要求

零件加工要求如下：①模具主要成型件及受力件均应采用锻件或轧制钢材制造，钢材不应有裂纹、夹渣、夹层等缺陷；②为便于加工，在不影响制品表面质量、成型精度、模具强度的情况下，允许制成镶拼结构；③加工后的零件应符合图样的要求，图样中未注明的技术要求按《塑料、橡胶模具技术条件》(HB 2198—1989)执行。

2)装配要求

模具的装配要求依照《塑料、橡胶模具技术条件》(HB 2198—1989)的规定，其中模具的导向部分应保证模具开合自如。质量小于 200 kg 的中小型模具,将模具横放在平台上,拉动模具,其开合应自如;大于 200 kg 的大型模具,用吊车吊动定模,其开合也应自如。

3)其他要求

(1)采用标准模架制作模具,在补加工过程中不应碰伤或划伤外表面。

(2)镶件较多的模具,在镶件的尾部及安装处,按其所属件号打上顺序号或安装位置标记。

(3)模具装配后,冷却系统应做通水试验,水压为 1.5 MPa 并保持 10 min,管接头及各密封处不应有渗漏现象。加热系统应做升温实验,将模温机与模具连接,控制模温机的温度使模具温度升到塑料所需的模具温度并保持 30 min,管接头及各密封处不应有渗漏现象。

(4)在模具温度控制管路的进出口处标明"进口""出口"。制造完工的模具,应在模具上标明质量(t 或 kg)。除采用标准模架的模具外,模具基准面上应打印基准标记。

(5)重量在 25 kg 以上的模具必须设有手柄、吊装螺孔、防开锁扣,吊装螺孔的位置应保证模具吊起后基本保持水平。

2.制造方法

表 5.35 为模具零件的主要加工方法。不同类型的零件,其加工方法、加工精度及表面粗糙度也不一样。

表 5.35　模具零件的主要加工方法

加工方法	加工精度及表面粗糙度	使用零件
精密平面磨床磨削	(1)工作台面相对工作台纵向移动和横向移动,平行度误差 0.004 mm;砂轮主轴定心,锥面圆跳动 0.03 mm; (2)加工后工件的平行度、垂直度可达 0.005 mm; (3)加工表面粗糙度 Ra 值可达 0.1 μm	模具分型面、镶拼件的贴合面、斜滑块结合面、粗密导向件配合面、可磨削的成型面
坐标磨床磨削	(1)移动定位精度为 0.003 mm;自动定位精度为 0.004 mm,加工零件精度为 0.003～0.005 mm; (2)加工表面粗糙度 Ra 值可达 0.4～0.2 μm	磨削高精度凸模、凹模型孔及精密定位孔,坐标孔
光学曲线磨削	(1)工作台端面与水平面的垂直度为 0.002 mm,砂轮主轴锥体径向跳动为 0.001 mm; (2)主轴端面圆跳动、径向圆跳动为 0.002 mm	加工精度要求较高、形状复杂的凸凹模和凸凹模拼块
坐标镗床加工	(1)坐标孔加工精度为 ±0.002 mm; (2)坐标精度为 ±0.002～±0.003 mm; (3)加工表面粗糙度 Ra 值可达 0.8 μm	加工导柱孔、导套孔、销孔、工艺孔、中心孔、划线等
数控铣床铣削	(1)工作台端面平行度 0.03 mm; (2)定位精度 0.03:300,重复定位精度 ±0.01 mm,加工表面粗糙度 Ra 值可达 3.2 μm	加工动、定模型面;型芯、镶件及一般配合精度的导柱孔及导套孔等

续 表

加工方法	加工精度及表面粗糙度	使用零件
数控电火花加工	(1)全行程定位精度为±0.005 mm; (2)重复定位精度为±0.002 mm; (3)加工表面粗糙度 Ra 值可达 0.025 μm	加工经淬火或调质的凸凹模及特种型面的加工等; 加工线切割穿丝孔
快走丝数控线切割机床加工	(1)加工精度为±0.01 mm; (2)加工表面粗糙度 Ra 值可达 1.6 μm	加工一般精度型芯、镶件、型孔及模具用样板等
加工中心、雕刻机	(1) $X/Y/Z$ 轴运动定位精度为 0.008 mm/0.008 mm/0.006 mm; (2) $X/Y/Z$ 轴重复定位精度为 0.005 mm/0.005 mm/0.005 mm; (3)加工精度为 0.02 mm	加工动、定模型面,型芯、镶件、电极及一般配合精度的导柱孔及导套孔等

3. 模具抛光

模具成型表面抛光方法可采用手工抛光、电动工具抛光、超声波工具抛光和电解抛光等。当采用直线运动的方式抛光时,应按相互交叉方向反复进行,直到达到表面粗糙度要求,其最后抛光的纹理方向应与脱模方向一致。抛光时,每更换一次抛光材料粒度都应将被抛光表面清洗干净,以防较粗粒度的磨料划伤型面。

电火花加工后,将模具表面抛光至表面粗糙度 Ra0.025 μm 镜面光度的工艺过程为:①采用♯320 的油石去除火花纹;②采用♯320 砂纸去除油石纹;③采用♯600 砂纸交叉去除上一道砂纸纹;④采用♯1 000 砂纸进行交叉抛光去除上一道砂纸纹;⑤采用♯1 200 砂纸交叉抛光去除上一道砂纸纹;⑥采用♯1 500砂纸抛光去除上一道砂纸纹;⑦采用♯2 000 砂纸抛光去除上一道砂纸纹;⑧采用♯15 钻石膏用羊毛头第一次上光;⑨采用♯6 钻石膏用羊毛头第二次上光;⑩ 采用♯1 钻石膏用羊毛头第三次上光,从而达到抛光要求。

5.4.5 基于逆向工程技术的模具数控加工

在数字化制造还未普及的时代,模具制造依据一般都是按模拟量进行传递的,并采用普通机加与钳工手工修研相结合的方式进行加工。其制造流程如图 5.101 所示。

采用此类方法,机械加工难度大且去除量相对较少,留给钳工的手工修模量大,模具与制造依据间隙不均匀,需反复修

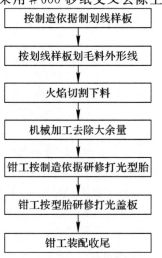

图 5.101 传统机翼翼尖隔板模具传统加工流程

模试模,加工周期长,也为后期的检验带来了很大的困难。由于制造依据(环氧胶砂过渡模)本身所存在的收缩及偏差以及在长期使用过程中的磨损,此类过渡模不可避免地存在缺陷。而依据过渡模制造的模具则会将过渡模上的磨损或损坏等缺陷全部复制到模具上,最终零件也继承了过渡模的全部缺点,造成产品的外观性差、尺寸精度及使用性能达不到要求。尤其重要的是传统方法所形成的模具不具备修改性及重新设计性。因此,此类方法已渐渐被新型数字化的逆向工程与数控加工相结合的方法所取代。

1. 基于逆向工程的数控加工技术

目前基于逆向工程的数控加工主要有三种方式:

(1)数字化测量与加工一体化。利用数字化设备进行三维数据的采集,经过去除测量噪点和冗余数据等处理后,以空间三角形网格建立型面数字化模型,由此直接生成数控加工程序,实现测量与加工技术的一体化,即在同一台数控机床上实现测量、加工的全过程。由于这种技术不借助 CAD/CAM 软件进行二次编辑与修正,数控加工路径和测量路径必须一致,且没有经过曲面重建环节而限制了粗、精加工的工艺选择,生成的单一数控加工路径往往导致加工效果不理想。

(2)利用 CAD/CAM 系统生成 CAD 模型和数控(NC)加工程序。经数据采集设备采集的三维测量数据经格式转换接口输入 CAD/CAM 系统,利用 CAD/CAM 的各项功能生成 CAD 模型,进而根据工艺实际需求设置各项工艺参数,生成刀具轨迹,进行仿真模拟和后置处理后,生成 NC 加工程序。最终由数控铣床加工出零件。

(3)生成 stl 格式模型文件进行快速原型制造。三维测量数据输入 CAD/CAM 系统后,生成 CAD 模型,将其转换成 stl 格式文件输出则可用于快速原型制造。

2. 模具逆向建模与数控加工制造流程

基于逆向工程技术并利用 CAD 系统生成三维模型和数控加工程序的方法是比较适用现代传统模具的制造。它依靠三维扫描技术,对实物扫描后在计算机中建模和修改,然后生成 NC 程序并与数控机床通信,精准高效地进行模具制造。使用这种方法一方面能利用逆向工程技术实现自由曲面的几何建模,更重要的是利用 CAD 系统,可以在计算机建模过程中对原始结构进行二次创新,这也正是逆向工程完整的意义和目的所在。同时,借助目前强大的 CAD/CAM 系统可以生成较为理想的数控加工程序。其流程如图 5.102 所示,具体实施步骤如下。

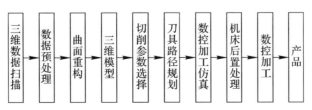

图 5.102　基于逆向工程的数控加工流程

1)模具三维扫描数据采集

要想得到模具的三维数模,必须先对模具进行三维数据扫描,采集数据点后对模具进行三维数模构建。为了方便模具的扫描和保证扫描的精确性,需对模具做必要的前期准备,如清理模具表面、贴参考点、在模具刻线上贴立体块、在模具表面喷涂显像剂,以及校准仪器与软件等。使用激光扫描仪进行数据点的采集,通过被测物体上的标记特征来完成数据的自动拼合,直接从扫描头得到三维测量数据。使用三维激光扫描系统对过渡模整个部分多个角度的不同方位进行扫描。扫描完成后,经过点云对齐、三角化、光顺和稀化,得到零件外形点云文件,如图 5.103 所示。

图 5.103 模具三维扫描数据点云

2)基于 CATIA 平台的模具三维建模

(1)在 CATIA 平台上读入点云数据,通过对点云数据的基本处理,得到较为光顺的点云数据。通过 CATIA 曲线提取功能提取出特征曲线,如图 5.104 所示。

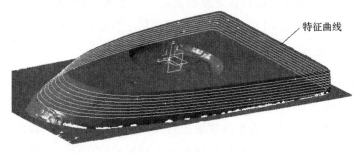

特征曲线

图 5.104 提取特征曲线

(2)为了便于构建曲面需依据曲线特点将曲线分段,对各个曲线段分别优化处理后构建各段曲面,如图 5.105 所示。

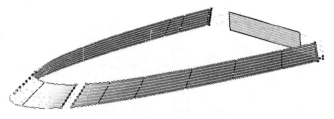

图 5.105 分段曲面构建

(3)缝合各段曲面,并进行一定的优化及外插延伸,以便于后期对实体的剪切,如图 5.106所示。

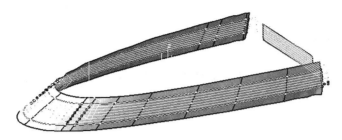

图 5.106　曲面缝合与优化

(4)按曲面构建三维数模,如图 5.107 所示。

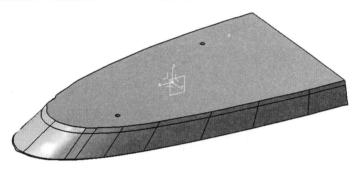

图 5.107　构建三维数模

3)数控程编与加工

(1)根据现有的三坐标铣床,并结合现有条件编制加工方案。为了尽快切除材料,粗加工刀具直径应尽量大,进给量尽可能多。但必须结合工件材料、刀具性能、机床负载等确定合理的主轴转速、切削深度和进给速度。半精加工是给精加工做准备的,目的是保证精加工区域的余量均匀。精加工时主轴转速尽可能高,进给量和切削深度尽可能小。精加工一般都是均匀的曲面,生成的加工轨迹如图 5.108 所示。

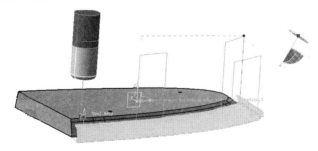

图 5.108　精加工轨迹生成

(2)生成加工轨迹后,经过 CATIA 后置处理功能生成 NC 程序。

(3)通过制造执行系统(MES)系统传输加工程序至数控机床。

(4)通过数控机床加工出合格的模具。

5.5 地试工装制造

5.5.1 工作梯制造与装配

工作梯是飞机生产中一种非常重要的工艺装备,在飞机生产中发挥着举足轻重的作用。部件装配工作时,工作梯可以给工人提供一个工作的平台,使其能方便地实施后续的产品加工工序。工作梯一般由梯架、踏步、扶手、牵引杆、导向机构、轮子、支脚等组成。一些小型工作梯直接采用回转轮,而没有牵引杆和导向机构,如图 5.109 所示。

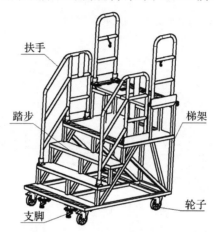

图 5.109 工作梯

梯架一般用方管、圆管、槽钢等材料焊接而成,用于制造从地面到工作平台的楼梯,是工作梯的骨架、基础。牵引杆通常安装在大型工作梯的一端,其作用是方便用机动车辆牵引工作梯。导向机构是工作梯的方向控制机构。轮子用于保证工作梯移动方便、灵活,其通常采用挂胶轮或充气轮。工作梯一般安装四个轮子,牵引杆一端安装两个回转轮,另一端安装两个固定轮。工作梯到指定工位后,支脚受力撑地,使工作梯稳稳地扒在地面上。

1. 工作梯制造

一般先采用机加工方式加工梯架、牵引杆、导向机构中的相关零件,再由钳工进行梯架、牵引杆、导向机构等组件的焊接,然后由钳工将各组件组合、装配,并安装固定轮子等成品,最后由喷漆工对工作梯进行表面喷漆,并由钳工制作标识。

(1)梯架制造。将车架的各个零件从焊接图中拆出,绘制加工草图,注明长度、角度、缺口尺寸,编制零件加工工艺文件。

(2)牵引杆制造。将牵引杆的各个零件从焊接图中拆出,绘制加工草图,注明长度、角度、缺口尺寸,编制零件加工工艺文件。

(3)导向机构制造。将导向机构的各个零件从焊接图中拆出,绘制加工草图,注明长度、角度、缺口尺寸,编制零件加工工艺文件。

2. 工作梯装配

首先钳工将梯架、牵引杆、导向机构、轮子等组件组合起来,用对应的螺栓等标准件进行装配,并对靠近产品的一侧根据设计要求进行必要的软包装,如用海绵、橡胶管等包装。然后,在项目投产时按图样及相关文件要求制作限载标牌及使用说明注意事项标牌,并规定激光刻工装主体标牌内容,将标牌固定在运输车醒目位置。最后,装配完成后,喷漆工进行表面喷漆,钳工制作标识。

5.5.2 工作平台制造

根据工作性能,工作平台由机头工作平台、机翼工作平台及尾翼工作平台组成。各平台主要包含立柱、横梁支撑、底板框、活动平台、固定围栏、翻转围栏、梯架、平台上的活动工作梯等组件。各组件之间的连接均采用法兰板对接、螺栓连接形式,这就要求零组件的加工,尤其是组件焊接后,必须控制在蓝图给出的公差要求内,相同零组件必须保证互换性,才能保证最后的组合装配。

1. 零组件制造

1)法兰连接板

法兰连接板材料零件属于常规机加工零件,不需要热处理和表面处理,且连接板的种类多。图 5.110 所示为典型法兰连接板,材料为 Q235,厚度为 20 mm,板上制作 4～6 个孔或螺纹孔,孔中心到板的边沿距离为 30 mm,孔距 70 mm、140 mm 具有典型性。

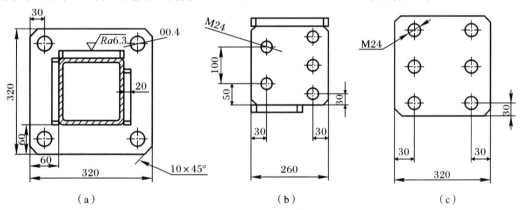

图 5.110 法兰连接板典型结构

(a)法兰连接板 1;(b)法兰连接板 2;(c)法兰连接板 3

(1)工艺分析。法兰连接板上的通过孔为 $\phi26$ mm,连接螺栓为 M24。孔距为 70 mm、140 mm,未标注公差要求为极限偏差要求。孔距 70 mm,极限偏差为 ±0.37 mm;孔距 140 mm,极限偏差为 ±0.5 mm;孔距 260 mm,极限偏差为 ±0.65 mm;$\phi26$ mm 孔极限偏差为 $+0.21$ mm/0 mm;螺栓极限偏差为 0 mm/-0.21 mm。上述法兰连接板 1 的孔距尺寸最大,其他 2 种连接板的孔距尺寸较小。对此连接板进行分析,如果它满足装配要求,则其他板也能满足要求。该连接板孔的极限位置如图 5.111 所示。螺栓连接后只有 0.16 mm

的间隙,如果孔径偏小或孔不垂直等其他因素出现,就有可能无法正常装配,就需要提高孔距要求。因此,对各种连接板孔距公差大于±0.5 mm 的按±0.5 mm 要求控制,极限偏差小于±0.5 mm 的按照实际尺寸极限偏差控制。

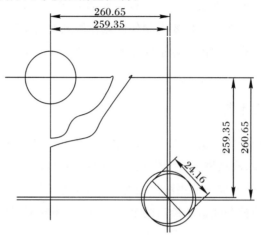

图 5.111　法兰连接板孔极限位置

(2)加工方法。连接板外形采用铣切加工,外形尺寸按蓝图极限偏差要求进行控制,其中孔距尺寸公差制作定位夹具按上述要求控制。

2)立柱

如图 5.112 所示,立柱由方管和法兰连接板、中部连接板等组成,采用焊接结构,表面喷漆处理。平台支撑主要由立柱组成,考虑到生产效率和零组件尺寸一致性等方面,加工过程中通过制作焊接夹具等方法来保证产品质量,并且可以根据立柱的长度尺寸、焊接形式等制作不同的焊接夹具。

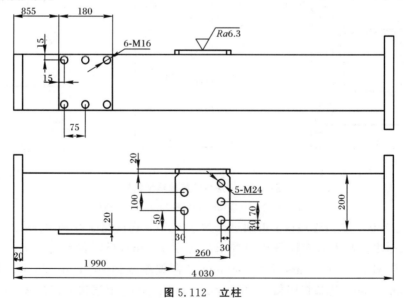

图 5.112　立柱

(1)工艺分析。该组件属于焊接件,焊接时会产生焊接变形,焊接变形的控制是该类零件加工过程的关键。需要通过控制焊接先后顺序、焊接电流大小、焊接夹具、零件下料尺寸、加工尺寸、焊缝间隙等来减少焊接变形。

立柱加工完成后的长度尺寸公差为 1 mm。这对于焊接类零件,属于很严格的公差要求,即对测量及焊接的要求很高。需要通过经过精加工的焊接夹具来保证。连接板端面需要和其他零件的连接板连接,因此连接板外端面不适宜喷漆,在喷漆过程中需要加以保护。连接板上的螺纹孔,需要在方管上制作通过孔,才能满足螺栓连接的要求。通过孔需要比螺纹外径大 3～4 mm。此外,需要制作定位焊夹具,而且在下料、加工、焊接等环节严格按照要求操作,才能满足产品的最终质量要求。

(2)定位焊夹具制造。图 5.113 所示为定位焊夹具结构图,两端定位面尺寸公差为±0.5 mm,连接板孔径公差为 h9,孔距公差为±0.5 mm,立柱腰部连接板与端面尺寸公差为±0.5 mm,定位面尺寸公差为±0.5 mm。此外,该定位焊夹具能实现快速夹紧、装卸,定位块可换位定位,其还可用于尺寸接近的组件定位。

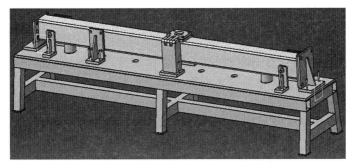

图 5.113　定位焊夹具结构图

(3)工艺流程。依据零件特点以及工艺要求,制定工艺流程:

a.下料。材料:方钢管;设备:带锯床;尺寸控制:按蓝图理论长度加大 8～10 mm 锯切。

b.铣切。铣切方钢管两端尺寸至蓝图理论尺寸,公差控制在−1～−2 mm;铣切方钢管端头螺栓避让槽口。

c.钻孔。方钢管腰部焊接的连接板螺纹孔处,在方钢管上按钻模钻螺栓通过孔 $\phi28$ mm。

d.定位焊。先将两端的法兰板用定位螺栓连接在夹具两端的支座上,并将支座用定位插销和连接螺栓固定在夹具上;将方管放置在夹具上,用夹具夹紧固定;将其他各连接板用定位螺钉固定在方管上,插上各支座定位销。

e.焊接。焊接方法一般为二氧化碳气体保护焊。焊接步骤为:先焊接外部各焊缝,将立柱组件从夹具体上取下,再对未焊接部分进行焊接。焊丝及工艺参数为:焊丝材料 ER49-1,直径 1.2 mm,电流强度 150～200 A,焊接电压 24～28 V,气体流量 7～10 L/min。

f.焊缝打磨。对焊缝进行修光打磨,打磨干净焊接部位周边区域的焊渣、焊瘤。

g.吹砂。螺纹孔保护,焊接组件整体吹砂。

h.喷漆。喷底漆和面漆。

3)横梁

图 5.114 所示为典型横梁图,横梁主要由方管和法兰连接板、中部连接板等组成,采用

焊接结构,表面喷漆处理。平台框架主要由横梁组成,由于横梁内的方钢管分为 200 mm×200 mm、200 mm×100 mm、120 mm×120 mm、400 mm×200 mm 等不同规格,所以根据横梁组件内零件的规格、长度尺寸及焊接形式等分类进行了不同的夹具定位。

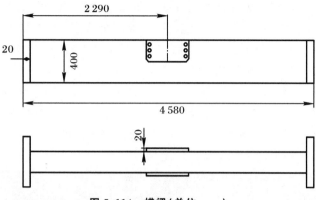

图 5.114　横梁(单位:mm)

(1)工艺分析。该组件属于焊接件,因此在焊接时会产生焊接变形,焊接变形的控制是该类零件加工过程的关键。需要通过控制焊接的先后顺序、焊接电流的大小、焊接夹具、零件的下料尺寸、加工尺寸、焊缝间隙等措施来减少焊接变形。横梁加工完成后的长度尺寸公差为 1 mm。这对于焊接类零件,属于很严格的公差要求,即对测量及焊接的要求很高。需要通过经过精加工的焊接夹具来保证。横梁单件重量不一,对较重的横梁,搬运、吹砂、喷漆等过程需要吊车吊装,工作效率不高。连接板的端面需要和其他零件的连接板连接,因此,连接板的外端面不适宜喷漆,在喷漆过程中需要加以保护。此外,连接板上的螺纹孔,需要在方管上制作通过孔,才能满足螺栓连接的要求。通过孔需要比螺纹外径大 3～4 mm。通过以上分析,需要制作定位焊夹具,而且在下料、加工、焊接等环节严格按照要求操作,才能最终满足产品的质量要求。

(2)工艺流程。针对该零件的特点以及工艺分析得出的结论,制定以下典型工艺流程:

a.下料。材料:方钢管;设备:带锯床;尺寸控制:按蓝图理论长度加大 8～10 mm 锯切。

b.铣切。铣切方钢管两端尺寸至蓝图理论尺寸,公差控制在 −2～−1 mm;铣切方钢管端头螺栓避让槽口。

c.钻孔。方钢管腰部焊接的连接板螺纹孔处,在方钢管上按钻模钻螺栓通过孔 $\phi28$ mm。

d.定位焊。先将两端的法兰板用定位螺栓连接在夹具两端的支座上,并将支座用定位插销和连接螺栓固定在夹具上;将方管放置在夹具上,用夹具夹紧固定;将其他各连接板用定位螺钉固定在方管上,插上各支座定位销。

e.焊接。一般采用二氧化碳气体保护焊。先焊接外部各焊缝,将立柱组件从夹具体上取下,再对未焊接部分进行焊接。焊丝及工艺参数:焊丝材料 ER49−1,直径 1.2 mm,电流强度 150～200 A,焊接电压 24～28 V,气体流量 7～10 L/min。

f.焊缝打磨。对焊缝进行修光打磨,打磨干净焊接部位周边区域的焊渣、焊瘤。

g.吹砂。实施螺纹孔保护,焊接组件整体吹砂。

h.喷漆。喷底漆和面漆。

3）定位焊夹具制造

横梁焊接组件与立柱焊接组件形式基本类似,所以定位方式及工艺加工方法与上述立柱一致。由于横梁组件内零件的规格、长度尺寸及焊接形式等分类较少,定位夹具用同一底座不同定位即可。定位夹具技术条件与立柱相同。

4）围栏

图 5.115 所示为围栏典型结构图,其主要由圆管、转轴、锁紧块、护板、围栏座等组成,上、下围栏分别采用焊接结构,表面喷漆处理后,现场进行组合装配,上部围栏可翻转。围栏主要分为翻转围栏及固定围栏,尺寸基本一致,且数量较多,从提高效率和零组件尺寸一致性等方面考虑,焊接过程中通过制作焊接夹具定位等方法来保证产品质量。

翻转围栏需由两件 U 形圆管对焊成形,焊接后易在对焊处产生变形,并且,围栏上焊接有转轴、挡块、定位块等,上部围栏与固定围栏转轴及定位块保持一致,才能保证装配后转动灵活,定位准确。此外,下部围栏上装配有围栏座,且围栏座最后与框架连接,围栏座与框架之间的孔位及间距尺寸必须一致,才能保证最后的装配。

通过以上分析,翻转围栏两件 U 形圆管对焊处应在围栏内撑管处,这样可以减小围栏的变形。外形尺寸、转轴及定位块等可以通过制作定位夹具来保证装配,围栏座等通过拼装钻模制孔来保证装配。

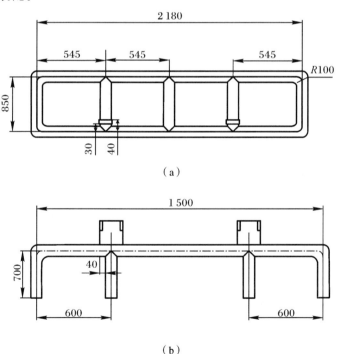

（a）

（b）

图 5.115　围栏结构图

（a）翻转围栏；（b）固定围栏

2.工艺薄弱环节及技术措施

在焊接过程中,焊接变形是不可避免的,可通过以下技术措施来减少焊接变形:

(1)通过控制方管的加工尺寸以及焊接时与连接板之间的间隙来减小焊接应力。

(2)通过控制合理的焊接顺序,使原材料的受热程度均匀,减少焊接变形。

(3)通过焊接夹具限制焊接变形。

(4)焊接后通过时效处理释放焊接应力,并进行校正。

产品的表面质量是关系到产品最终质量状态的关键因素,因此,需要提高最终的喷漆质量。可以采取以下措施来提高喷漆质量:

(1)原材料控制。要求采购的原材料没有锈蚀等影响产品表面的缺陷。

(2)焊接后去除焊渣,提高焊接后的表面质量。

(3)喷漆工序严格按照喷漆规范执行,对油漆的配比、固化时间、干燥时间、温度等因素严格把关。

(4)喷漆后的搬运、起吊过程采取用线毯包裹、纤维吊带起吊等措施,以减少表面漆层破损。

3.现场总装装配方案

工作平台现场总装装配方案如下:

(1)确定立柱位置并垫平。按照总装配图,在地面上画出各立柱的位置线。采用激光跟踪仪辅助测量定位。用水平仪测量出所有预埋板的高度尺寸以及倾斜度,对于高度尺寸或倾斜程度相差超过 2 mm 的,根据实际情况加工垫板,并将垫板焊接在原预埋件上,保证所有预埋件最终达到水平,误差不超过±2 mm。

(2)安装基准立柱及相关横梁。通过吊车起吊,将基准立柱及其相邻的 3 个立柱分别安放到位,用辅助支撑工装支撑立柱,再分别用横梁连接各立柱,达到图 5.116 所示状态。装配顺序为四根立柱、连接四根立柱的横梁、各支撑纵梁,其中二层支撑纵梁待一层平台框架放入后再安装。按横向及纵向基准轴线确定并安装基准立柱(即按基准轴线起的第一排立柱),采用激光跟踪仪辅助测量定位。

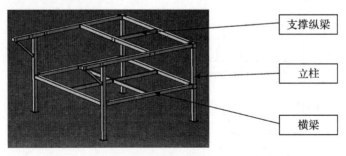

图 5.116　基准立柱及相关横梁安装平台框架安装

(3)基准立柱及相关横梁安装平台框架安装。以图 5.116 中立柱框架为基准,逐步延续装配其余立柱、横梁。机头平台立柱、横梁连接部位较少,可不考虑累计误差引起的装配问题。立柱、横梁安装后,楼梯与平台连接处协调配孔装配楼梯与地板框。分离面立柱是机头平台与机身平台相结合的连接立柱,其先与机头平台连接,并且作为机身平台的基准。

(4)表面铺板及围栏安装。表面铺板激光下料成形,各孔锪窝后喷漆,分别按标记位置在地板框上配制螺纹孔安装地板,并用螺钉固定。对围栏,首先在平台下装配成组件,再按蓝图位置要求在平台周圈配制围栏座安装螺纹孔,最后用螺钉固定围栏座并安装围栏。

5.5.3　托架制造

托架是飞机生产中一种非常重要的工艺装备,在飞机生产中发挥着举足轻重的作用。托架一般用于部件在某个工位的放置、周转或运输,或在某种放置姿态下的工作,以使其能方便地实施后续的产品加工工序。

图 5.117 所示为典型托架结构,其一般由框架、产品放置机构、轮子、支脚等组成。框架一般采用方管、圆管等材料焊接而成,是托架的骨架、基础。根据不同的产品,产品放置机构结构是多样的。有与产品外形贴合的木托、钢托结构,还有用钢管、方管软包装后直接支撑产品的结构。轮子可使托架移动、周转方便。支脚一般是在承载大型产品的托架上使用,以在托架到固定工位后,支脚受力撑地,使托架稳稳地固定在地面上。

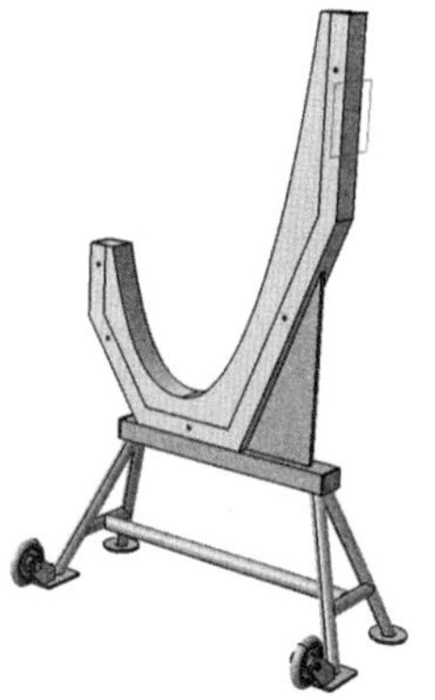

托架制造时,一般先采用机加工方式加工框架的相关零件,由钳工、焊工进行框架的焊接;然后钳工将木托或钢托与框架组合、装配,用毛毡等软垫包扎,钉制木托/钢托;最后安装固定轮子等成品,之后喷漆工进行表面喷漆,钳工制作标识,移交使用单位。其制造过程如下:

图 5.117　典型托架结构

(1)框架制造。将框架的各个零件从焊接图中拆出,绘制加工草图,注明长度、角度、缺口尺寸,编制零件加工工艺文件。

(2)钢托制造。钢托一般由钢板焊接而成,制造时需将钢托的零件从焊接图中拆出,绘制钢托加工草图,注明外形尺寸、弧形大小,编制零件加工工艺文件,其中,优先采用激光切割或者水切割的方法,切割出零件外形。

(3)钢托焊接工艺。钢托一般采用 3 mm 的薄板焊接而成,焊接时一定要正确选择焊接顺序,减小焊接变形。在工艺文件中注明焊接工艺参数及焊接顺序。

(4)托架装配。将钢托、木托与框架配孔装配,并用毛毡等软垫包扎,钉制木托/钢托,装配完成后,进行表面喷漆,制作标识。

5.5.4　吊挂制造

现代飞机制造的工艺过程中,吊挂是一种非常重要的工艺装备,主要承担着飞机产品、零件及成品的起重和调运工作。吊挂能够起到提高产品制造效率、提高生产安全性、提高产品质量、降低操作人员劳动强度、减少其他工装数量的作用。

1. 吊挂梁制造

吊挂梁分单管横梁和组合横梁,结构形式分别如图 5.118 和图 5.119 所示。横梁的材料根据受力状态确定,受压杆的横梁材料一般为 20、20A 的管子或 Q235 - A.F 的槽钢或 H 型钢。

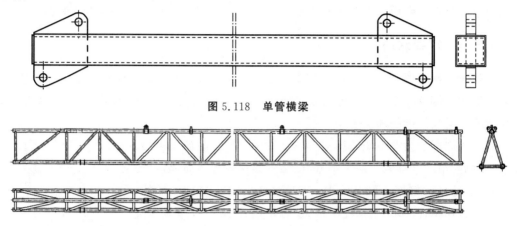

图 5.118　单管横梁

图 5.119　组合横梁

1)单管横梁制造

单管横梁一般由管子、耳子组成,管子与耳子采用焊接形式连接。对于耳子制造,根据图纸要求,选用相对应的材料,采用水切割下料、激光切割下料、剪切下料等方式,完成毛坯材料下料,再用机械加工形成外形,最后按图纸加工连接孔。对于横梁制造,根据图纸要求,选用相对应的材料,采用锯切下料,钳工划两端槽口线,机械加工槽,槽口开焊接坡口。

管子与耳子分别加工好后,按照设计图纸,需将横梁和耳子组合,并保证尺寸后进行焊接。焊接时,应避免焊接变形,按图纸要求焊接或进行加强焊接。焊接后焊缝不应有气孔、熔渣杂质、基体材料烧伤等缺陷。焊接后应清理焊缝表面,消除内应力,并按图纸要求采用目视、磁力探伤、X 射线等方法检查焊缝。

2)组合横梁制造

组合横梁是由主梁、辅助梁与连接耳子等焊接而成的桁架结构。主梁和辅助梁一般由不同规格的管子组焊。加工时,按照图纸要求,选用相对应的材料,采用锯切下料,再按照理论计算的结果完成各零件的机械加工。此时,各连接管件的长度可以比理论长度减少 2～3 mm。

焊接时,先定位主梁和耳子,保证图纸关键尺寸,然后定位其他连接件。定位时,采用定位点焊,待各尺寸无误后再焊接。应避免焊接变形,按图纸要求焊接或进行加强焊接。由管子等组成的桁架结构,当其交点在图样上无特殊要求时,斜撑杆允许错位,但错位值不大于原材料直径的 2 倍。

3)吊挂横梁对接

当吊挂横梁长度较长,原材料长度尺寸不能满足吊挂横梁长度时,可以采用对接方式满足图纸要求。

4)吊挂横梁对焊缝的要求

焊接后焊缝不应有气孔、熔渣杂质、基体材料烧伤等缺陷。焊接后应清理焊缝表面,消除内应力,并按图纸要求采用目视、磁力探伤、X射线等方法检查焊缝。

2. 吊挂耳子制造

吊挂耳子是吊挂中的重要受力零组件,其制造过程必须严格按照图纸要求,否则可能会出现零件失效而导致吊挂变形、破坏等情况,严重的可能导致被吊产品损坏、人身伤害等严重后果。吊挂耳子通常由板材、锻件等作为毛坯材料,经过机械加工、热处理、表处理、探伤检查等工序加工成形,具体按图纸要求。吊挂耳子制造过程中的注意事项如下:

(1)材料严格按照图纸选用。

(2)吊挂耳子上的缺陷不允许补焊。

(3)图纸上要求的倒角、倒圆要按照图纸要求执行。

(4)零件的尖角、锐边应倒圆、倒角。

(5)有热处理、表面处理要求的零组件,应严格按照设计要求进行热处理、表处理,不得提高或降低设计要求。

(6)零件表面不应有划伤、压伤、凹痕、裂纹、烧伤、毛刺、锈痕等缺陷。

3. 吊挂接头制造

吊挂接头一般用于直接与被吊产品连接,通常与产品表面贴合,用吊挂连接螺栓连接。按结构形式其可分为固定式接头、自动调位接头等,如图5.120所示。吊挂接头是吊挂中的重要受力零组件,必须严格按照图纸进行加工。

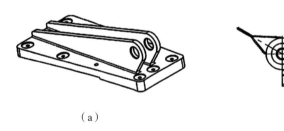

（a）　　　　　　　　　　　（b）

图 5.120　吊挂接头

(a)固定式接头;(b)自动调位接头

吊挂接头的毛坯材料多为锻件、板料或焊接件。制造过程必须严格按照图纸选用材料,代料加工需办理代料手续并经设计同意。材料要有合格证。吊挂接头一般采用常规机械加工即可,经热处理、表处理、探伤检查等工序加工成型,符合图纸各项要求。接头与产品贴合的型面及交点孔位置一般要求不高,型面加工为平面并粘贴有 1～2 mm 厚度的胶垫,交点孔按设计尺寸制造。交点孔一般比螺栓孔稍大,用以补偿空位尺寸误差。对于型面与交点孔位要求较高的接头,可以采用数控加工或塑制的方法完成接头制造。吊挂接头制造过程注意事项:

(1)吊挂接头上的缺陷不允许补焊。

(2)倒角、倒圆要按照图纸要求加工。

(3)零件的尖角、锐边应倒圆、倒角。

(4)有热处理、表面处理要求的零组件,应严格按照设计要求进行处理,不得提高或降低设计要求。

(5)零件表面不应有划伤、压伤、凹痕、裂纹、烧伤、毛刺、锈痕等缺陷。

(6)若要到飞机产品上协调制孔的,需在型面加工完成后,协调制出引导孔,再按引导孔扩孔至图纸要求。

(7)吊挂接头上要及时做出标识,避免错混。强度试验和使用过程也应该严格按照使用位置和标识进行,不得错混。

4.支撑接头制造

支撑接头是与飞机产品直接连接、有固定的结合关系、起到承载飞机产品载荷作用的接头,如图 5.121 所示。支撑接头与飞机产品的连接,型面贴合紧密,交点孔位精确,载荷传递准确。因此,支撑接头是吊挂中比较精密和重要的零组件。支撑接头由锻件或板材、框架焊接构件等形式组成,通过数控加工出型面、交点连接孔,或采用塑制方法制出型面和交点连接孔,实现与飞机受力部位的紧密贴合和精准定位,达到承载力的传递的目的。

支撑接头的型面加工有两种情况,一是塑制成型,二是数控加工。塑制加工在以前应用较广,但存在着塑制面容易损坏的缺点且不适宜在大载荷下使用,现在随着数控加工的普及,塑制加工成型已被数控加工逐步取代。但塑制加工有着低成本、不被数控加工设备制约的特点,目前在一些大型的支撑接头或大型框架结构的支撑接头的加工中仍有使用。

1)塑制成型

塑制,一般也称为浇铸。将待塑制件和量规用工艺销钉连接定位,在待塑制面和量规面之间预留一定的间隙,然后在间隙内填充、浇铸环氧树脂,待环氧树脂固化后,即形成了与量规面一致的型面以及定位孔。塑制接头一般用于带构架(而不是同钢索连接)的吊挂中,要求为固定的结合关系。塑制接头特点如下:

(1)接头与产品贴合的型面及交点孔位置,有较高的精度要求。

(2)塑制接头的制造由相应的协调依据及工艺方法来保证,如图 5.122 所示。

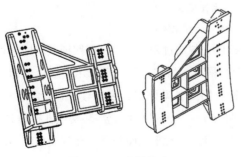

图 5.121 支撑接头

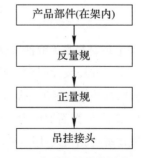

图 5.122 塑制吊挂接头的协调过程

(3)塑制前,应采用机械加工的方法或人工凿刻的方法,在塑制面上制出一定的纹路、凹痕,以提高塑制层的结合力,并清理干净塑制面。

（4）塑制时，需借助正量规在吊挂接头上塑制出与产品型面、交点孔一致的型面和孔位。塑制过程中，需保证塑制层的材质成分、配比、厚度满足图纸要求。塑制层完全固化后进行强度试验，合格后才能使用。

（5）塑制时，需提供一定数量的工艺定位销钉，工艺定位销钉的尺寸应与塑制单位协调。

（6）塑制接头在搬运、使用过程中，要防止磕碰，避免塑制层损坏。

（7）对塑制完工的支撑接头，用塞尺检查塑制面与量规之间的间隙，满足要求即可。

2）数控加工

数控加工是现在常用的吊挂支撑接头加工成形方法。对于数控加工的支撑接头，其毛坯主要有 4 种形式：

（1）锻件，适用于承载要求较高、形状复杂，但外形尺寸不是很大的情况。

（2）板材，适用于外形尺寸较小的情况。

（3）板材焊接件，适用于空间尺寸较大，型面有一定的规则性的情况。

（4）框架焊接件，适用于空间尺寸较大，或载荷较大的情况。

对于板材焊接件和框架焊接件，采用数控加工时，加工面要留有足够的加工余量（加工余量的确定，应综合考虑待加工面成形方法、焊接变形、数控加工余量等因素），且焊缝要求采取连续焊接，焊缝均匀一致，焊缝高度满足图纸要求。毛坯件若需要粗加工，则应在回火或时效处理后进行。粗加工时，应综合考虑给后续加工留有一定的余量，且粗加工应尽可能去掉余量。粗加工后，运输及存放过程中，应避免零组件变形、锈蚀。

吊挂支撑接头的加工精度一般为：型面 ± 0.1 mm，孔位 ± 0.05 mm 或 ± 0.1 mm。吊挂支撑接头制造过程应制定合理的交接状态、加工顺序、加工余量、加工基准、检测方法等，以高效、高质量地完成数控加工。数控加工注意事项如下：

（1）检查各加工部位的余量是否满足要求，加工定位基准的设置是否合理。

（2）除定位基准、型面和定位孔等，其余加工面、减轻孔等尽量选择在粗加工中完成，减少高精设备的占用。

（3）按图纸要求加工完成的毛坯件，经回火或时效处理消除应力，经粗加工后即可进行数控加工。

数控加工检测的注意事项如下：

（1）各种检测工具、设备的几何形状误差不得大于零件公差的 1/4。

（2）送检零件前应清洗干净，去除毛刺、锈斑、制样、编号、退磁等，以达到可测量条件，并做好防护措施。

（3）检测后，检验部门判定工装是否加工合格。

5. 壁板翻转吊挂制造

壁板吊挂多采用钢丝绳和构架组合的吊挂结构，其主要由吊挂横梁、钢索、吊带、保型卡板组成。壁板翻转吊挂是在常规吊挂垂直吊运或水平吊运功能的基础上增加翻转装置，以实现壁板从一个装配型架下架并改变姿态后移动到另一个装配型架上架的操作。图 5.123 所示是一种将托架与吊挂相结合的工艺装备，产品下架后，通过移动厂房吊车，可实现产品翻转直接运输的功能,适用于大型壁板零件。壁板翻转吊挂依据起吊产品的重量而选用不同的横梁来保证起吊的强度要求。保型卡板是壁板翻转吊挂中对产品起保型作用不可或缺的重要零部件。使用时,需将保型卡板与壁板紧固连接,确保型面贴合并连接牢固后,操纵翻转装置,使电动、手动葫芦链条收至最短长度,保证与吊带长度匹配,实现壁板的立吊状态。操纵翻转装置,缓慢放长链条,使壁板向下倾斜,实现空中翻转90°,即壁板的水平起吊状态。

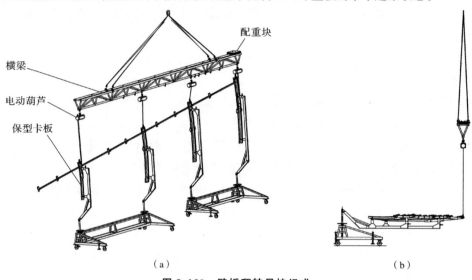

（a）　　　　　　　　　　　　　　　（b）

图 5.123　壁板翻转吊挂组成

(a)垂直起吊状态;(b)水平起吊状态

1)横梁制造

横梁分单管横梁和组合横梁。单管横梁结构简单,适用于起吊质量在 2 000 kg 以下的产品。多选用 Q235 方管或 20 钢圆管,其上焊接连接耳片的结构形式如图 5.124 所示。

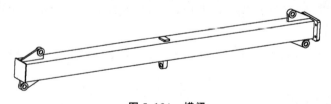

图 5.124　横梁

当起吊质量在 2 000 kg 以上时,一般采用组合横梁。如图 5.125 所示,组合横梁是由主梁和辅助梁焊接而成的桁架结构,主梁和辅助梁一般由不同直径的 20 钢管组焊而成。

图 5.125　组合横梁

吊挂横梁是直接与厂房吊车相连的组件,是整个吊挂中的主要受力部件之一,它既承载产品重量,又承载吊挂自身重量。横梁焊接采用二氧化碳气体保护焊全焊缝加强焊接,焊缝高度不低于 8 mm。焊接前,对零件的焊接区域不小于 10 mm 的范围和焊丝在焊接前均应进行表面清理,保证所清理区域无氧化物、油污和其他外来物。此外,各零件接头部位应仔细进行修合,待焊边缘应平整,无裂纹、压坑、毛刺和划伤,端面和坡口本身的表面应光滑。

由于吊挂梁是关键受力件,对于组合横梁,在进行全焊缝加强焊接时必然会产生较大的焊接变形,影响焊后尺寸。为将焊接变形量控制在最小,应采用合理的焊接顺序来保证焊接质量。此外,焊接封闭框架时在适当位置加工排气孔,吊装耳片应先套入主梁,调节至图纸尺寸后再组焊辅助梁。对大部件焊接时,要记录焊接完成时间,焊接后进行时效处理以消除焊接应力变形。

2)钢丝绳与吊装带

钢丝绳又称钢索,是由一定数量、一层或多层的股绕成螺旋状而形成的结构,分单股和多股两种。钢索可分为起重钢索和可调起重钢索。为了保证吊挂起吊产品后处于平衡状态,常会选用可调起重钢索。吊装带又称合成纤维吊装带,是用高强力聚酯长丝制作而成的成品件,长度不可调节,常用的有扁平吊装带和圆形吊装带。

3)保型卡板

保型卡板是壁板翻转吊挂中最主要的零组件,具有连接产品和产品保型的双重作用。卡板型面与产品型面贴合后,由夹板或压板在两端固定,中间段通常采用螺栓紧固连接。常用的保型卡板形式有焊接组合式和型材弯曲式,如图 5.126 和图 5.127 所示。

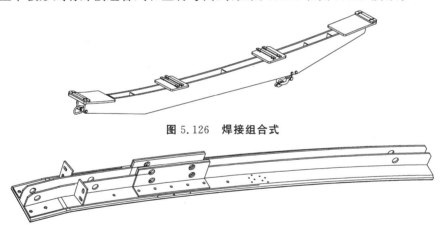

图 5.126　焊接组合式

图 5.127　型材弯曲式

(1)焊接组合式保型卡板制造。图 5.128 所示为某机型中央翼下壁板翻转吊挂保型卡板,由铝材焊接而成的半封闭腔体组合而成,保型面不连续。该类保型卡板在焊接中易出现焊接变形和局部无法焊接等状况,而作为吊挂的主要部件,必须保证焊缝强度。因此,该类保型卡板的制造难点在于保证焊缝强度及控制焊接变形。该类结构通常采用的工艺方法是先焊接,再数控加工型面及孔。

中央翼下壁板翻转吊挂保型卡板的焊接方法采用钨极氩弧焊焊接。受料幅影响,立板长度方向需要由两件铝板拼接。由此确定卡板组件的焊接工艺方案为:立板对接焊接→立板与加强板分片焊接→腔体焊接→底板焊接。在施工中,须考虑立板对接时的外形尺寸、弧面对接连续、焊接变形控制及立板与加强板在组焊中的焊接顺序和防变形措施。

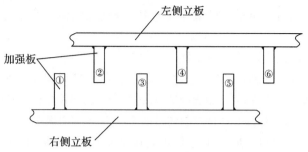

图 5.128　中央翼下壁板翻转吊挂保型卡板

为保证卡板长度尺度及弧面的对接准确性,采用激光切割外形样板,将每个卡板组件中的两件立板做配套标记,外形铣削和对焊均按配套标记成组加工,并及时使用样板进行比对,确保图纸尺寸及每个卡板组件中的两块立板加工后的弧面一致。

为有效控制立板和加强板的焊接变形量,两侧立板与加强板先进行分片焊接,并采用对称焊接方法,且左、右侧立板分别与编号为单、双号的加强板进行焊接。分片焊接完成后对焊缝100%目视或用5～10倍放大镜检查表面,如气孔、表面裂纹、未焊透、未熔合、咬边、弧坑、烧穿、焊瘤、焊缝尺寸、氧化色等,合格后钳工清理焊缝,校正焊接变形。最后将组焊的立板和加强板焊接成一个腔体,腔体焊接时要保证两件分片焊接的立板上弧面位置一致。定位焊完成后要记录焊接完成时间,进行时效处理以消除焊接应力变形。

保型卡板在定位焊加工中还需注意:①定位焊焊缝应对称布置,应力集中的地方,如尖角、拐弯处、急剧过渡处及其他类似的地方,不允许定位焊。零件有孔时,定位焊焊缝应布置在距孔边不小于10 mm的地方;②缝短时,可依顺序进行定位焊,焊缝长时,可从中间或两端跳焊,以防止零组件定位焊后变形;③先焊内部焊缝,后焊裸露在表面的焊缝;④垂直焊缝与水平焊缝相交时,先焊垂直焊缝;⑤平行焊缝同时同方向焊接,尽量采用对称焊接,焊缝分布不对称时,先焊焊缝较少一侧,或采取倒坡口形式得到对称焊缝;⑥多层焊接时,各层之间的焊缝方向应相反;⑦角接焊缝焊接顺序:先焊立角焊缝,后焊平角焊缝,仰角焊缝翻转变成平角焊缝。

保型卡板的底板是与中央翼下壁板紧固相连的零件,其型面要求与产品贴合紧密以起到连接牢靠和保型的作用,图纸要求型面公差在±0.1 mm内,孔位公差在±0.05 mm内。鉴于此要求,施工中在适当位置点焊若干工艺基准块,自然时效处理后再用龙门铣加工基准块一面,保证若干工艺基准块的加工表面在同一平面内,再以此平面为数控加工基准。加工蓝图中有形位公差和精度要求的表面的工艺方法,以确保加工后的型面、孔位公差满足图纸要求。

(2)型材弯曲式保型卡板制造。无论是焊接组合式还是型材弯曲式,保型卡板在设计阶段均要顾及吊挂自身重量。图5.129所示保型卡板较短,型面采用了角材与铝板组合的结构方式。为保证卡板的刚度要求,局部焊接加强角材。这种结构的重难点是保证滚弯型面的误差尽可能小。从工艺方法上,应先焊接加强角材,再对有型面要求的角材进行滚弯加工,使最终型面不受焊接变形影响。根据图样分析,滚弯前要依照产品型面样板分别加大5 mm(保型卡板与产品连接时需粘贴5 mm胶皮保护)和15 mm制作铝板和角材的滚弯样板,以此保证滚弯型面与样板贴合,进而减小滚弯误差。除此之外,如图5.129所示,对于刚性不足的保型卡板,还可将与产品相连的连接孔加工成长槽孔。

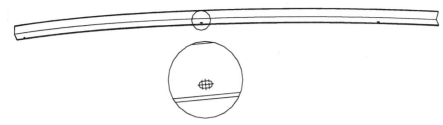

图 5.129 小尺寸保型卡板

4)吊挂试验

吊挂试验是吊挂制造中不可缺少的重要环节,任何一个吊挂在交付用户前都必须进行严格的试验。

(1)壁板翻转吊挂试验。壁板翻转吊挂装配合格后,先经重心调整,而后进行 2 倍的静载荷试验并模拟产品进行翻转试验。具体试验步骤如下:①试验前先空载起吊(不装试验夹具及配重块),调整横梁上的配重块数量,使横梁保持目视水平状态,操作电动葫芦进行翻转试验,检查电动葫芦工作是否正常;②连接试验夹具假件,固定配重块做静载强度试验,检查各处焊缝有无开裂,各连接件和钢索等是否完好、无变形,操作电动葫芦,缓慢放长链条,使产品向下倾斜,实现空中翻转 90°,直至产品呈水平状态;③若图纸有可调钢索或起吊环可多孔位连接,要进行产品重心调整试验。

(2)空载平衡试验。为防止空载吊挂接近产品时的碰撞,吊挂必须处于自身的平衡状态。空载吊挂的平衡,一般采用加固定配重或可调配重来解决。

(3)静载模拟试验。如图 5.130 所示,因产品形态不同,翻转吊挂一般情况下均需按照蓝图的试验状态及尺寸要求设计制造试验夹具假件,以此模拟产品进行起吊。试验时,将夹具上的连接孔分别与翻转吊挂卡板组件上的相应孔相连,紧固后在试验夹具上加负载(配重块)至图纸试验载荷要求。吊车起吊操作翻转装置,模拟空中翻转试验。

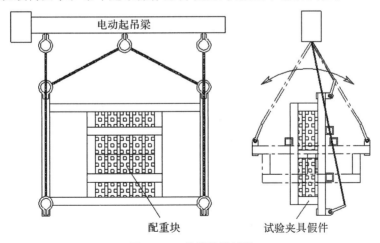

图 5.130 静载模拟试验

(4)产品重心调整试验。一般情况下,设计阶段设计人员依据产品理论重心确定出吊挂起吊点。但对于选用可调钢索或起吊环可多孔位连接时,在静载试验完成后,还需现场起吊产品,检查起吊重心情况。产品重心调整的试验要求有:①吊挂经静力模拟试验后,方能允许做产品实物的重心调整试验;②产品的重心调整试验,可在装配型架内或在架外托架上进行,调整重心的全过程需吊挂设计、制造、检验、使用部门共同参与;③按吊挂图纸要求的产品状态及起吊位置,缓慢起吊产品,直至各受力件处于紧张状态,并经检查无误时,方可继续缓慢地起吊产品。当逐渐离开支撑物一定高度(约 100 mm)时,起吊状态应符合图纸要求,否则,需对起吊环进行调整。

(5)吊挂重心调整方法。

a.可调钢索法。如图 5.131 所示,可调钢索法是将吊挂中可调起重钢索的长度通过钢索夹子加以适当调整,使吊挂起吊环的位置处于产品实际中心线位置上。该方法需经数次调整才能达到满意的程度,较麻烦,但调整后,使用方便,安全可靠,并且调整范围大,调整范围取决于可调部分的钢索长度。经重心调整后的吊挂,其可调钢索中的钢索夹子应去掉,并按调整后的钢索长度进行手工编结或压制收头。

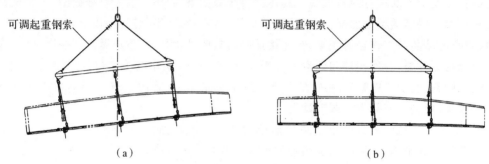

图 5.131 可调钢索法

(a)产品重心调整前;(b)产品重心调整后

b.起吊环调整法。图 5.132 所示为起吊环调整法,该方法适用于整体式构架的吊挂,其起吊环通过构架或横梁上的多孔位板片用螺栓、螺母连接,可在一定范围内进行调整。经调整的起吊环不同位置应作出明显标记来加以区分。

图 5.132 起吊环调整法

5)吊挂使用与定检

交付的各类吊挂,为保证使用的安全性及延长吊挂的使用寿命,在使用中须遵守相关规定并按要求做好定检。吊挂使用时,吊挂上活动连接部位应定期润滑,在使用前后的搬运过程中,严禁将吊挂在地面拖拉、摩擦。吊挂使用必须符合图纸要求,必须与产品的支托位置、交点连接与图纸一致。使用中若发现钢索等零件有异常情况,应立即停止使用。此外,配有控制绳的吊挂在高空吊运或远距离运输时应有专人牵引,使用人员应熟悉吊挂的用途、性能等技术知识,熟练掌握操作程序。对于不同的吊挂,图纸均会作出使用说明及注意事项等相关说明。制造时,按图纸要求制作"使用说明及注意事项"标牌,固定在吊挂适当部位随同交付,以确保使用安全。

吊挂定检周期可按使用时间/使用频次两个要素控制,按先到者执行定检。

6. 外翼盒段下架及翻转吊挂制造

下架及翻转吊挂是在实现常规吊挂垂直起吊及水平调运功能的基础上,实现该起吊产品的翻转下架功能。它具有结构紧凑、稳定性高、安全可靠等特点,被广泛应用于飞机制造过程中的大部件起重、调运和对接工作。

图 5.133 所示为某外翼盒段下架及翻转吊挂,起重载荷 $Q=5.5$ t,试验载荷为 $1.5Q=8.25$ t。该翻转吊挂主要由 9 肋吊挂和 26 肋吊挂两部分组成,每一部分都是一个独立完整的装配组合件。使用时这两部分吊挂围框分别将外翼盒段的 9 肋和 26 肋处夹住并固紧,利用双吊车同时同步吊起两肋吊挂,从而实现将外翼翼盒从装配型架上吊出,并在空中实现翻转,由立放状态(机翼基准平面竖直)翻转至平放状态(机翼基准平面水平)的功能。该吊挂功能参数为:翼盒 9 肋和 26 肋理论间距为 11 476 mm,翻转吊挂的 9 肋围框承担 61.5%的负载,26 肋围框承担 38.5%的负载。

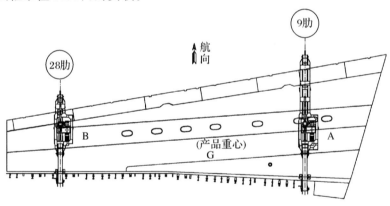

图 5.133　外翼盒段下架及翻转吊挂

1)外翼盒段下架及翻转吊挂的组成

外翼盒段下架及翻转吊挂主要由 9 肋吊挂和 26 肋吊挂两个独立的吊挂装配件组成。每个独立的吊挂组合件中除了包含吊车连接梁、上部框架、下部框架、前(后)梁接头(分左右件)、支撑、压块等零组件外,还包含电机、蜗轮蜗杆、减速箱、联轴器等成品组成的传动机构,翻转吊挂依靠 9 肋和 26 肋吊挂传动机构的同步运动来实现翻转功能。

2)外翼盒段下架及翻转吊挂制造

以 9 肋吊挂为例来分析各主要部件的制造和装配过程。

(1)吊车连接梁、上部框架、下部框架制造。吊车连接梁是直接与厂房吊车相连的组件,是整个吊挂中的主要受力部件之一,它不仅承载着产品的重量,而且还要承载吊挂自身的全部重量。翻转吊挂不论是在垂直起吊状态还是在翻转状态,吊车连接梁的刚性和强度都直接影响整个吊挂的承载能力和安全性。上部框架和下部框架也是吊挂的受力部件,同时还起着包裹、固紧翼盒的作用。

吊挂的各连接梁和框架都以矩形方钢管为主体,各钢管连接处均采用钢板加强焊接的结构。由于吊挂梁是关键受力件,框架的所有零件均采用全焊缝加强焊接形式,但会产生较大的焊接变形,影响焊后尺寸及孔位的正确性,甚至产生废品。为将焊接变形量控制在最小,制定以下加工方案:

a. 采用合理的焊接顺序来保证焊接质量。

b. 在易变形的开口端点焊加强筋,从而保证图纸尺寸,控制焊接变形量。

c. 在焊接封闭框架的适当位置加工排气孔。

d. 大部件焊接时要记录焊接完成时间,焊接后进行时效处理以消除焊接应力变形。

e. 对于有装配关系或孔位要求较严的孔,采取焊接件时效处理后再镗孔的方法保证尺寸。

f. 对于有形位公差要求的表面,可在适当位置点焊若干工艺基准块,焊接件时效处理后再用龙门铣加工基准块一面,保证若干工艺基准块的加工表面在同一平面内,再以此平面为基准加工蓝图中有形位公差要求的表面,使其达到图纸要求。

(2)吊挂接头制造。该翻转吊挂中所有与产品连接的吊挂接头,均采用 30CrMnSiA 材料。吊挂接头与翼盒 9 肋和 26 肋处前后梁上的螺栓孔连接,吊挂接头为数控加工件,左右件对称。9 肋处 40 个 M6 的螺栓,26 肋处 40 个 M5 的螺栓,螺栓均采用《六角头螺栓》(HB 1 – 101—2002)中的标准螺栓。制造吊挂接头时先按数模分左右件,数控加工出与产品接触的型面,保证型面公差为 ±0.15 mm,申请计量检测合格后,再按 9 肋吊点过渡标工在型面上钳工制20 – ϕ6H9 mm 的孔,并锪 ϕ20 mm 孔。加工过程中应注意以下几点:

a. 区分左右件,按航向标记找对应标工,配孔时接头型面与标工对应型面之间垫 3 mm 厚胶皮(因为接头制好后型面要进行硫化处理,因此硫化层厚度为 3 mm),以保证法向孔位的准确性。

b. 按标工配孔时应先在标工孔内插入自制加长钻套钻 ϕ5.8 mm 底孔,再插入自制铰孔钻套将底孔铰制至 ϕ6H9 mm,最后插入检验销检查孔径。

c. 吊挂接头上除了型面上的 20 个法向孔外,还有 1 个 ϕ30H7 mm 孔和 2 – ϕ24H7 mm 孔。其中 ϕ30H7 孔是该接头用于水平吊挂时的连接孔,可在零件中制出;2 – ϕ24H7 mm 孔则是用于翻转吊挂时与各肋围框连接时的安装孔,不能在零件中提前制出,必须等各肋吊挂的连接梁和上、下围框组合装配一体,再等各肋吊点过渡标工协调好位置后划出孔位线,最后按线镗孔成形。

3)外翼盒段下架及翻转吊挂试验

外翼盒段下架及翻转吊挂装配合格后,要借助外翼假件按蓝图要求及试验简图进行如下试验:

(1)分别将 9 肋和 26 肋围框按图 5.134 做空载翻转模拟试验,且不装外翼假件。

(2)将 9 肋和 26 肋围框按图 5.135 起吊,并按图 5.134 做空载同步翻转模拟试验,且不装外翼假件。

(3)将外翼假件与吊挂先按图 5.135 装配并起吊,做静载强度试验,检查各处焊缝有无开裂,各连接梁和围框等处是否完好、无变形。

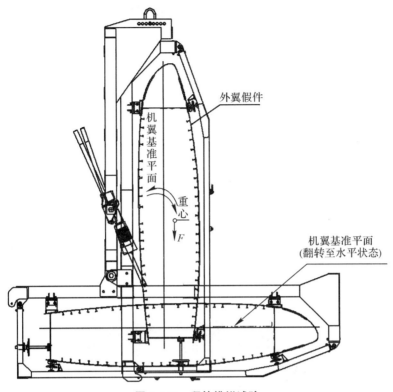

图 5.134　翻转模拟试验

(4)将外翼假件与吊挂先按图 5.135 装配,并按图 5.134 做同步翻转模拟试验,使总载荷 $F=55$ kN。

(5)加载 $0.2Q$ 的配重,使总载荷 $F=(1+0.2)Q=66$ kN,按图 5.134 做同步翻转模拟试验。

(6)加载 $0.5Q$ 的配重,使总载荷 $F=(1+0.5)Q=82.5$ kN,按图 5.134 做同步翻转模拟试验。

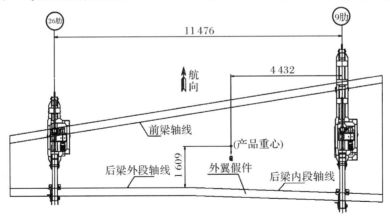

图 5.135　外翼假件与吊挂装配图

4)注意事项

左右件分别试验,起吊左外翼假件时,前后梁接头使用左件。起吊右外翼假件时,使用右件,同时下翼面压块翻转180°。此外,试验过程中按要求分批加载,起吊速度不宜过快,且两肋的电机应调整同步。

5.5.5 运输车制造

运输车是飞机生产中一种非常重要的工艺装备,在飞机生产中发挥着举足轻重的作用,在生产中一般用于零部件的运输和短距离周转。

图5.136所示为典型运输车结构,其一般由车架、产品放置机构、牵引杆、导向机构、轮子等组成。一些小型运输车直接采用回转轮,没有牵引杆和导向机构。车架一般用方管、圆管、槽钢等材料焊接而成,用来提供产品放置机构,是运输车的骨架、基础。产品放置机构用来支撑、包容零部件产品。牵引杆安装在大型运输车一端,方便用机动车辆牵引运输车。导向机构是运输车的方向控制机构。轮子可保证运输车移动方便、灵活。一般安装四个轮子,即牵引杆一端安装两个回转轮,另一端安装两个固定轮。一般采用挂胶轮或充气轮。

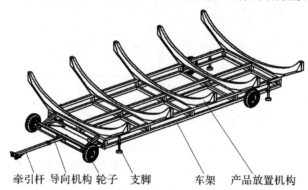

牵引杆 导向机构 轮子 支脚 车架 产品放置机构

图5.136 典型运输车结构

运输车制造时,一般先加工车架、产品放置机构、牵引杆、导向机构中的相关零件,再进行车架、产品放置机构、牵引杆、导向机构等组件的焊接,然后将各组件组合、装配,并安装固定轮子等成品,进行表面喷漆、制作标识。其制造过程如下:

(1)车架制造。车架制造时应将车架的各个零件从焊接图中拆出,绘制加工草图,注明长度、角度、缺口尺寸,编制零件加工工艺文件。

(2)牵引杆制造。牵引杆制造时,需要将牵引杆的每个零件从焊接图中拆出,绘制加工草图,注明长度、角度、缺口的尺寸,编制零件加工工艺文件。

(3)导向机构制造。导向机构制造时,需要将导向机构的每个零件从焊接图中拆出,绘制加工草图,注明长度、角度、缺口尺寸,编制零件加工工艺文件。

(4)产品放置机构制造。产品放置机构根据具体的运输车运输的产品特点,有的可能是一个大的平面,有的是一种特定的结构,有的可能是一个木托。根据不同的结构采用不同的工艺方法。

(5)运输车装配。钳工将车架、产品放置机构、牵引杆、导向机构、轮子等各组件组合,用对应的螺栓等标准件进行装配,并对产品放置机构进行必要的软包装,如用海绵垫等包扎、钉制木托等。装配完成后,喷漆工进行表面喷漆,钳工制作标识,通过激光刻工装主体标牌内容,将标牌固定在运输车醒目位置,并移交使用单位。

5.5.6 智能运输单元制造

智能运输单元又称自动导航车(Automatic Guided Vehicle,AGV),指通过多传感器的配合应用实现自动导航的设备,用不同的引导方式为非固定路线或者固定路线进行自动搬运的机器人。AGV 具备智能化程度高、使用安全可靠和能实现自动驾驶等特点,其供电的方式主要是使用蓄电池,并可通过电脑来控制其行进路线以及行为。典型 AGV 运输车如图 5.137 所示,其分区模块如图 5.138 所示。

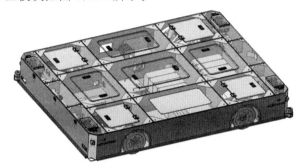

图 5.137 AGV

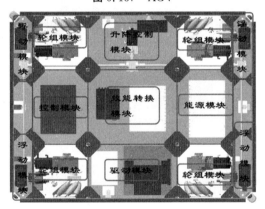

图 5.138 AGV 分区模块

1.组成

智能运输单元的组成主要分为三大模块,即机械系统、动力系统及控制系统。结构中主要包括车体、充电装置、驱动轮和安全防护装置等。其硬件的具体结构组成如图5.139所示。

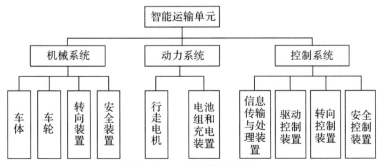

图 5.139 AGV 硬件组成

2. 运动原理

该智能运输单元主要由麦克纳姆（Mecanum）轮（简称麦轮）实现全方位移动，其是由一种在大轮外沿按 45°角均布的由几个鼓形轮组成的轮系，该轮系在进行转动时就将运动沿轮的轴向和径向分解成两个方向的运动。在该轮系组内，只要通过对每个轮系的运动速度进行控制，轮系组内各轮系之间运动速度相互复合，便可实现小车沿理想的轨迹运行。麦克纳姆轮结构如图 5.140 所示，其运动控制原理如图 5.141 所示。

图 5.140　麦克纳姆轮

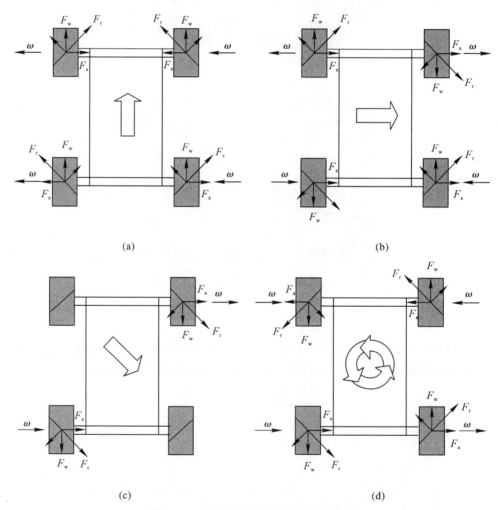

图 5.141　麦克纳姆轮的运动控制原理图

(a)纵向移动；(b)横向移动；(c)斜向移动；(d)原地旋转

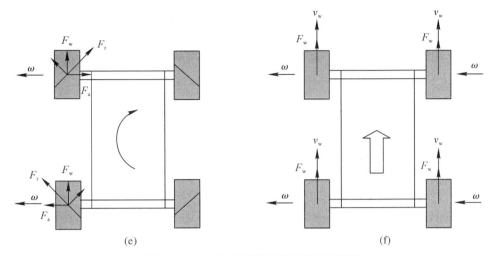

续图 5.141　麦克纳姆轮的运动控制原理图

(e)右转移动；(f)普通四轮驱动轮式车

3.机械系统制造与安装

智能运输单元具有自动顶升功能,主要由车架、顶升装置、自主减震轮组等组成,其结构及布局图如图 5.142 所示。

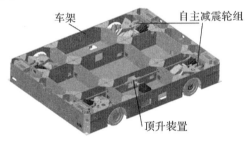

图 5.142　机械结构组成

1)车架制造

依据设计要求分析,智能运输单元载荷为集中载荷,运输单元自重与所承载荷均由 4 个承载轮承受,载荷位置集中于每组车轮之间,外加载荷较小,车架的刚性只需满足其自身重量及小车本身所携带的电池、传感器、顶升驱动等系统的重量要求即可,如图 5.143 和图 5.144 所示。

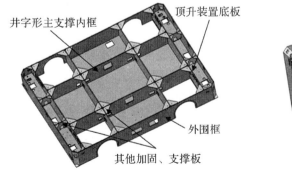

图 5.143　车架顶面

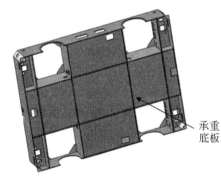

图 5.144　车架底面

(1)零件加工。所有零件为板料加工零件,材料为 Q235A 型钢材,均可用激光切割、水切割、数控火焰切割(切割精度由高到低)完成下料,除角板、支撑板外,其余零件外形只允许小,可在 2～4 mm 范围内。

(2)焊接。以中间承重底板为基准,从内向外逐层拼接并点焊,拼焊顺序为:井字形插接式主支撑内框→承重底板→顶升装置底板→外围框→其他加固、支撑板。待检验核验图纸零件点焊无误后完成整体焊接,焊接要求:①从内向外、从下向上、对称焊接;②拼接处、焊缝长度小于 200 mm 处满焊,其余长直焊缝为断续焊接,焊接 200 mm,间隔 100 mm;③焊缝均匀一致,焊缝高度不小于 8 mm;④焊缝质量按《结构钢和不锈钢熔焊接头质量检验》(HB 5135—2000)中的二级规定。焊接后应清理焊缝表面,消除内应力,并按图纸要求采用目视、磁力探伤、X 射线等方法检查焊缝。

(3)检验。

a.点焊后检验要求为:车架对角线尺寸误差不大于 3 mm;车架上平面平面度不大于 3 mm;车架顶升装置安装面高差不大于 3 mm;复核其他尺寸。

b.焊接后检验要求为:车架对角线尺寸误差不大于 3 mm;车架上平面平面度不大于 3 mm;车架上平面不允许有焊道。

c.装配前检验要求为:复核所有安装孔位尺寸及位置关系;复核各板间过孔尺寸及位置;复核其他尺寸;所有非安装面喷漆后检查。

2)顶升装置制造

顶升装置由驱动电机、换向器、联轴器、升降单元等组成,如图 5.145 所示。整个传动机构由机械同步传动,具有很好的同步精度。升降单元由浮动装置、导向组件、卡锁组件及螺旋升降减速机组成,如图 5.146 和图 5.147 所示。

(1)零件加工。

a.板料焊接件。板料焊接件主要为电机支撑座、换向器支撑座,材料为 Q235A 型钢,均可用激光切割、水切割、数控火焰切割完成下料。以电机连接板为基准点焊,待检验核验图纸零件点焊无误后完成整体焊接,焊接要求:①整体满焊;②焊缝均匀一致,焊缝高度不小于 5 mm;③焊缝质量按《结构钢和不锈钢熔焊接头质量检验》(HB 5135—2000)中的二级规定。焊接后应清理焊缝表面,消除内应力,并按图纸要求采用目视、磁力探伤、X 射线等方法检查焊缝。

b.板类零件。板类零件主要为上、下耐磨板,如图 5.148 所示。其余零件按正常加工流程完成制造。上、下耐磨板材料为 GCr15 型钢材,外形尺寸为 276 mm×146 mm×5 mm(上耐磨板)和 260 mm×120 mm×5 mm(下耐磨板),且上、下表面粗糙度要求不小于 $Ra0.8\ \mu m$,整体淬火 45～50 HRC,表面渗氮厚度大于 0.05 mm。加工制造方法:以锻铸件为基础,厚度留 1～1.5 mm 余量,待渗氮、淬火后加工,控制变形量正反面磨削加工。

c.棒料类零件。棒料类零件主要为支撑座、导向轴套、卡锁轴,材料为 Q235A 型钢,通过普通或数控加工完成零件制造即可,无其他特殊要求。

(2)检验。通用零件检验满足各尺寸精度、位置精度、表面粗糙度和尺寸链要求即可。

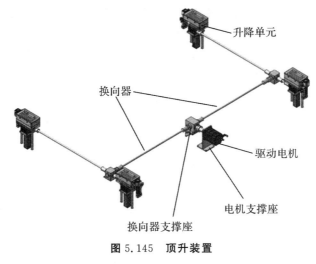

图 5.145 顶升装置

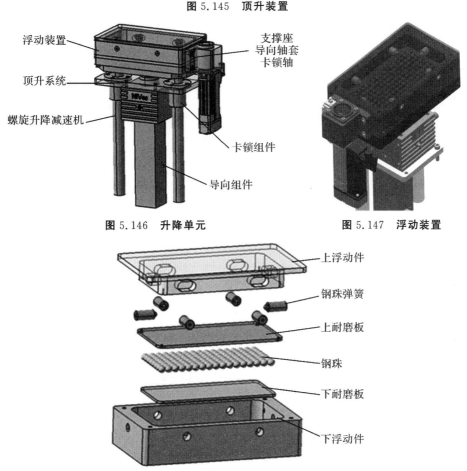

图 5.146 升降单元

图 5.147 浮动装置

图 5.148 浮动装置

3）自主减震轮组制造

自主减震轮组由 4 个麦轮组件组成，其中 2 个与车体之间刚性连接，另外 2 个通过悬挂装置与车体连接。麦轮的轮架通过 2 个支点与车架发生关系，上支点通过一套碟簧减震机构与车架连接,下支点铰接,减震机构由 20 个碟簧片对合组合排布,其具体结构如图 5.149 所示。

（1）零件加工。

a. 板料焊接件。板料焊接件主要为轮架,如图 5.150 所示。材料为 Q235A 型钢,均可用激光切割、水切割、数控火焰切割完成下料。立板非安装表面经粗加工后与其他零件焊接,以立板为基准点焊,待检验核验图纸零件点焊无误后完成整体焊接,焊接要求：①整体满焊；②焊缝均匀一致,焊缝高度不小于 8 mm；③焊缝质量按《结构钢和不锈钢熔焊接头质量检验》(HB 5135—2000)中的二级规定。整体焊接并时效后,精加工各定位安装面,保证尺寸精度及安装要求。焊接后应清理焊缝表面,消除内应力,并按图纸要求采用目视、磁力探伤、X 射线等方法检查焊缝。

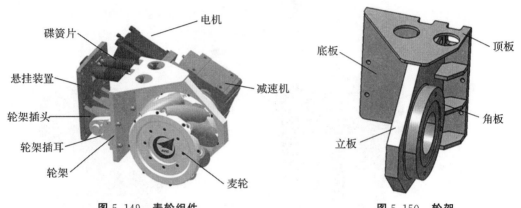

图 5.149　麦轮组件　　　　　　图 5.150　轮架

b. 板类零件。板类零件主要为轮架插头、轮架插耳等,如图 5.151 和图 5.152 所示。轮架插头和轮架插耳材料均为 40Cr 锻件,外形尺寸分别为 450 mm×350 mm×170 mm（轮架插头）和 420 mm×180 mm×170 mm（轮架插耳）,转轴安装孔尺寸、位置精度要求较高,表面粗糙度要求不小于 $Ra1.6~\mu m$。零件整体只需通过普通与数控加工完成即可,无其他特殊要求。

图 5.151　轮架插头　　　　　　图 5.152　轮架插耳

c. 棒料类零件。棒料类零件主要为主轴、轴承座等,如图 5.153 和图 5.154 所示。主轴材料为 40Cr 锻件,外形尺寸为 $\phi 183f9$ mm×618 mm。锻件不允许有肉眼可见的裂纹、折叠和其他影响使用的外观缺陷,不允许存在内部裂纹和残余缩孔。减速机连接外圆、麦轮连接外圆及端面、轴承安装外圆的同轴度、垂直度要求不大于 0.02 mm,表面粗糙度要求不小于 $Ra0.8~\mu m$,零件整体通过数控加工完成制造即可。

轴承座材料为 40Cr 锻件,外形尺寸为 $\phi275$ mm×183.5 mm。两处轴承安装内孔、与轮架连接外圆的同轴度要求不大于 0.02 mm,各端面与轮架连接外圆的垂直度要求不大于 0.03 mm,表面粗糙度要求不小于 $Ra0.8$ μm,零件整体通过数控加工完成制造即可。

图 5.153　主轴

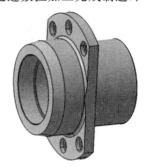

图 5.154　轴承座

(2)检验。通用零件检验保证各尺寸精度、位置精度、表面粗糙度和尺寸链要求即可。

4.机械系统安装

以中间承重底板为基准,从内向外逐层拼接并点焊。拼焊顺序为:井字形插接式主支撑内框→承重底板→顶升装置底板→外围框→其他加固、支撑板。待检验核验图纸零件点焊无误后完成整体焊接,焊接要求:①从内向外、从下向上、对称焊接;②拼接处、焊缝长度小于 200 mm 处满焊,其余长直焊缝为断续焊接,焊接 200 mm,间隔 100 mm;③焊缝均匀一致,焊缝高度不小于 8 mm;④焊缝质量按《结构钢和不锈钢熔焊接头质量检验》(HB 5135—2000)中的二级规定。

5.5.7　试验设备制造

试验设备是飞机生产中一种非常重要的工艺装备,在飞机生产中发挥着举足轻重的作用。试验设备一般用来测试飞机零部件的功能(如飞机起落架收放试验设备),用来清洗飞机管路系统(如机翼系统翻转清洗台),以及用来给飞机提供液压源或气源(如液压加油车)。根据使用的介质不同,试验设备分为液压试验设备和气压试验设备。液压试验设备以液压油等液体物质为工作介质,气压试验设备以压缩空气等其他气体为工作介质。

1.试验设备组成

试验设备一般由底架、壳体、前梁、后梁、轮子、牵引杆、仪表板及液压系统等组成,如图 5.155 所示,其中液压系统是试验设备的核心部分。

底架一般用槽钢、角材、钢板等材料焊接而成,用来支撑电机、油箱、变速箱等成品及部件,并提供安装平台,是试验设备的骨架、基础。壳体用来包容试验设备管路、成品等相关零部件,使其与外界隔离,不被灰尘、杂质等污染,保持液压系统干净整洁。壳体一般用厚 1.5 mm 左右的钢板轧压成形。同时在壳体四周留出相关的门洞,供安装相应大小的门。壳体上还经常制作出利于散热的百叶窗。

前梁、后梁是用来支承试验设备底架,并安装轮子的部分,一般用槽钢、钢管等焊接而成,是试验设备承载的关键部分。轮子可使试验设备移动方便、灵活。一般安装四个轮子,即牵引杆一端安装两个回转轮,试验设备另一端安装两个固定轮。

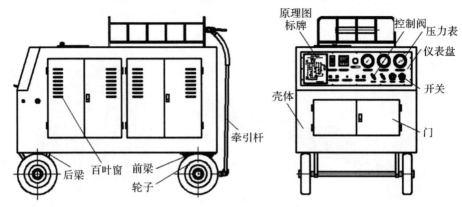

图 5.155　试验设备组成

操纵机构是用电瓶车、牵引车等设备牵引试验设备到工作地的部分,一般由牵引杆、连杆等组成。牵引杆由拉环、钢管等焊接而成。仪表板用来固定压力表、温度计、流量计、速度计等各种仪表,以便使用时观察相应的参数。仪表板一般用夹布胶木、铝板、不锈钢板制作,上面制出各种仪表卡箍相应大小的孔。

液压、气压管路系统是按照系统原理图用导管将相关成品连接起来,完成试验设备主要功能的部分,一般由提供动力装置、控制部分、辅助装置、执行部分等部分组成。动力装置一般有液压泵、空缩机等设备,控制部分为各种压力阀、换向阀、流量阀,辅助装置为各种导管、油箱、过滤器、散热器、蓄能器等。执行部分主要是液压缸,一般称为液压作动筒。液压设备常用介质有航空液压油、航空煤油、滑油、特种油、压缩空气、氮气、氩气、氧气等。

2.零组件制造

试验设备制造工序为:先加工底架、前梁、后梁、牵引杆中的相关零件,再加工管路系统中一些特制的接头,之后加工壳体类零件;在各零件加工完成后,进行底架、前梁、后梁、牵引杆等组件的焊接,然后将各组件组合、装配,并安装固定各种成品,按照原理图弯制、连接管路及各成品、附件;安装完毕后,申请接电,进行气密试验、污染度检查;最后对表面喷漆,制作标识。

1)底架制造

底架总体上说加工难度不大,在各零件加工完后,焊接而成。应保证焊接后用来安装电机、变速箱的平面度,并保证平行度要求。但在实际中由于底架尺寸较大,一般采用机械加工的方法来保证平面度及平行度要求,也可采用安装电机和变速箱时加垫调整的方法。

2)前梁、后梁制造

前梁、后梁的制造主要保证焊接后的强度,因此焊接前应在相关零件上制作出利于焊接的焊接坡口。此外,保证与底架连接的孔的位置。

3)壳体制造

壳体制造前,根据壳体的每个零件绘制出零件 1:1 展开图,然后采用激光下料的方法切割成形。再由轧压工用液压折弯机轧压成形并校正,保证轧压后的长宽尺寸及轧压边的角度要求。对于不能用折弯机轧压的反边一般由钳工利用型胎手工敲制而成。零件展开尺寸一般采用外形尺寸减去相应壁厚的方法计算。直角弯边的展开计算举例如图 5.156 所示。

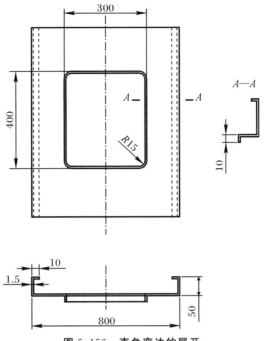

图 5.156　直角弯边的展开

直角弯边展开尺寸 L 的计算方法：

$$L_{展开} = (800-2\times1.5)\ \mathrm{mm} + 2(50-2\times1.5)\ \mathrm{mm} + 2(10-1.5)\ \mathrm{mm} = 908\ \mathrm{mm}$$

壳体零件加工完后,就可进行壳体的组合焊接。组合前需与底架协调,保证壳体的左右壁板、前后壁板之间的平行、垂直关系,用弓形夹固紧,用直角尺检查各壁板是否贴合、垂直,无误后在壳体内面点焊固定,断续焊接,焊缝一般长 10～15 mm,间隔 20～30 mm。壳体中百叶窗一般在零件加工时用专用模具在冲床上直接冲出。壳体部分制造的关键环节是展开图准确,下料时保证临边相互垂直,钳工在利用震动剪剪制缺口时保证缺口平直,轧压时保证各边的平行及垂直等相互位置关系。

4)仪表卡箍制造

仪表卡箍同样起着装饰及固定仪表的功能,一般采用棒料由车工加工并抛光表面至 $Ra0.4\ \mu\mathrm{m}$,再镀装饰铬并抛光。

5)仪表板制造

铝合金及夹布胶木仪表板制造工艺为:剪板机下料,钳工划周边台阶加工线,铣工铣台阶,钳工制各孔。对于 50 mm 以上直径的孔一般采用镗工加工的方法,部分未确定尺寸的孔需与成品协调。近年来也采用不锈钢做仪表板,并且引入激光切割的加工方法,其制造工艺为:剪板机下料,激光切割成型,钳工对表面进行装饰性抛光。其前提是工艺人员必须测量各种成品尺寸,并绘出仪表板的 1∶1 图形,以供激光切割编制成形。此方法效率高,减少了零件周转次数。

6)液压管路系统制造

液压管路系统中常用的导管有 20A 磷化管、不锈钢管、铜管及非金属胶管等。金属导管制造时,一般要弯曲成形。导管弯曲时,对内径不大于 4 mm 的导管,用相应的弯曲胎具在手动弯管机上进行,对内径大于 4 mm 的导管在手动无芯弯管夹具上进行,或用相应的弯曲胎具在数控弯管机上进行,弯曲半径应大于 3 倍的导管内径。待确定形状、尺寸后锯断导管,套入外套螺母、平管嘴后扩 66°喇叭口。

扩口前,对导管端头去毛刺,并用细锉锉平、锉光,以防止扩口时产生裂纹。扩出的锥面上不允许有轴向和径向压痕、划痕,不允许呈椭圆形。扩口后,导管必须用汽油清洗干净,然后用干净而干燥的压缩空气吹干,以保证管路的清洁。对于内径小于 6 mm 的导管扩口,用手工扩口模;对于内径大于 6 mm 的导管扩口,在扩口机上进行。采用三锥轴扩口机,操作时需加干净的机油润滑,挤压力适中,断续施力。导管扩口标准采用《导管扩口》(HB 4-52—2020),如图 5.157 所示,扩口尺寸及公差见表 5.36。

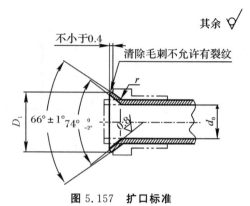

图 5.157　扩口标准

表 5.36　扩口尺寸和公差

单位:mm

d_0	D_1	r
2	5.8	
3	7.5	
4	9.5	1.0
6	11.5	
8	13.5	
10	15	1.5
12	18.7	
14	20.5	
16	23.5	
18	26.5	2
20	29.0	
22		
25	35.0	
28		
30	41.0	2.5
32	44.0	
35		

导管扩口部分的锥面轴线相对导管中心线的角度偏差不应超过 1°30′。当直接在平管嘴内进行导管的扩口时,只检查尺寸的下偏差。此外,导管扩口边缘的壁厚不应小于导管公

称壁厚的 70%。导管组合件的标准结构如图 5.158 所示,导管组合件常用规格见表 5.37。

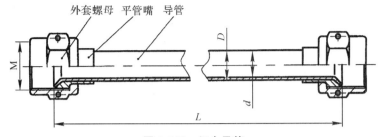

图 5.158　**组合导管**

表 5.37　**导管组合件**

单位:mm

d_0	导管直径(D,d)	标准螺纹 M
4	6,4	M12×1
6	8,6	M14×1
8	10,8	M16×1
10	12,10	M18×1.5
12	14,12	M22×1.5
14	16,14	M24×1.5
16	18,16	M27×1.5
18	20,18	M30×1.5
20	22,20	M33×2
22	24,22	M33×2
25	27,25	M39×2
28	30,28	M39×2
30	33,30	M45×2

　　导管布置是根据工人的经验,按系统原理图自行布局的,但总体要求是分层排列、布置紧凑。凡导管对接处需呈直线状态,不允许有夹角和强迫装配。为减少导管内壁阻力,两连接点导管弯曲处越少越好,导管越短越好。

　　开关必须按图 5.185 所示方向安装,即有阀芯关闭的管嘴与有保压要求的管路连接。油滤应安装在便于观察、拆卸方便的位置,以便维修。安装单向阀时,应将箭头标志朝外。安全活门一般应垂直安装。管路中的手动调压阀、安全活门应装在便于手动操作的位置。管路中的成品件图纸要求重新调压时,调压合格后必须由检验重新铅封。采样活门必须安装在可操作易采样处。

　　7)油箱制造

　　油箱一般分敞开式和密闭式两种。敞开式油箱(即无压力油箱)的油箱液面与大气接通,是最常用的一种。密闭式油箱的油箱液面与大气隔绝,整体密封,用充气软管向液面或液内充入规定压力的压缩空气。敞开式油箱一般为长方箱体,上方有盖子,如图 5.159 所示,一般用厚 2～3 mm 的铝板氩弧焊接而成。箱体焊接前酸洗,焊缝应光滑,焊完之后盛水试验密封性,试验完后,倒掉箱体里的水,晾干。箱盖与箱体之间夹橡胶垫,然后用螺栓配孔连接紧固,制作工艺简单。

密闭式油箱(即气密油箱)一般是罐形,中间为圆柱形,两端为半球面,如图 5.160 所示。两端的半球面必须用旋压模具旋压而成,中间桶体在滚边机上进行,箱体上焊接接头处必须用冲子冲出相应的翻边,以利于焊接。氩弧焊接前酸洗,焊缝应光滑,焊完盛 2/3 水后,通入规定压力进行密封试验,试验完后,倒掉箱体里的水,晾干。

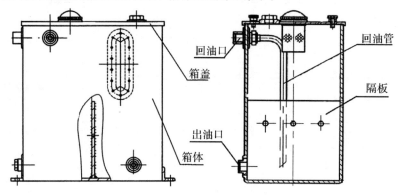

图 5.159　无压力油箱

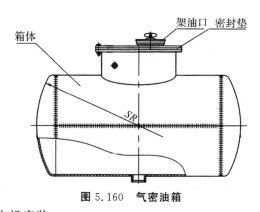

图 5.160　气密油箱

8)油泵、变速箱和电机安装

油泵是液压系统的动力源,系统的流量、压力都通过油泵来提供。油泵按结构一般分为柱塞式、叶片式、齿轮式三类,按输出流量是否可变又分为定量式和变量式两类。油泵价格高,安装时拿稳、拿好,防止碰伤。为使一个或两个油泵达到一定的转速,提供一定的压力和流量,在电机和油泵之间设置变速箱。

变速箱是用来改变来自发动机(电机)的转速和扭矩使油泵达到要求的转速和扭矩、满足油泵输出压力和流量的设备。其主要由箱体、齿轮、轴、轴承、联轴器等组成。变速箱的箱体材料一般为铸铁,表面必须吹砂,内表面涂红色硝基漆。其余零件安装前必须清洗吹干。需做磨合试验的变速箱,磨合时间累计不少于 8 h,磨合后的机械油必须更换,并将内腔清洗干净,重新注油。机械油牌号按图纸要求选取。安装变速箱和电机时,必须保证转动中心重合,不允许因偏心产生发热现象。调整中允许将其中一件加垫。安装好的动力系统应先进行空转,先点动,点动正常后空转不少于 5 min,在空转正常的基础上加载到工作状态,运转应无任何故障,连续运转 20 min,转动部分温度不得超过 60 ℃。

9)液压、气压系统密封

导管与接头连接处一般是将导管做成 74°喇叭口,而接头做成 74°外锥面。接头与成品、阀体等连接处一般采用橡胶密封圈、紫铜垫、软铝垫等密封形式。部分成品采用的管螺纹,过去常用缠密封胶带的方法密封,该法存在产生多余物的隐患。现在,一般在成品内螺纹处制环槽,在相连的接头处制环槽,然后选取合适尺寸的橡胶密封圈进行密封。

10)气密试验

在完成以上各部件、系统及其他部分的制造后,就进入气密试验阶段。试验总的要求是系统各管路部分耐压能力达到图纸规定的数值,并保压,检查有无渗漏和降压现象。对不明显的渗漏部分,一般采取刷肥皂水于各连接处的方法逐一排查,直至无渗漏现象为止。

11)循环试验,抽油化验其污染度

油液污染度标准是表示进入系统的单位体积内的大于规定大小杂质颗粒的多少的标准。标准规定了每 100 mL 取样油液中 5 个尺寸范围的最大颗粒数,一般按最大颗粒大于 5 μm 尺寸范围内的颗粒数确定等级。分 15 个等级,等级越高表示每 100 mL 取样油液中最大颗粒大于 5 μm 尺寸范围内的颗粒越多。不同的飞机系统对油液污染度有不同的要求,一般在图纸上注明要求,未在图纸注明的按通用文件要求。气密试验后,对整个系统循环试验利用采样器(见图 5.161)取样,送测试中心理化实验室鉴定,最终的油液污染度符合图纸或通用标准要求。

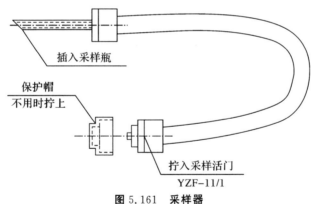

图 5.161　采样器

3. 试验设备制造难点及解决措施

1)电机安装座平面度及减震

对于一些大压力、大流量的试验台,动力系统一般采用机械泵,用电机通过联轴器带动泵运转。为了使运动平稳,电机输出轴应与泵输入轴同轴,安装电机的平板顶面一般需加工平整。装配时为了保证同轴,在电机下可以加薄垫,手动转动电机,在自由状态下调整好泵的安装位置,用螺栓固紧。为了减小震动,电机下面的垫板可以采用硬木板或较硬的橡胶板,以吸收震动。

2)壳体钣金件的展开图绘制、零件折弯、组合焊接编制工艺文件时,要绘制出壳体的每个零件的1:1的展开图。对采用1~1.5 mm厚的钢板或不锈钢棒壳体来说,每处折弯处尺寸一般用外形尺寸减去壁厚计算。工艺人员要在大量的实践中不断积累经验,提高绘制展开图的正确率。展开图绘制后,一般外形用激光下料设备直接切出。过去采用钳工划线,用震动剪剪制缺口,划出轧压线。

切出或剪出外形后,轧压工用液压折弯机轧压成形并校正,保证轧压后的长宽尺寸及轧压边的角度要求。对于不能用折弯机轧压的反边,一般由钳工用胎具和木榔头手工敲制而成。壳体零件组合、焊接时,需与底架协调,保证壳体的左右壁板、前后壁板之间平行、垂直,用弓形夹固紧,用直角尺检查各壁板是否贴合、垂直,无误后再在壳体内面点焊固定,断续焊接。壳体的外观影响试验设备的外观质量,因此从下料到最终的焊接成形整个过程中,要对零件进行必要的保护,不能出现磕碰、划伤等缺陷。

3)各类控制阀接口实际尺寸与理论尺寸不一致

目前试验设备制造周期长的一个原因是,在装配各类控制阀装配的接头时,发现控制阀不匹配。大多是因为供应的控制阀与设计图样规定的型号有偏离。在装配发现不匹配后,再进行现场测绘,重新绘制接头零件图,编制工艺文件,重新生产接头。

4)液压系统的影响

试验设备调试是一个关键、复杂的工作。一些要求调整出口压力或打开压力的安全阀、卸荷阀等,一般单独在试验间的通用试验台上调试,各元件调试合格后再装配到具体系统中。系统的气密试验,一般采用分支路调试方法,将复杂的系统分为多个功能独立的系统进行气密试验,这样可以降低其他支路对本支路的影响,便于找出问题。在一些气压系统的低压气密试验时,泄漏点不易发现,用传统的"抹肥皂水"方法无法检测。

一方面,以满足产品试验要求为目的,低压系统尽量减少连接结构,将保压部分的接口减少、管路减少。另一方面,从密封结构上改进,将传统的74°锥面密封改进为"锥面＋球面"密封。74°锥面密封理论接口两头应该是同轴的,对接头及组合导管锥面的加工质量提出了高要求,但在零件制造中不易检测。"锥面＋球面"密封可以不要求接口两头同轴,这样可以降低管路装配精度。

在装有机械泵的试验设备中,因为其工作压力大、流速快,液压介质的温度会快速升高。温度过高时,液压元件的性能、液压系统的密封性不能保证,因此工作过程中的温度是需要控制的,一般在系统中安装散热器进行散热。若系统中混入空气,会对系统的压力产生影响,所以应尽可能地排除系统中的空气,降低其对系统的影响。

5.6 装配工装制造

装配工装是指在进行飞机产品从组件到部件装配以及总装配过程中,用以控制其几何外形和空间位置的具有定位功能的专用装备。通过对飞机产品的组件、部件等装配单元内的主要零组件进行支撑、定位、压紧,保证各产品零组件间的正确、稳定关系,以便操作者实施铆接、螺接等连接组合,形成正确的装配单元。装配工装特别是大型总装类型架的制造精度要求高,协调环节多,没有特殊的制造安装方法和专用设备很难保证。装配工装的制造是一个复杂的系统工程。首先是工装零件的加工和工装组件的装配,形成若干安装单元;最后阶段才是各个安装单元在现场的调装,完成装配工装的整体安装。制造工艺性优化应包含以下几个方面:安装单元的划分合理,要尽量减少安装单元的数量,充分利用机加和组装来分散工作量;零件和组合件的加工工艺性好,优先采用最经济的加工方式,使结构能最大限度地节约原材料;安装单元与骨架的连接结构设计合理,便于安装件的调整安装。

5.6.1　型架装配机安装

型架装配机是一种精密的空间三坐标机械定位、测量设备。它主要用来安装型架骨架上的固定内型板、外卡板的悬挂叉耳和接头定位器。型架装配机是一个立体坐标系,通过机床的水平运动(X 向)、横标尺升降(Z 向)、横标尺上定位器的移位(Y 向)、定位器上角度的变化(X 向、Y 向、Z 向旋转)来实现对 6 个自由度的控制。型机装配机如图 5.162 所示。

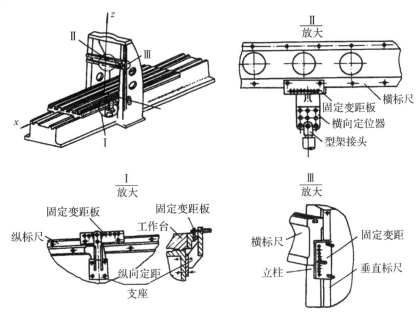

图 5.162　型架装配机

型架装配机可以准确确定空间任一点坐标,因此它实质上是一台由纵、横、竖 3 组互相垂直的标尺所构成的空间坐标架。国内常用的型架装配机,其标尺上每相邻两孔的中心距均为(200 ± 0.01)mm。由于型架装配机上的 3 组标尺都只有间距为(200 ± 0.01)mm 的孔,而型架骨架上固定外形定位件的叉耳和接头定位件的位置尺寸,又不可能是 200 mm 的整数倍,所以还需要有一套固定变距板和一种万能变距板。在 3 组标尺上的(200 ± 0.01)mm孔中配合使用这套固定变距板可以精确确定尺寸为整数的空间任意坐标点。万能变距板与3 组标尺配合使用时,通过其上的千分尺可以精确确定尺寸为任意小数的空间坐标点。

此外,在型架装配机的附件中还有一套普通精具和一套万能精具。它们也可通过固定变距板或万能变距板固定在横标尺的任意位置上,直接定位叉耳和接头定位器。普通精具只能用于定位安装不带角度的叉耳和接头定位器；带角度的叉耳和接头定位器，则要用万能精具安装。

型架元件的组合安装，主要使用安装杆或安装平板，并借助光学仪器——精密水准仪和精密经纬仪等，精确地测量调整型架梁之间的相对位置。

为了保证装配型架上飞机部件对接接头定位件的协调安装，对叉耳式接头一般利用成对量规作安装依据。对于围框式接头，则以标准平板作为各有关型架上安装该接头定位件的依据。用型架装配机安装型架，不需要制造大尺寸的标准样件，只对协调要求高或形状复杂的部位采用局部标准样件。但这种方法也有它的缺点：型架装配机是一种机械式定位装置，受温度变化、刚度等的影响，安装的准确度受到限制，大型装配型架的检修比较困难。此外，因为型架装配机的尺寸有限，所以就不可能将大型装配型架整个安装到型架装配机中。

5.6.2 激光跟踪仪安装

激光跟踪仪是工业测量系统中一种高精度的大尺寸测量仪器。它集合了激光干涉测距技术、光电探测技术、精密机械技术、计算机及控制技术等各种先进技术和现代数值计算理论，对空间运动目标进行跟踪并实时测量目标的空间三维坐标。它具有高精度、高效率、实时跟踪测量、安装快捷、操作简便等特点，适合于各种工装配装测量。

1. 激光跟踪仪的硬件组成

图 5.163 所示为某激光跟踪仪，其硬件部分主要包括传感器头、控制器、电动机电缆和传感器电缆、带局域网（LAN）电缆的应用计算机以及反射器等。

(1)传感器头：读取角度和距离测量值。激光跟踪器头围绕着两根正交轴旋转，每根轴具有一个编码器（用于角度测量）和一个直接供电的 DC 电动机（进行遥控移动）。传感器头的油缸包含了一个测量距离差的单频激光干涉测距仪（IFM），还有一个绝对距离测量装置（ADM）。激光束通过安装在倾斜轴和旋转轴交叉处的一面镜子直指反射器。激光束也用作仪器的平行瞄正轴。挨着激光干涉仪的光电探测器（PSD）接收部分反射光束，使跟踪器跟随反射器。

图 5.163　激光跟踪仪

(2)控制器：包含电源、编码器和干涉仪用计数器、电动机放大器、跟踪处理器和网卡。跟踪处理器将跟踪器内的信号转化成角度和距离观测值，通过局域网卡将数据传送到应用计算机上，同理从计算机中发出的指令也可以通过跟踪处理器进行转换再传送给跟踪器，完成测量操作。

(3)电缆：传感器电缆和电动机电缆分别用来完成传感器和电动机与控制器之间的连接。LAN 电缆则用于跟踪处理器和应用计算机之间的连接。

(4)应用计算机：经过专业人员的配置后，加载了工业用的专业配套软件，用来发出测量指令和接收测量数据。

(5)反射器:采用球形结构,因此测量点到测量面的距离是固定的。本系统中采用三面正交镜的三重镜反射器。

(6)气象站:记录空气压力和温度。这些数据在计算激光反射时是必需的,并通过串行接口被传送给联机的计算机应用程序。

(7)测量附件:包括三角支架、手推服务小车等。支架用来固定激光跟踪仪,调整高度,保证各种测量模式的稳定性,三角支架底座带轮子,可方便地移动激光跟踪仪。

2. 激光跟踪仪的安装方式

安装基本原理:利用激光跟踪仪在型架上建立三维安装基准,通过安装在需装配零件上的靶标球反射,读取坐标数据,并与设计提供数据进行比对,调整零件在空间的位置,从而达到型架安装的目的。具体操作如下:

(1)建立坐标系。工装在安装制造过程中建立的坐标系,应该尽可能与飞机坐标系相吻合(如飞机水平基准线、对称轴线),尽量避免用局部坐标系(即工作坐标系)。

(2)设置光学工具点(OTP 点)。OTP 点用以描述工装定位件在飞机坐标系中的准确位置。通常每个零件上有三个 OTP 点,其坐标值采用 3.2.1 小节所述的原则,即第一 OTP 点控制该零件的三个坐标,第二 OTP 点控制该零件的两个坐标,第三 OTP 点仅需要控制该零件的一个坐标。该方法既确定了零件的空间位置,又只需要少量的控制点坐标值,其余的坐标值作为参考或检查用,可保证后续检查、检修基准一致,避免了安装时所用坐标与检测时不一致的问题。

(3)设置光学定位面(OTS 面)。OTS 面用以描述工装定位件在飞机坐标系中的准确位置。通常将定位件上与飞机产品有定位关系的型面设置成 OTS 面。该方法的优点是直接确定了产品的空间位置,减小了使用 OTP 点构建坐标系的误差。

(4)设置辅助参考系统(ERS 系统)。ERS 系统是由布设在工装各个部位且数量庞大的 ERS 点组成的辅助参考系统,ERS 点用来增强测量系统的稳定性和精确性。ERS 点设置应包容整个被测对象,布置原则如下:

a. ERS 点本身的精度决定了测量系统的稳定性,而 ERS 点设置的位置和多少决定着测量系统的精确性,设置过多而位置不佳或设置过少而测量位置较好,都不能保证测量系统的精确性。

b. 在保证 ERS 点精度的基础上,在每个安装组件的周围布置 7 个点,并使其中一部分 ERS 点被另一个安装组件利用,同时使这些 ERS 点被两个站位的激光跟踪仪在 50°～130°的范围内测量。

c. ERS 点的埋设位置应该选择在框架的主体上,而不能埋设在安装组件或可拆卸组件上,其埋设位置应设在框架的棱角处。

d. 就一台 12 m×3 m×9 m 的工装而言,ERS 点的较佳设置数量为 150 个。

5.6.3　数控定位器安装

数控定位器是一种 3 个方向相互垂直运动、定位精度高、工作可靠的模块化单元,主要由底座(工装移动平台)、移动箱体、立柱、升降箱体、夹紧机构等组成。其中 X、Y、Z 方向的运动由伺服电机、减速器、滚珠丝杠传动和光栅尺反馈构成全闭环控制。数控定位器解决了传统对接平台时间长和费用高等问题,提升了装配质量和效率。数控定位器的作用是支撑、移动和定位,从而完成飞机部件的装配。下面主要介绍该数控定位器的安装方法。

1.底座组件安装

底座组件安装如图 5.164 所示。其安装方法为:先打磨焊接件底座,并将所有锐边倒圆;然后装配底座盖板;最后安装底座。

2.滑枕组件安装

滑枕组件安装如图 5.165 所示。其安装方法为:先打磨焊接件滑枕组件,所有锐边倒圆,清除所有螺纹孔内残留铁屑;然后用内六方螺栓将直线导轨与滑枕固定,安装导轨安装块,并调整两直线导轨的平行度;最后安装光栅尺。

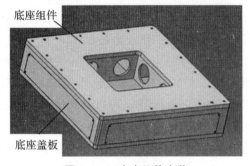

图 5.164　底座组件安装

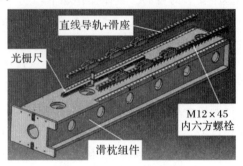

图 5.165　滑枕组件安装

3.直柱 Z 向传动系统组件安装

直柱 Z 向传动系统组件如图 5.166 所示。其安装方法为:先准备好滚珠丝杠及丝杆螺母、电机、减速机等;然后按图装配,并在轴承内加润滑脂;最后检验丝杠带动丝母及丝母座转动是否灵活。

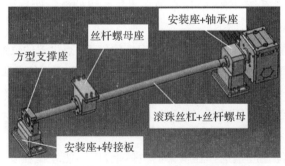

图 5.166　直柱 Z 向传动系统组件

4.立柱组件安装

立柱组件安装如图 5.167 所示。其安装方法为:先打磨焊接件立柱组件,所有锐边倒圆,清除所有螺纹孔内残留铁屑;然后用内六方螺栓将直线导轨与滑枕固定,安装导轨安装块,并调整两直线导轨的平行度;最后安装光栅尺,保证两直线导轨与光栅尺的平行度。

5.悬臂 Z 向传动组件安装

悬臂 Z 向传动组件如图 5.168 所示。其安装方法与直柱 Z 向传动系统组件安装方法类似,此处不赘述。

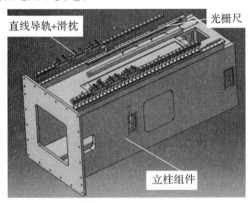

图 5.167　立柱组件

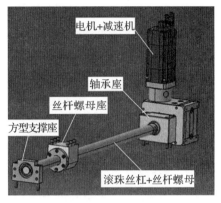

图 5.168　悬臂 Z 向传动组件安装

6.立柱组件与悬臂 Z 向传动系统组件安装

立柱组件与悬臂 Z 向传动系统组件安装如图 5.169 所示。其安装方法为:先将立柱组件与悬臂 Z 向传动组件按图进行装配;然后保证两直线导轨与丝杆的平行度。

7.立柱组件、悬臂 Z 向组件与滑台组件安装

立柱组件、悬臂 Z 向组件与滑台组件安装如图 5.170 所示。其安装方法为:先将立柱组件、悬臂 Z 向传动组件与滑台组件按图装配;然后检查丝杠带动丝杆螺母及丝杆螺母座转动是否灵活,丝杆螺母座带动滑台组件移动是否平稳。

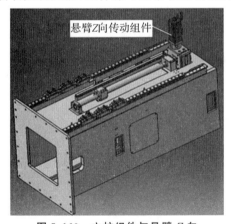

图 5.169　立柱组件与悬臂 Z 向
传动系统组件安装

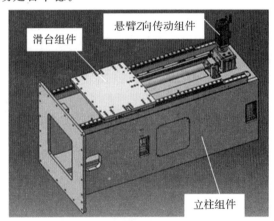

图 5.170　立柱组件、悬臂 Z 向组件
与滑台组件安装

8.滑枕组件与立柱组件安装

滑枕组件与立柱组件安装如图 5.171 所示。其安装方法为:先将立柱组件的底座组件按图装配,用定位销定位并用螺栓紧固;然后将滑枕组件和立柱组件通过滑块安装座与导轨滑块连接;最后检测导轨滑块带动滑枕组件上下移动是否平稳、是否灵活。

9.立柱组件与底座及直柱 Z 向传动组件安装

立柱组件与底座及直柱 Z 向传动组件安装如图 5.172 所示。其安装方法为:先将滑枕组件和直柱 Z 向传动系统组件通过安装座一、安装座二和丝杆螺母座与立柱组件连接;然后检测丝杆螺母座带动滑枕组件上下移动是否平稳、是否灵活。

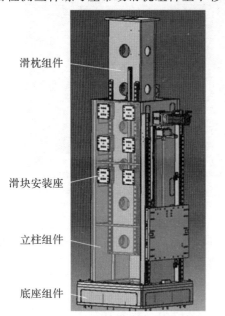

图 5.171　滑枕组件与立柱组件安装

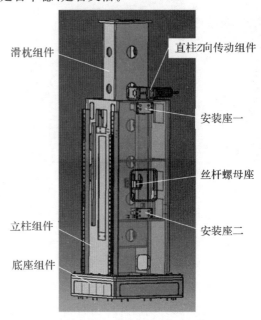

图 5.172　立柱组件与底座及直柱 Z 向传动组件安装

10.直柱 X - Y 向组件安装

直柱 X - Y 向组件安装如图 5.173 所示。其安装方法为:先打磨焊接件底座组件,所有锐边倒圆弧角,清除所有螺纹孔内残留铁屑,用内六方螺栓将直线导轨与底座固定;然后安装导轨安装块,并调整两直线导轨的平行度,依次安装光栅尺、传动组件、滑台组件;最后检测丝杆螺母座带动滑台组件移动是否平稳、是否灵活。

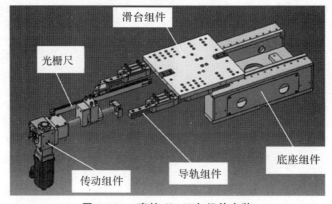

图 5.173　直柱 X - Y 向组件安装

11.传动组件安装

传动组件安装如图 5.174 所示,其安装方法为:先准备好成品滚珠丝杠及丝杆螺母、电机＋减速机、各加工件及标准件；然后按图装配，所有轴承内加润滑脂；最后检测丝杠带动丝杆螺母及丝杆螺母座转动是否平稳、是否灵活。

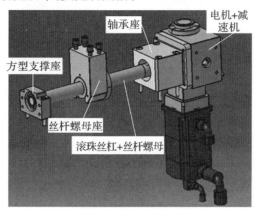

图 5.174 传动组件安装

12. 球窝组件安装

球窝组件安装如图 5.175 所示，其安装方法为：先用 M10×20 mm 内六方螺栓连接紧固加工件底板与成品件力传感器，用 M8×30 mm 内六方螺栓连接紧固加工件转接板和球窝座，装配时注意底板上有 4H7 mm 定位槽，分左右件；然后用 M6×40 mm 内六方螺栓与球窝座连接紧固；最后准备加工件防护罩，按图装配。

13. 滑枕组件、直柱 X-Y 向组件和球头组件安装

滑枕组件、直柱 X-Y 向组件和球头组件安装如图 5.176 所示，以定位键为基准，连接滑枕组件、直柱 X-Y 向组件及球头组件。装配时注意左右件。

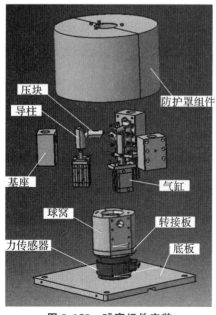

图 5.175 球窝组件安装

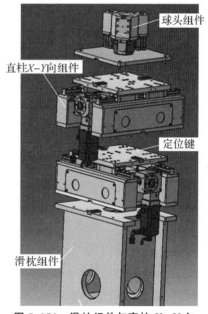

图 5.176 滑枕组件与直柱 X-Y 向
组件和球头组件安装

14. 立柱总装配

立柱总装配如图 5.177 所示。安装时,须保证数控定位器 X、Y、Z 向重复定位精度,整体定位精度以及 X、Y、Z 向相互之间的垂直度。

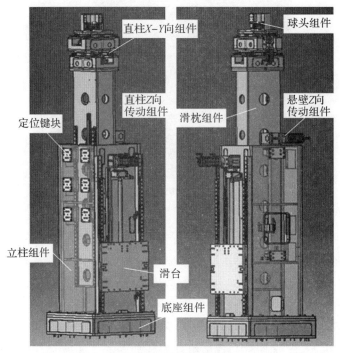

图 5.177　立柱总装配

15. 传动组件安装

传动组件安装如图 5.178 所示。其安装方法为:先准备成品滚珠丝杠及丝杆螺母、电机＋减速机、各加工件及标准件;然后按图装配,所有轴承内加润滑脂;最后检测丝杠带动丝杆螺母及丝母座转动是否平稳、是否灵活。

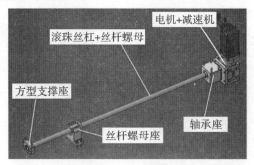

图 5.178　传动组件安装

16. 悬臂箱体组件、导轨组件、传动组件及滑台组件安装

悬臂箱体组件、导轨组件、传动组件及滑台组件安装如图 5.179 所示。其安装方法为:先打磨焊接件悬臂箱体组件,所有锐边倒圆弧角,清除所有螺纹孔内残留铁屑,用 M12×45 mm 内六方螺栓将直线导轨与悬臂箱体固定;然后安装导轨安装块,调整两直线导轨的平行度,并依次安装传动组件、滑台组件;最后检测丝杠带动丝杆螺母、丝杆螺母座及滑台组件转动是否平稳、是否灵活。

17. 悬臂箱体组件、直柱 $X-Y$ 向组件和球头组件安装

悬臂箱体组件、直柱 $X-Y$ 向组件和球头组件安装如图 5.180 所示,以定位键为基准,连接滑枕组件、直柱 $X-Y$ 向组件及球头组件,装配时注意左右件。

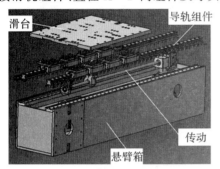

图 5.179　**悬臂箱体组件、导轨组件、**
传动组件及滑台组件安装

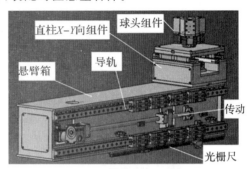

图 5.180　**悬臂箱体组件、直柱 $X-Y$**
向组件和球头组件安装

18. 总体装配

数控定位器总装如图 5.181 所示。装配时,须保证数控定位器 X、Y、Z 向重复定位精度,整体定位精度,以及 X、Y、Z 向相互之间的垂直度;数控定位器机械、电气、气动零部件应同步安装,同步调试。

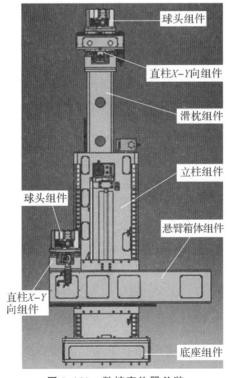

图 5.181　**数控定位器总装**

5.6.4 机身壁板柔性装配型架制造

飞机机身壁板装配型架的工装结构通常采用传统的刚性体结构,每一种壁板单独对应一套专用装配型架。由于飞机研制一直以来都存在机型种类多、品种杂、生产批量小等特点,如果依然采用传统的生产工艺,则每一种机型对应的型架种类繁多、研制周期长、成本高、占用空间大等问题突出。随着技术的进步,采用机电一体化技术的柔性装配型架可以降低成本、提升效率及提高装配精度,从而适应新机多品种、小批量的研制生产需求。

1. 产品对象

图5.182所示为2个不同尺寸、不同曲率、不同框间距、不同 K 孔位置的飞机机身壁板。其中,1号机身壁板由1块蒙皮、4个框、7个长桁组成,壁板长1 500 mm,宽1 201 mm,曲率半径为1 000 mm。2号机身壁板由1块蒙皮、3个框、7个长桁组成,壁板长1 000 mm、宽1 039 mm,曲率半径为600 mm。

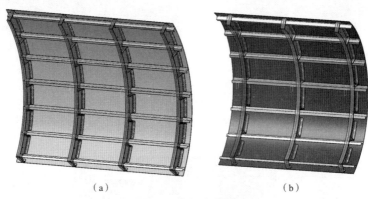

（a） （b）

图 5.182 机身壁板

(a)1号机身壁板;(b)2号机身壁板

2. 型架结构组成

飞机机身壁板柔性装配型架结构组成主要分为以下两大类。

(1)主体机械结构。图5.183所示为机身壁板柔性装配型架示意图,其主体结构由蒙皮定位组件和框定位组件等组成,采用模块化重组技术实现柔性装配,其中蒙皮定位组件配有24根智能吸附柱作为蒙皮的基本定位单元,框定位组件配有8个三坐标定位器作为框的基本定位和调姿单元。框定位组件和蒙皮定位组件属于两个独立整体,分别置于蒙皮产品内外侧,均为多点支撑整体框架式结构,两独立单元之间通过孔销对合保证相对位置。

(2)电气及控制系统。装配型架配有6个电控柜和1个操作台,其中24个三坐标定位器驱动

图 5.183 机身壁板柔性装配型架示意图

器安置于框定位组件一侧电控柜内,24 个关节模组集成于吸附柱内。蒙皮定位组件配有一套真空吸附系统。整个控制系统采用 EtherCAT 现场总线型拓扑结构进行通信,数据采集与发送采用倍福 IO 模组;蒙皮定位组件由嵌入式个人计算机(PC)控制,框定位组件由面板型工业计算机(IPC)控制,二者独立控制,互不干扰。

3. 型架制造工艺

型架制造工艺种类繁多,包括下料、机加、焊接、钳工修配、热表处理、组件装配、现场安装、标识标记等,这些通常都属于常规制造工艺。本案例型架制造,除了此类常规工艺之外,还需要补充机电制造、机械传动机构调装、电气系统安装和控制系统调试等。下面重点对其中关键机电结构的制造安装进行制造工艺分析。

1)框定位组件安装

(1)结构特点。图 5.184 所示为框定位组件示意图,其主要由框架、工作平台、多点支撑结构、对合协调结构、孔系柔性定位系统、三坐标多轴控制系统等六部分组成,其中框架由底盘骨架、两组导轨组件、立式骨架三部分组成,底盘骨架为框架最下部结构,底部与多点支撑结构连接,其上安装两组导轨组件,用以支撑立式骨架。立式骨架安装于导轨顶部,可沿展向滑动,具有 650 mm 的滑动行程,设置定位状态限位和退出状态限位两处限位装置。在立式骨架贴近蒙皮定位单元一侧设置 2 组对合协调结构,其作为与蒙皮定位单元对合协调的基准。

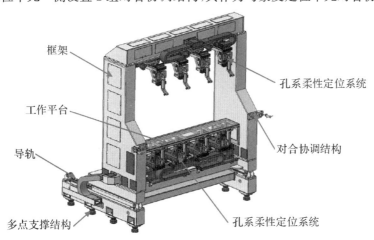

图 5.184　框定位组件示意图

孔系柔性定位系统是框定位组件的核心部件,框定位单元共包含 8 组孔系柔性定位系统,其中 4 组安装于立式骨架上梁下表面,另外 4 组安装于下梁上表面,每组框定位器均具备 X、Y、Z 三向调姿运动功能。工作平台用于覆盖遮挡立式骨架下梁上的框定位器,避免装配操作过程与框定位器的调姿运动过程干扰,同时保证装配工作的操作可达性。

三坐标多轴控制系统孔系用于柔性定位系统自动化控制,针对模块化多轴定位机构内多轴联动以及模块之间的联动调整,对多个运动轴进行联动驱动控制,保证直线进给运动的准确性,并采用闭环控制,确保单个机构内部以及机构之间运动的相对位置精度,如图5.185所示。

(2)安装方法。利用激光跟踪仪设备,以分布在框架 4 个角处的测量基准(TB)点为基准,利用 ERS 点扩大增强,通过测量定位头等结构件的光学定位(OTS)面进行安装。TB 点的布置最大包容所有测量目标,且处于同一平面上,呈矩形分布(见图 5.186)。

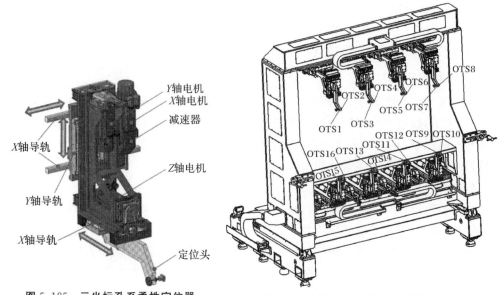

图 5.185 三坐标孔系柔性定位器   图 5.186 框定位组件 OTS 安装示意图

(3)系统测量验证——框定位组件测量过程。对每个三坐标多轴定位器的 X 向、Y 向、Z 向按最大行程进行等距分段,利用软件控制进行分别驱动,利用激光跟踪仪跟踪测量,每个方向测量 4～6 组数据,并记录各个位置的实测数据,如图 5.187 所示。

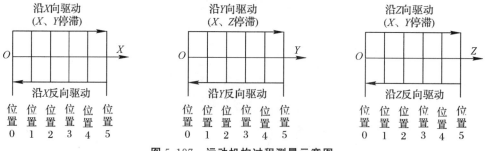

图 5.187 运动机构过程测量示意图

(4)系统测量验证——框定位组件测量精度。实际测量过程中,设置有光栅尺闭环反馈的轴向定位精度和重复精度在 ±0.03 mm 以内而采用皮带轮传动的另外两个方向,在进行首次测量时重复定位精度较高,定位精度较低。通过采取松紧皮带轮、重调机械结构安装、优化减速比等措施,配合多次激光测量验证并反复调试。

2)蒙皮定位单元的安装

(1)结构特点。蒙皮定位单元主要由框架、多点支撑结构、吸附柱定位组件、整体航向导轨、耳片孔定位器及对合协调结构等组成。框架为立式整体框架式组合结构,底部与多点支撑结构连接,用于蒙皮定位单元在厂房地面上的支撑,其下梁上表面及上梁下表面安装整体航向导轨,用以连接支撑吸附柱定位组件,吸附柱定位组件共配置 4 组,每组定位组件上设置 6 个具有自适应吸附功能的吸附柱结构、生根骨架及限位器和蒙皮托件等功能件。通过吸附柱定位组件上沿圆周布置的吸附柱及蒙皮入位基准、底部蒙皮托板实现对不同曲率蒙皮的吸附定位。吸附柱定位组件可沿航向人工移动适当行程,以适应不同长度的蒙皮需求。总体结构图如图 5.188 所示,吸附柱示意图如图 5.189 所示。

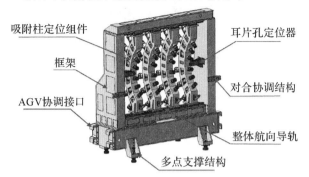

图 5.188　蒙皮定位组件总体结构示意图

图 5.189　吸附柱示意图

(2)蒙皮定位单元安装方法。吸附柱系统的安装采用尺寸传递和 OTS 相结合的安装方法,即吸附柱结构本身通过尺寸精度保证,确保吸附柱球铰结构与蒙皮贴合位置相对力传感器的法兰面精度在±0.1 mm 内。利用激光跟踪仪设备,以分布在框架 4 个角处的 TB 点为基准,通过测量吸附柱生根骨架上与力传感器连接面的 OTS 进行安装,如图 5.190 所示。TB 点的布置最大包容所有测量目标,且处于同一平面上,呈矩形分布。

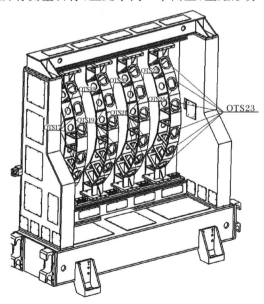

图 5.190　蒙皮定位单元 OTS 安装示意图

(3)系统测量验证——蒙皮定位单元。蒙皮定位单元共包含 24 个智能吸附柱,各智能吸附柱具备沿单轴伸缩方向往复运动的功能,实际测量过程中,对每个智能吸附柱沿轴向最大行程的起始位置、终点位置进行测量,每个智能吸附柱往返运动两次,测量 4 个数据。

3)电气系统安装

电气系统的安装主要包括电缆敷设、电气柜安装、电气成品连接等,电气系统原理图如图 5.191 所示。

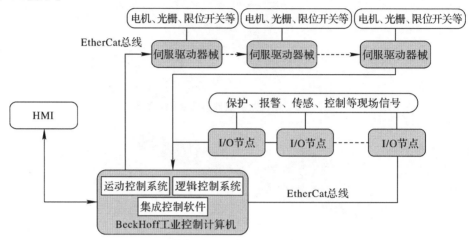

图 5.191　电气系统原理图

4)集成控制系统调试

集成控制系统包括电动控制和气动控制两大部分,其中电动控制包括框定位模块多轴运动系统、框定位模块多轴集成运动系统、蒙皮吸附柱模拟外形运动系统。气动控制包括工件锁紧气缸控制系统、导轨锁紧气缸控制系统、旋转端环抱闸锁紧气缸控制系统、分离气缸控制系统、驱动气缸控制系统等。系统调试流程如下。

(1)通电前检测。为保证安全,在正式上电之前需进行必要的通电检测。将重要元器件电源线拆除,用万用表进行柜内导通检测;上电后检测各个电气柜内电压是否正常,最后再将重要元器件连接,完成检测工作。

(2)检测电气元件是否能正常工作。对电器元件进行检查,对损坏的元件进行更换,防止因为运输过程造成元器件损坏导致设备无法正常工作。

(3)卡板运动精度检测。使用干涉仪对所有卡板进行定位精度和重复定位精度测量,检测是否能达到精度要求。

(4)软件装配流程和功能检测。对整个软件装配流程和功能进行检测,检测每个软件功能是否完成了预定的装配任务,同时根据装配要求对软件内装配流程和功能进行适当修改,修改软件代码和软件外观使其更加人性化和易于操作。

(5)定位器调试。对卡板上的每个定位器进行调试,检测是否能正常工作。

5.6.5　中机身总装型架制造

飞机机身产品结构通常分为前机身、中机身、后机身 3 个部件,每个部件在各自的装配型架上完成组件到部件的装配工作。中机身总装型架具有外形尺寸大、零件和定位器数量多、协调关系复杂、定位器精度要求高、加工和安装调试难度大等特点。其机身部件装配型架相对于其他装配工装来说较为复杂。

1. 产品对象

图 5.192 所示为中机身总装型架,工装底盘框架主要结构采用 350 mm×250 mm×10 mm 矩形钢管焊接而成。

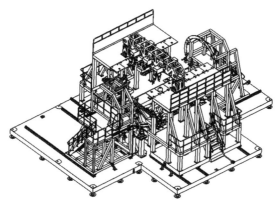

图 5.192　中机身总装型架

2. 型架结构组成

中机身总装型架结构按特征主要划分为底盘、前端框平板组件、后端框平板组件、主起接头定位组件、翼身交点定位组件、下部托板组件、下部定位组件等。

3. 制造工艺

1) 底盘的制造

图 5.193 所示为底盘,由于底盘框架尺寸大、重量大(已经远远超过厂房吊车的最大起吊重量),所以工装底盘采用分段制造、现场对接组合的方法。在主管上焊接有用于安装定位元件的连接板,连接板的规格按定位元件的尺寸确定。

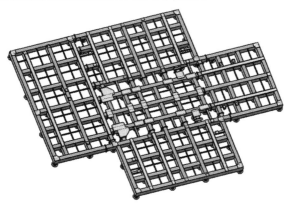

图 5.193　底盘

底盘的横梁、立柱均由方管和法兰连接板、中部连接板及表面铺设防滑铝板等组成。底盘各组件之间的连接均采用连接板对接、螺栓连接、加垫调节等形式。因此,零组件的加工,尤其是组件焊接后,必须控制在模型给出的公差要求内,相同零组件必须保证互换性,才能保证最后的组合装配及精度。相关技术要求如下：

(1)需保证加工完成后的长度、宽度尺寸公差为 1 mm。由于精度要求高，需要采用经过精加工的焊接夹具来辅助制造。

(2)连接板的端面需要和其他零件的连接板连接，因此连接板的外端面需在焊接完成后精加工。但焊接后无法上数控铣床铣连接板面，故采用经过精加工的焊接夹具来辅助制造。外端面不适宜喷漆，在喷漆过程中需要加以保护。

(3)连接板上的螺纹孔需要在方管上制作通过孔，才能满足螺栓连接的要求。通过孔需要比螺纹外径大 3～4 mm。

2)定位焊夹具的制造

通过以上技术分析可知，需要制作定位焊夹具，如图 5.194 所示；而且在下料、加工、焊接等环节严格按照要求操作，才能最终满足产品的质量要求。定位焊夹具技术要求如下：

(1)两端定位面尺寸公差为 ±0.5 mm；

(2)连接板孔径公差为 H7，孔距公差为 ±0.5 mm；

(3)立柱腰部连接板与端面尺寸公差为 ±0.5 mm；

(4)定位面尺寸公差为 ±0.5 mm；

(5)实现快速夹紧、装卸；

(6)定位块可换位定位，实现夹具可用于尺寸接近的组件定位。

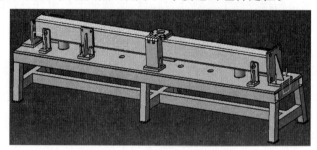

图 5.194　定位焊夹具结构图

3)卡板、检验卡板的制造

卡板及检验卡板组件由卡板和定位器等组成，采用铆接方式连接，如图 5.195 所示。卡板一般长 3～4 m，为弧形，由于其与产品接触等原因，均采用铝板制造。材料选择 6061 - T6，采用数控三坐标铣床整体加工来保证外形、型面、划线及孔位的公差要求。制造过程中采用余量与冷却降温的方式来减小变形量。

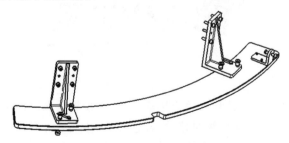

图 5.195　卡板组件结构图

4)定位器、定位角座、耳片定位器等的制造

本工装中包含定位角座、翼身定位组件、耳片定位器、槽口式定位器等,如图 5.196 所示。

由于此类零件对工装整体安装有着决定性作用,因此需要保证其定位面精度、孔位精度及槽口精度。通过保证此类零件制造过程中精加工面的制造顺序及制造方式来满足精度要求。

由于零件表面处理要求镀锌,但铸件和焊接件表面处理及精度达不到镀锌要求,故不能使用铸件和焊接件。通过改变零件下料方式、加工顺序及制造方式来满足镀锌要求。

由于改变加工方式导致其定位器存在加工变形的可能,没有铸件的不可变形量控制,因此制造过程中还需从技术上解决其加工变形量,即增加防止变形的筋板。加工完成后去掉该筋板。以此来防止变形导致的精度超差。

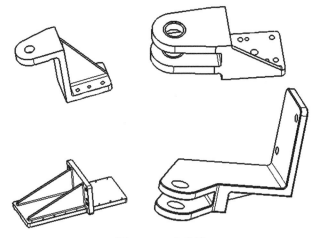

图 5.196　定位器

5)翻边钻模的制造

翻边钻模如图 5.197 所示,设计为铸铝件,表面处理为无色阳极化,整体加工厚度尺寸过大,且超重。铸件由于表面质量原因,无法进行无色阳极化表面处理,故需进行技术革新,满足该翻边钻模的施工要求,同时形成该钻模的典型加工方式。

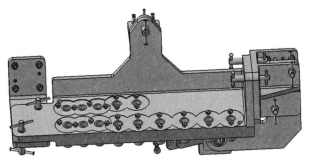

图 5.197　翻边钻模图

6)型架装配

从数模分析看,本工装所有定位均采用数字量协调,即采用数字化测量设备。激光跟踪仪通过型架上设置的 TB 点,以点建立计算机辅助测量系统(Computer Aided Measurement

System,CAMS)坐标系,所有定位元件上定位位置采用 OTS 安装,按照设计提供的三维模型建立激光测量模板,然后在激光跟踪仪建立的测量系统下选择被测元素(定位孔、定位面和各种交点孔),并调整到图样要求的公差范围内,如图 5.198 所示。

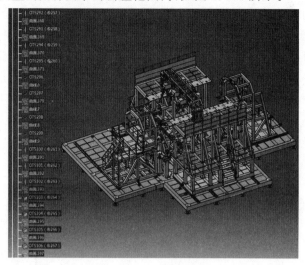

图 5.198　OTS 数据图

5.7　工量具制造

航空工具对于飞机零件制造、部件装配、总装集成必不可少。航空新材料、新工艺以及航空产品质量标准的提高,促进航空工具不断创新、迭代。工具制造技术逐步向精细化、专业化、数智化发展。航空工具(包括刀具、量具和装配工具)谱系庞大,本节主要介绍硬质合金刀具、金刚石刀具、样板、模具导套(ADU)等制造技术。

5.7.1　刀具制造

航空制造对刀具品质要求逐步提高,目前高效、安全、绿色是对刀具制造技术的基本要求。刀具制造工艺紧紧依托于刀具加工机床技术的进步,高精度多功能工具磨床、刀具激光加工机床等专用刀具加工机床的发展,为刀具制造技术升级提供了坚实基础。高速钢刀具逐步淘汰,硬质合金刀具成为航空零部件加工的主要刀具。图 5.199 所示为航空制造常用硬质合金刀具。

硬质合金合金的材料主要由 WC 和 Co 组成,其中 WC 占 85％以上,Co 占 5％～12％,Co 含量的高低影响刀具的硬度、耐磨性和抗弯强度。一般来说,硬质铣刀类刀具应选用 Co 含量较高的材料,钻头类刀具应选用 Co 含量较低的材料。

图 5.199　航空制造常用硬质合金刀具

由于硬质合金材料的硬度在 89～94 HRA 之间,因此硬质合金刀具相对于传统高速钢刀具的主要工艺,区别在于其刀具的制造主要通过磨削加工来实现;硬质合金刀具的高硬度也对磨削机床的功率、几何精度有很高的技术要求。此外,由于硬质合金材料脆性较高,在刀具制造过程中磨削裂纹、烧蚀的预防以及对刀具刃口的保护成为关键工艺要素。

1.硬质合金铣刀

硬质合金铣刀一般主要用于数控加工中心,也可以应用于普通铣床上加工一些硬度较高的材质。常用硬质合金铣刀材料为 K 类硬质合金,国际分类号为 K20～K40,抗弯强度不小于 4 000 N/mm³,合金 WC 平均粒度不大于 0.6 μm,Co 含量不小于 8%。铣刀材料硬度要求为:维氏硬度(HV30)不小于 1 650,洛氏硬度(HRA)不小于 90。

对于硬质合金铣刀的制造,不同的企业采用的加工装备不同,但刀具加工的基本工艺流程基本相同。铣刀的主要工艺流程为:领料(下料)→外圆成形→平端面倒角→刻标→刃部成型→检测→钝化→涂层→涂层检测→包装→入库,如图 5.200 所示。

硬质合金铣刀的加工粉尘、合金刀具刃口均会对人体造成不同程度的伤害,因此在制造过程中要求做好劳动防护。此外,在加工和周转过程中要求轻取、轻放,避免产生裂纹和磕碰缺口。

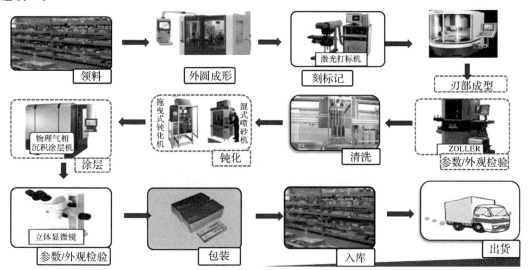

图 5.200　硬质合金铣刀的制造工艺流程

1)领料

选用的硬质合金铣刀的毛料尺寸通常比需要的刀具名义直径尺寸大 0.2～0.5 mm。硬质合金的下料切断常用的加工设备为线切割设备(快走丝或中走丝线切割机床)和砂轮切断机。线切割设备的切割丝通常选用 0.1～0.2 mm 的铜丝;切割砂轮选用粒度为 D46～D91、宽度为 1～3 mm 的金刚石砂轮,线速度 20～35 m/s。在硬质合金定长切断过程中选用油性或水溶性冷却介质,并保证充分冷却,严防磨削裂纹并尽量减小放电切割产生的烧蚀。

2)外圆成形

铣刀的外圆成形使用的主要设备为无心磨床或其他专用设备。在用无心磨床磨削外圆时,磨削分为粗磨和精磨,粗磨的磨削砂轮选用粒度为 D64～D120,精磨选用的砂轮粒度为

W15～W25,外圆磨削的线速度在 25 ～35 m/s 之间,通过式磨削的进给,粗磨为 0.01～0.03 mm/次,精磨为 0.001～0.005 mm/次。在进行外圆磨削过程中,应选用合适的无心磨支片并控制工件的中心高度,控制磨削进给并充分冷却,调整磨削的导轮、支片、砂轮,保证外圆精度 h6,表面粗糙度 $Ra0.4\ \mu m$,并保证刀具的直线度和圆度要求。

3)平断面倒角

为了消除硬质合金因下料阶段在材料端面产生的不平整和微量烧蚀,需要在刀具进行刃部磨削之前安排对两个端面磨削并对柄部进行倒角。端面磨削常用的设备为普通刃磨机床、外磨机床或其他设备。磨削砂轮选用粒度为 D64～D91 的金刚石砂轮,在加工过程中需控制磨削进给,减小切削热,避免产生加工裂纹和烧蚀。

4)刃部成型

刃部成型是铣刀在整个工艺流程中最为关键和重要的环节。常用铣刀的刃部成型包括刀具的开槽与各切削几何角度的磨削加工,开槽形成端齿、柱齿的齿槽和齿型,如图 5.201所示。加工顺序为:刀具装夹并找正→磨柱齿、端齿的齿槽和齿背→磨柱齿、端齿的各个后角。刃部成型常用的设备多为自动化程度高的五坐标数控刀具磨床,并对机床的功率、精度、动静态性能要求较高。在大批量生产时,数控磨刀机可配备自动上下料的机械手和在线测量系统。目前大部分的五坐标数控刀具磨床均配有成熟的在线/离线专用刀具编程和加工软件,并配有三维动态模拟,通过参数化刀具编程快速形成加工程序。在刃部加工之前,要根据刀具的图纸输入需要的参数,形成刀具三维模型和加工程序,输入进给、线速度、磨削顺序、冷却控制等加工工艺参数等,便可执行加工程序。

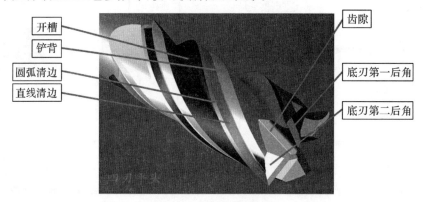

图 5.201　刀具刃部成型

以下是五坐标数控刀具磨床刃部成形的主要工序介绍。

(1)刀具刃部的加工采用"先粗后精"的安排。柱齿齿槽的加工通常采用平行(1A1)、角度(1V1)或成形的金刚石砂轮完成,砂轮粒度一般用 D46～D91,线速度在 16～25 m/s 之间;端齿齿槽的加工选用的角度(1V1)或 12V9 金刚石砂轮,砂轮粒度一般在 D46～D64 之间。

(2)开槽磨削属于大磨量、强力磨削。在该阶段,要求采用高压冷却,避免磨削热过高引起的热裂纹和烧蚀,冷却介质通常选用专用油质冷却液并配吸尘和油污分离装置,以减少合金粉尘对环境和人员的伤害。此外,在磨削过程中要对砂轮进行修锐和修整,以确保砂轮的锋锐性和形状的完整性。刀具经过齿槽磨削后不仅形成了刀具的端齿、柱齿的齿槽形状,且形成了刀具的柱齿切削前角和端齿切削前角,如图 5.202 所示。

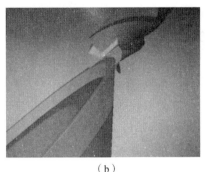

（a）　　　　　　　　　　　　　　　（b）

图 5.202　刀具开槽磨削

（a）柱齿齿槽磨削；（b）端齿磨削

（3）刀具柱齿后角的磨削通常选用金刚石平行（1A1）砂轮（用于加工偏心圆弧或铲背后角）、角度（11V9）砂轮（用于加工平面式后角），端齿后角的磨削采用角度（11V9）砂轮，如图5.203 所示。在后角磨削过程中材料去除量较小，砂轮粒度在 D25～D64 之间，砂轮的线速度在 23～35 m/s 之间。在磨削后角的过程中，砂轮的研磨点需精确和及时测量，以保证磨削刀具的几何角度的精准度。

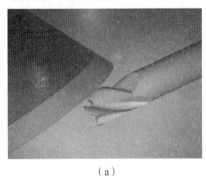
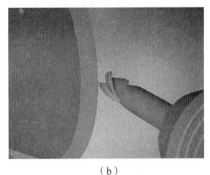

（a）　　　　　　　　　　　　　　　（b）

图 5.203　后角磨削

（a）柱齿（周齿）后角磨削；（b）端齿后角磨削

（4）对于铝合金加工用铣刀，为了减小刀具前刀面的切削阻力，通常在刀具开槽之后还要进行前刀面抛光处理以达到镜面磨削的效果，如图 5.204 所示。采用的金刚石砂轮粒度为 W15～W25，磨削量为 0.003～0.015 mm，磨削线速度为 30～40 m/s，加工设备与开槽磨削设备相同。

图 5.204　刀具镜面磨削　　　　　　　　图 5.205　检测设备

5)检测

由于合金刀具的硬度高,在接触式测量时易产生损伤,因此采用非接触式测量。适用的测量设备有 ZOLLER/WALTER 等全自动刀具测量设备,如图 5.205 所示,可满足刀具几何角度的全尺寸检测,图 5.206 所示为刀具刃口检测。合金铣刀的检验分过程检验和最终的尺寸检验。在过程检验时,主要是对首件加工刀具的尺寸以及各几何参数进行实测,从而对加工刀具的尺寸、几何参数进行加工补偿,满足图纸的技术要求,部分刀具测量系统可与五坐标数控刀具磨床联网,完成在线补偿;在最终加工的检验阶段,需对刀具的尺寸、几何角度、跳动、等分度等要素进行测量并形成检测报告,图 5.207 所示为测量报告示例。

图 5.206　刀具刃口检测

图 5.207　测量报告示例

6)刀具钝化

刀具钝化是为了消除刀具刃口在磨削过程中形成的应力和不同程度的微观缺口,减小刀具使用过程中因缺口快速扩展造成的刀具寿命降低。此外,刀具经钝化后也提高了刃口的表面粗糙度,减小了摩擦力,并在刃口处形成了微小钝圆半径,起到加强刃口的作用。涂层前的刀具钝化处理不仅提高了刀具的品质,也有利于后续的刀具涂层处理,提高刀具涂层的附着力。常用的刀具钝化设备有拖拽式钝化机、毛刷机等。

7)刀具涂层

刀具涂层是利用气相沉积方法将一薄层耐磨性好的难熔金属或非金属化合物涂覆在刀具刀刃的表面。硬质合金立铣刀的涂层采用物理气相沉积(PVD)法,如图5.208所示。常规 PVD 工艺温度约为 500 ℃。涂层厚度范围为 1~6 μm,具体的涂层厚度和涂层的成分取决于刀具的具体应用范围。PVD 涂层特点为表面硬度高、耐磨性好、化学性能稳定、耐热耐氧化、摩擦因数小和热导率大。

8)涂层检测

涂层后需对刀具的涂层进行检验,检验的主要技术指标为涂层的厚度、涂层与基体的结合力、表面粗糙度等。常用的厚度与结合力检测装备有 X 射线膜厚测量

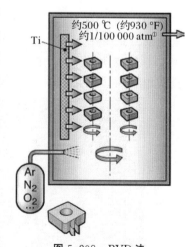

图 5.208　PVD 法

注:①1 atm＝101.325 kPa。

仪、滚球仪和结合力检测仪等,如图 5.209～图 5.211 所示。

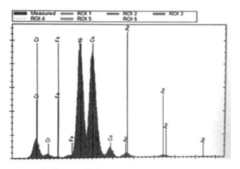

图 5.209　X 射线膜厚测量仪

$$膜厚 = \frac{x \cdot y}{\phi_{ball}}$$

图 5.210　滚球仪测膜厚　　　　　　　　　　　　图 5.211　结合力检测仪

2. 一般制孔类硬质合金刀具

航空加工常用的一般制孔类刀具主要有硬质合金的匕首钻、钻头、扩孔钻、铰刀等常用刀具类型,如图 5.212 所示。一般制孔类刀具应选用 K 类硬质合金,国际分类号为 K20～K40,抗弯强度不小于 3 800 N/m²,合金 WC 平均粒径不大于 0.8 μm,Co 含量不小于 6%。

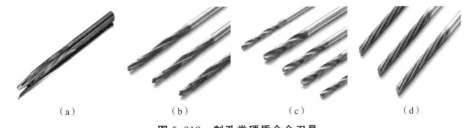

(a)　　　　　　　(b)　　　　　　　(c)　　　　　　　(d)

图 5.212　制孔类硬质合金刀具

(a)匕首钻;(b)钻头;(c)扩孔钻;(d)铰刀

一般制孔类刀具中不同刀具类型的工艺流程基本相同,主要制造工艺流程为:领料→制中心孔→外圆成型→平端面倒角→刻标→刃部成型→检测→钝化→涂层→涂层检测→包装→入库,如图 5.213 所示。一般制孔类刀具与铣刀类刀具的主要工艺区别在外圆的加工工艺、与外圆加工相关的中心孔以及刃部的成形工艺。由于一般制孔类刀具的工艺流程与整体合金铣刀大部分工艺流程相同,在这里仅仅介绍与铣刀制造差异较大的工艺内容。

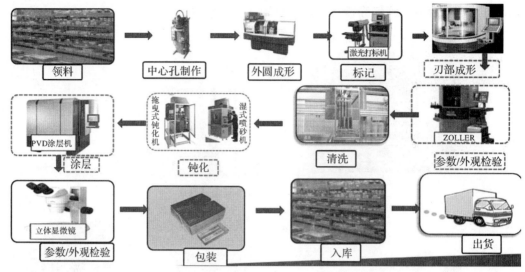

图 5.213 一般制孔类刀具工艺流程图

1)中心孔制作

大部分的制孔类刀具都要经过外圆磨削成形,因此刀具在进行外圆磨削之前需进行中心孔或反顶尖的制作。中心孔制作常用的设备为电加工穿孔机或激光打孔机,如图5.214所示。打孔深度通常为 2~4 mm。打孔完成后用金刚石或电镀金刚石砂轮对中心孔的 60°定位面进行研磨,以满足磨削对中心孔的圆度和表面粗糙度的要求。

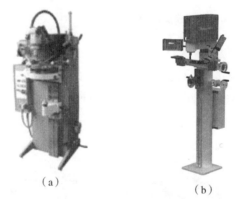

图 5.214 打孔设备
(a)电加工穿孔机;(b)激光打孔机

2)外圆成型

一般制孔类刀具的外圆成形通常采用外圆磨床进行加工。在该阶段,需对刀具各个外圆进行粗、精磨削,以达到所要求的尺寸精度、形位公差要求和表面粗糙度要求,外圆磨削常用的检测工具为偏摆仪、千分尺或指示千分尺、粗糙度比较仪等。外圆磨削采用的金刚石砂轮粒度为 D64~D120,砂轮线速度为 30~40 m/s,冷却介质选用油质或水溶性冷却油。

3)刃部成型

一般制孔类刀具的刃部加工与整体合金铣刀加工对加工设备的技术要求相同,多在五坐标数控刀具磨床上进行加工。由于一般制孔类刀具的长度与直径比较大,对于细长类的刀具,需在加工过程中配备辅助支撑,以减小加工过程中因磨削压力产生的变形,如图5.215所示。辅助支撑可以是固定或随动支撑,需根据具体的刀具形状来确定。不同刀具的种类在刃部成形阶段加工的工序也略有差异,下面以匕首钻、芳纶钻头、铰刀为例,简要介绍刃部加工成形的主要工艺过程。

图 5.215　辅助支撑

(1)匕首钻。匕首钻的刃部成形主要加工工步为:装夹找正→开槽→磨柱齿后角→磨钻尖形状与后角。刀具开槽、磨柱齿后角与铣刀对磨削和砂轮的技术要求相同。磨削钻尖部分的容屑槽如图 5.216 所示。常用砂轮为平行(1A1)、角度(1V1)砂轮,砂轮粒度为 D46~D64,线速度为 20~30 m/s;用蝶形(11V9)砂轮时,粒度为 D46~D64,线速度为 25~35 m/s,加工钻尖的主切削刃(见图 5.217)和各个平面后角。

图 5.216　钻头容屑槽加工

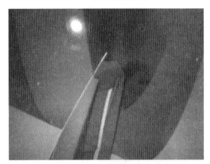

图 5.217　切削刃口加工

(2)芳纶钻头。芳纶钻头的刃部成形主要加工工步为:开槽→齿背清边→磨钻尖形状与后角。芳纶钻头的开槽加工与铣刀所用砂轮类似,除了可采用标准平行(1A1)砂轮外,为了保证更好的齿槽形状,常可采用成形砂轮加工;齿背清边(见图5.218)的方式有多种,最常用的为凸台齿背形式,为了避免清边过程中的磨削干涉,所用砂轮为厚度较小的标准平行(1A1)砂轮,技术要求与开槽磨削一样;芳纶钻头与普通钻头的主要区别在于钻尖的加工,钻尖加工(见图5.219)常采用蝶形(11/12V9)砂轮,砂轮粒度为 D46~D64,线速度为 25~35 m/s。

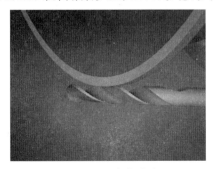

图 5.218　齿背清边

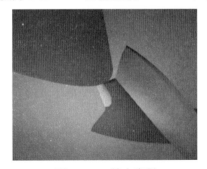

图 5.219　钻尖磨削

(3)扩孔钻与铰刀。扩孔钻的柱齿开槽和后角加工与钻头同部位的加工要求相同,铰刀的柱齿开槽和后角的磨削与铣刀和匕首钻的同部位的加工要求相同。扩孔钻与铰刀切削角的磨削是采用标准平行(1A1)砂轮或蝶形(11V9)砂轮,粒度为 D46~D64,线速度为 25~35 m/s。扩孔钻与铰刀的切削角是刀具主要切削部位,在加工过程不仅需保证刀具刃口几何角度的精度、表面粗糙度要求,还需控制各个刃口的等高度,从而保证切削刃的跳动要求。

3.特殊孔加工刀具

特殊孔加工刀具主要包括自动进给钻所用的硬质合金钻头、钻铰刀、铰刀(ADU 刀具)和柔性设备制孔所用的硬质合金钻锪一体刀具(设备制孔刀具),如图 5.220 所示。

(a)　　　　　　　　(b)　　　　　　　　(c)

图 5.220　ADU 刀具

(a)钻铰刀;(b)铰刀;(c)钻锪一体刀

ADU 刀具主要由两部分组成:刃部和螺纹柄部。其中,刃部材料为硬质合金,螺纹柄部材料为不锈钢。刀具具有以下典型工艺特征:①刀具要求为内冷结构,如图 5.221(a)(b)所示;②刀具柄部大部分要求为螺纹柄结构,如图 5.221(d)所示;③钻头和钻铰刀要求为双刃带结构,如图 5.222(c)所示。ADU 刀具的各部分名称如图 5.222 所示。

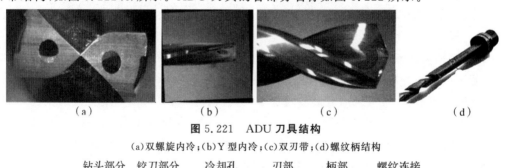

(a)　　　　　　(b)　　　　　　(c)　　　　　　(d)

图 5.221　ADU 刀具结构

(a)双螺旋内冷;(b)Y 型内冷;(c)双刃带;(d)螺纹柄结构

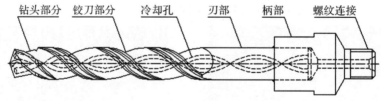

钻头部分　铰刀部分　冷却孔　刃部　柄部　螺纹连接

图 5.222　ADU 刀具的各部分名称

1)ADU 刀具制造

ADU 刀具的刃部材料的选用与一般孔加工刀具选用技术要求基本相同。不同点在于,需选用带内冷的棒料,其中钻头类常选用双螺旋标准棒料、扩孔钻和铰刀选用单直孔的标准棒料。柄部材料常选用热缩性能好的不锈钢材料。ADU 刀具的刃部和柄部的连接有两种工艺方法:焊接工艺和热缩工艺。这里以热缩形式的 ADU 刀具为例介绍主要工艺过程。

ADU 刀具的工艺流程分刃部和柄部两个部分,如图 5.223 和图 5.224 所示。其中刃部的加工与一般制孔类刀具的工艺流程基本相同,柄部的加工工艺相对简单,在这里不做详细说明。当刃部、柄部均完成制造后,通过热缩机把两部分热缩形成整体刀具。下面仅对 ADU 刀具在加工过程中的特殊制作部分做简要说明。

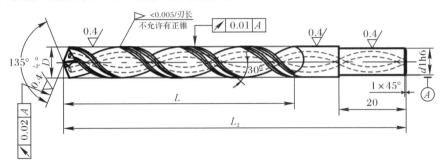

图 5.223　刀具刃部

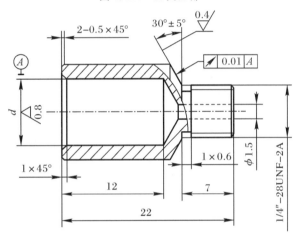

图 5.224　螺纹柄部

一般的 ADU 刀具在刃部加工前需要安装和调节辅助支撑,双螺旋内冷的刀具还需确定内冷孔的具体位置和计算刀具的具体导程或螺旋角。位置和导程的误差过大会导致齿槽加工阶段损伤材料原有的内冷孔。

双刃带的加工常选用标准平行(1A1)砂轮,选用砂轮的宽度取决于双刃带中间槽的宽度,可采用单次或多次磨削。双刃带加工如图 5.225 所示。

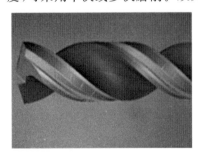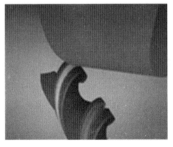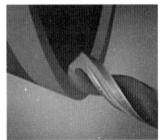

图 5.225　双刃带加工

对于内冷的铰刀和扩孔钻,通常需要加工与中间主内冷孔呈 60°的 Y 向喷油孔。常用电加工穿孔机或激光打孔机来制作 Y 向喷油孔,与上述中心孔的制造工艺相同,但所用夹具不同。在加工过程中需对已加工成形的刀具部分进行保护,避免电加工产生的表面腐蚀。内冷孔制作完成后,需用高压风枪或油枪来检查内冷孔是否通透。

当刃部与柄部加工完成后,需在热缩机上进行整体安装。热缩机如图 5.226 所示。安装采用通用的热缩机,在热缩前根据刀具的柄部直径选择合适的感应线圈。热缩完成后需对柄部与刃部的同心度进行检测,必要时对柄部的定位面进行修磨以达到刀具图纸对柄部的技术要求。

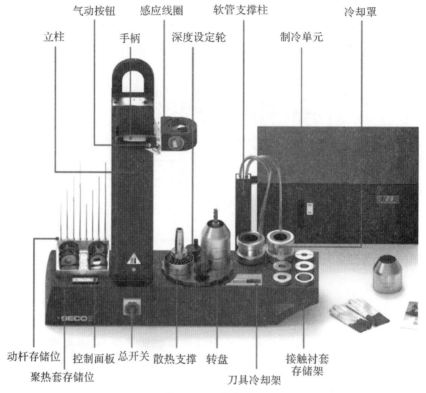

图 5.226　热缩机

2)设备制孔刀具制造

设备制孔刀具与一般孔加工刀具的加工工艺流程相同。设备制孔刀具的主要工艺难点在于钻头与锪窝部分齿槽的处理、钻头与锪窝部分的衔接过渡与锪窝刃部的加工。

(1)齿槽加工(见图 5.227)。钻锪一体刀具的钻头部分与锪窝部分的槽型差异较大,一般要求为两部分等螺旋过渡或变螺旋过渡。为了保证齿槽的平滑过渡,常采用角度(1V1)砂轮进行,在两部分过渡处控制加工速度,避免切削振动。

(2)锪窝部分加工(见图 5.228)。锪窝部分常采用蝶形(11/12V9)砂轮,在加工前检测砂轮的磨削 R 值并准确输入程序,要求砂轮的 R 值小于所需加工的刀具 R 值。在加工过程中避免过切且要求圆弧平滑过渡,如图 5.229 所示。

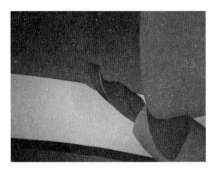

图 5.227 齿槽加工

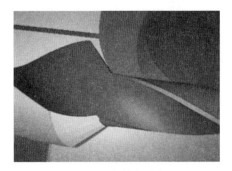

图 5.228 锪钻部分加工

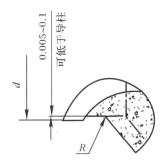

图 5.229 钻锪过渡要求

4.聚晶金刚石刀具

聚晶金刚石(PCD)刀具具有高硬度及高耐磨性,PCD 硬度可达 8 000HV,为硬质合金的 3~5 倍,因此激光设备成为 PCD 刀具的首选加工装备。此外 PCD 刀具在制造过程中刃部极易产生崩刃,且 PCD 刀具在高温条件下会发生石墨化,因此加工过程中刃口的保护和切削热的控制尤为重要。航空制造使用的 PCD 刀具主要类型有钻头、扩孔钻、铰刀、钻锪一体等刀具,不同的 PCD 孔加工刀具的制造流程基本相同。PCD 刀具由刀片、刀体两部分通过焊接而成。其中,刀片由聚晶金刚石和硬质合金基体组成,PCD 刀具组成如图5.230所示。

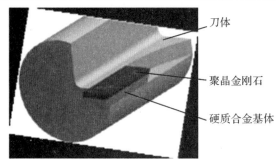

图 5.230 PCD 刀具的组成

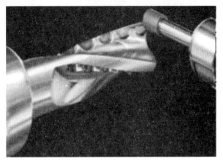

图 5.231 刀片槽的加工

1)刀体制造

PCD 刀具的刀体制造工艺与普通的硬质合金或高速钢铣刀、钻头、钻锪一体刀具的制造工艺基本相同,刀体的制造可参考硬质合金或高速钢刀具的相关制造工艺。PCD 刀具的刀体与同类合金刀具的区别在于无需加工具体切削几何角度,需加工与刀片焊接的刀片槽,如图 5.231 所示。硬质合金刀体的刀片槽的加工通常选用五坐标数控工具磨床来实现,高速钢或碳钢的刀体采用铣削机床来完成。其中硬质合金的刀体的刀片槽选用金刚石砂轮（粒度为 D64），加工的线速度为 20～35 m/s。加工过程也需充分冷却，避免刀体产生裂纹。

2）刀片制造

PCD 刀具的刀片制造要经过下料（切割）→焊接→刃口磨削→检测→刻标等主要工艺流程。刀片原材料常为圆片或圆柱形，原材料中聚晶金刚石部分已经过抛光处理。

刀片的下料采用切割的方法。常用的加工设备有激光切割机、线切割机。为了使 PCD 原材料得到充分使用，在切割之前需要对原材料进行合理排版，如图 5.232 所示。在 PCD 刀片切割（见图 5.233）过程中控制切割的各工艺参数，尽量减小对 PCD 的烧蚀和碳化。

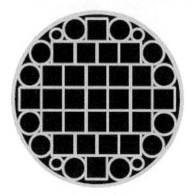

图 5.232　排版　　　　　　　图 5.233　切割

3）焊接

PCD 刀具的焊接一般采用高频焊接或真空焊接，如图 5.234 和图 5.235 所示，焊接的介质主要有铜、银两种。PCD 刀具的焊接是 PCD 刀具制造过程的关键工序之一，焊接的温度、时间和焊接后的保温等都需要严格控制，否则会导致 PCD 产生脱焊、裂纹、烧蚀、空隙等制造缺陷。

图 5.234　手动高频焊接　　　　　　　图 5.235　真空焊接

4）外磨加工

PCD 刀具的外磨加工通常选用高精度且具有砂轮动平衡装置的机床，如图 5.236 所示。磨削砂轮采用金属或陶瓷结合剂的金刚石砂轮，砂轮的粒度、浓度、硬度根据需磨削的 PCD 刀具材料来选定，常用的金刚石砂轮粒度为 W20～W40，线速度为 30～40 m/s，冷却介质选用水溶性冷却液或油质冷却液，加工分为粗磨、精磨，磨削过程需控制磨削余量和进给，过大会导致金刚石的刃口微小崩缺。

图 5.236　PCD 刀具外磨加工机床

5)刃口加工

PCD 刀具的刃口通常有三种加工方式,即磨削加工、电解加工、激光加工,如图 5.237 所示。由于激光加工相对于磨削加工、电解加工,具有刃口质量高、加工效率高、操作灵活性和便捷性好等优点,成为 PCD 刀具加工的主要设备。PCD 刀具激光加工设备配备 3D 动态刀具模拟软件和激光加工的工艺参数数据库,预置粗、精加工余量分配,激光加工的设置参数可根据实际加工进行微调。

（a）　　　　　　　　　　（b）　　　　　　　　　（c）

图 5.237　刀具刃口加工方式

(a)磨削加工;(b)电解加工;(c)激光加工

6)检测

PCD 刀具的检测主要分几何尺寸检测和刃口检查。适用于几何尺寸检测的测量设备有 ZOLLER/WALTER 等刀具测量设备,检测项目与常用合金刀具的检测相同,此外还要求对刀片刃口与刀体其他部位的落差进行检查,避免刀具切削干涉;万能工具等放大倍数在30 倍以上的光学设备可用于刃口检查,刃口检查主要是排除 PCD 刀具在加工过程中刃口的微小崩刃。

总之,刀具的制造技术涉及刀具原材料的选用、刀具的结构设计、具体的工艺和过程控制、刀具的后续处理(涂层、钝化等)等方面,任何一个工艺环节的细微缺陷都会造成刀具质量的不稳定,因此刀具制造工艺的稳定性控制是刀具制造技术的核心。

5.7.2　量具制造

航空制造专用量具主要包括量规类(光面量规、同轴度量规、垂直度量规、位置度量规)、样板类(划线样板、锉修样板、检验样板、R 规)、塞尺类、检验销棒类、专用卡尺类等品种。量具类产品的主要特点是精度要求高、加工难度大。不同类型的量具,其加工工艺也各不相同。下面主要介绍样板类产品的加工工艺。

工具样板按功能分为检验样板、锉修样板、划线样板,如图 5.238 所示。检验样板用于检测零件外形及孔距,锉修样板用于锉修零件外形,使其符合图纸要求,划线样板用于划零件外形或孔位线。

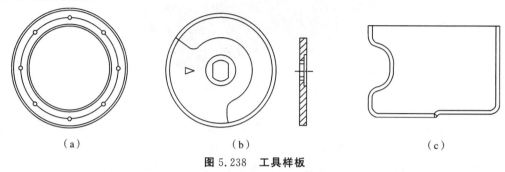

（a）   （b）   （c）

图 5.238　工具样板

(a)划线样板;(b)检验样板;(c)锉修样板

1.材料选用

样板要求具有较高的硬度(56~60HRC),通常选用高碳钢材料,如 T8A。如果样板外形较大、型面比较复杂、结构容易变形,应选用淬透性好、热处理变形小的材料,如Cr12MoV、CrWMn 等合金材料。

2.制造工艺

样板类产品由于其型面复杂、精度要求较高、定位孔多且对位置有要求,所以一般的机械加工方法很难达到要求。为此,样板制造主要采用慢走丝线切割切型面,研磨工研磨型面的工艺方法。各类样板的工艺流程基本相同,主要有以下工序:下料→平磨粗磨→钳工钻穿丝孔→热处理→吹砂→平磨精磨→消除应力→线切割→刃磨型面倒角→钳工研型面→表面处理→标记。现对主要工序简述如下:

(1)下料。毛料厚度按照外型尺寸大小加大 1~2 mm,外型尺寸根据线切割装卡方式要求,长度和宽度方向均需加大 40 mm。当 $\delta \leqslant 8$ mm 时,用剪切机剪切下料;当 $\delta > 8$ mm 时,采用气割下料。

(2)平磨粗磨。热处理前平磨粗磨厚度两面并留余量 0.5 mm,留待热处理后,校正、精磨达到图纸要求,同时磨两侧面见光、互垂,作为钳工钻穿丝孔的基准。

(3)钳工钻穿丝孔。线切割是利用铜丝作为电极进行放电加工的,因此必须制出穿丝孔。在内、外型面的合适位置及孔的中心处均需划线、钻穿丝孔 $\phi 1 \sim \phi 3$ mm。对于孔比较多且孔位要求比较高的样板,其穿丝孔直径应尽量小且穿丝孔位置应保证准确,以确保线切割能切出所有的孔。

(4)热处理。按图纸要求进行热处理,达到图纸所需硬度要求。应控制材料翘曲变形,特别是外形较大的样板,热处理后须进行校正,平面弯曲变形控制在 0.2 mm 以内。淬火时在确保硬度的前提下,应尽可能使用较低的淬火温度和较缓慢的加热和冷却速度,以减小应力。

（5）平磨精磨。首先检查热处理后的样板是否存在弯曲变形，并运用敲击法进行校正，然后磨两平面达到厚度要求，并保证平面度在 0.05 mm 以内。

（6）消除应力。样板在线切割过程中极易变形，影响尺寸精度。因此，在线切割前需进行消除应力处理，减少、消除机械加工产生的内应力，以降低线切割过程中的变形。

（7）线切割。以互垂两侧面找正、装卡、定位，检查程序及穿丝孔位置，先切样板上各孔，孔径留研磨量 0.01 mm，再切内型面留研磨量 0.02 mm，最后切外型面留研磨量 0.02 mm。

对样板进行切割时，因材料应力不平衡产生变形，如张口或闭口变形，成为影响样板尺寸精度的主要因素。为了保证线切割质量，必须减小样板的残余应力引起的残余变形，其主要方法有：

a.减小切割体积。对于面积较大的内型腔，淬火前应先加工内型腔，给线切割留 2～3 mm 的余量，以减小应力。对于带台阶、下陷、凸台等的样板类产品，淬火前应将台阶、下陷、凸台等加工成形。

b.缓和尖角处的应力集中。内型腔的尖角处容易产生应力集中，因此应在尖角处增设大小适当的工艺圆角。

c.人工时效处理。在线切割前机械加工后增加人工时效处理工序，可以消除机械加工所产生的应力，降低线切割后的变形。

d.对于开口形工件，线切割后容易产生型面张开变形，为此，先将开口型面留余量切开，放置一段时间，让其充分变形，然后再切割型面，能有效减小变形，保证型面尺寸。

e.大尺寸薄板类型腔工件，线切割后由于应力作用，会发生翘曲变形，影响尺寸精度，应考虑在型腔内增加加强筋，抑制翘曲变形。

（8）型面倒角。在万能工具磨床上沿型面磨倒角，不能损伤样板工作型面。

（9）研磨型面。线切割加工的型面表面粗糙度一般在 $Ra1.6\ \mu m$ 左右，满足不了样板使用要求，另外，尺寸公差小于 0.01 mm，线切割也保证不了。为此，需要钳工研磨型面及孔使样板符合设计要求的精度及表面粗糙度。研磨时先研基准孔及基准面，确保基准正确后，再研磨其余型面，边研磨边检测，直至达到图纸要求。

3.样板检验

样板检验是在投影仪上利用放大图进行比对检验，放大图要求如下。

1）放大倍数确定

放大图的放大倍数根据样板型面公差来选择，见表 5.39。

表 5.38　放大倍数选择

零件型面公差/mm	放大倍数	放大图最大轮廓尺寸/mm
±0.1～±0.03	10 倍	1 000×1 000
±0.03～±0.015	20 倍	1 000×1 000
±0.015～±0.01	50 倍	450×450

2）放大图绘制

放大图按照选定的放大倍数绘制，线宽控制在 0.08～015 mm 范围。为了保证投影仪显示精度,放大图最好绘制在 ϕ800 mm 的圆形区域内,如果放大后超过此范围,应将图形打断、叠放在 ϕ800 mm 的范围内,并标定衔接点坐标,如图 5.239 所示。

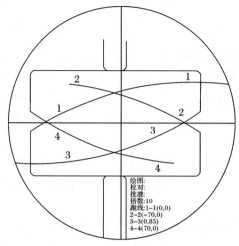

图 5.239   放大图

放大图上应画出互垂的两条坐标基线,作为检测时找正样板与放大图使用。绘制放大图时尺寸统一按照中差取值,方便检验时对比。如果图纸是单向公差,须换算成双向公差,然后按照中差绘制。如:(20±0.03) mm 按 20 mm 取值,$20^{+0.05}_{-0.03}$ mm 按 20.01 mm 取值,$20^{-0}_{-0.02}$ mm 按 19.99 mm 取值。

5.7.3 工具制造

航空制造专用工具主要包括扳手、轴承收口工具、轴承安装工具(轴承安装工具、轴承测扭工具、轴承载荷工具、轴承加载试验工具)、钻套、导套、刀杆、窝头、研磨棒、压套工具、拆卸工具、衬套、定位销、顶把等。不同类型的工具,其加工工艺不相同,下面主要介绍 ADU 导套的工具制造技术。

ADU 导套分为挂钩式(单、双耳挂钩)和转位卡口式。其中转位卡口式的 ADU 导套最为常用,转位卡口式 ADU 导套分为 A21000~A25000 共五个系列(见表 5.39)。这五个系列的 ADU 导套外形结构基本相同,每一个系列中不同规格的差异在于导套的内径 d 和外径 D 尺寸大小不同。

表 5.39   ADU 导套系列参数表

导套系列	A21000	A22000	A23000	A24000	A25000
图示					
螺纹尺寸	3/4″-16UNF-2A	1″-14UNF-2A	1 1/4″-12UNF-2A	1 1/2″-12UNF-2A	2″-16UNF-2A

以 A24000 系列为例介绍其制造工艺。工具结构如图 5.240 所示。ADU 导套系列材料均为合金结构钢 CrWMn,热处理硬度要求为 58~65HRC,属于高硬度、耐磨性材料,导

套经热处理后工艺性较差,通常采用磨削加工。

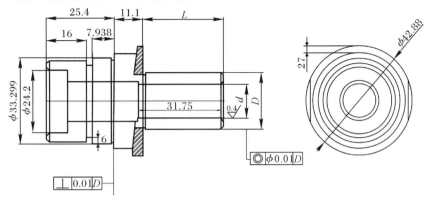

图 5.240　A24000 系列

ADU 导套的形位公差和精度要求较高。其中形位公差要求:内孔 d 与外圆 D 同心,同心度为 0.01 mm,两端面与外圆 D 垂直,垂直度为 0.01 mm。尺寸公差要求为:导套内径 $d^{+0.017}_{+0.006}$ mm,导套外径 $D^{0}_{-0.008}$ mm, $L=50$ mm,表面粗糙度要求为 $Ra0.4\ \mu m$。

根据以上制造精度要求和材料特点,将导套的加工分为三个阶段:热处理前加工→热处理→热处理后加工。ADU 导套的尺寸公差、形位公差以及加工过程中的预防变形是制造工艺的关键控制要素。制造 ADU 导套的厂家不同,所用加工设备也有所不同,加工工艺流程也有所区别,下面介绍一种较为典型的加工工艺流程。

典型制造工艺流程:下料→车削外形及内孔→铣两平面→去毛刺→热处理→磨削内孔 d 与外圆 D 及一端面→穿胎棒磨另一端面及外圆→检测→刻标。

1)ADU 导套热处理前加工

导套在热处理前主要是通过车、铣、钳加工初步形成零件的外形,非关键尺寸达到零件最终尺寸要求,并为加工关键尺寸要素做好精加工(磨削加工)前工艺准备。ADU 导套的热处理以及热处理前加工与一般零件加工基本相同,这里仅作简要说明。

(1)下料。毛料尺寸通常选用比需要的名义最大直径尺寸大 2 mm。

(2)车工。车外形,外圆表面粗糙度为 $Ra0.4\ \mu m$、端面留磨 0.4～0.5 mm;找正外圆 0.05 mm 之内,钻、镗表面粗糙度为 $Ra0.4$,内孔留磨 0.3～0.4 mm;钻车其余各内孔,车螺纹,车空刀,倒角等。按照内孔 d 配车胎棒留磨 0.4～0.5 mm。常用加工设备为车床。

(3)铣工。铣两平面,常用加工设备为万能铣床。

(4)车/铣工。车/铣卡口螺旋面,常用加工设备为数控车床或数控铣床。

(5)钳工。手工用锉刀去毛刺。

2)热处理

按零件热处理、表面处理技术要求进行。

3)热处理后精加工

ADU 导套热处理后需对表面粗糙度为 $Ra0.4\ \mu m$ 的内孔、外圆及表面粗糙度为 $Ra0.4\ \mu m$

的两端面精密磨削加工,同时保证尺寸与形位公差和表面粗糙度的要求,具体磨削有 5 个操作工步(如图 5.241 中的 OP1~OP5)。满足以上要求的工艺方案有多种,其中 OP1~OP3 在具备内外磨的数控磨床上一次装夹完成加工,较为简便和成熟。

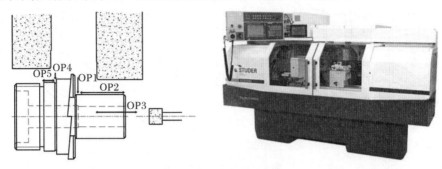

图 5.241　磨削操作示意图

(1)加工前的工艺准备。精密磨削前需保证相关工艺要素,如砂轮和砂轮的动平衡、冷却介质和冷却流量、机床头架的回转精度等均在规定的要求之内。外圆磨削的砂轮选择氧化铝(粒度为 80~120 目)或立方氮化硼(CBN)(粒度为 B46~B64);内孔磨削的砂轮选择氧化铝(粒度为 60~80 目)或 CBN(粒度 B64~B91),选择内磨砂轮的直径通常为所需磨削孔径的 2/3~3/4,砂轮杆(钢质或硬质合金)悬伸长度(含砂轮)选择比所加工孔深长 3~5 mm 为宜。

(2)内孔 d、外圆 D 及一端面磨削。在进行 OP1~OP3 的加工时,先用三爪卡盘装夹并找正,然后用外磨砂轮磨削外圆 D 及一端面。磨削外圆时采用切入磨或双向进刀磨削,砂轮线速度为 35~50 m/s。切入磨进给速度:粗磨 0.2~0.3 mm/min,精磨 0.05~0.1 mm/min。端面采用插入磨削砂轮线速度为 35~50 m/s,端面切入进给速度为 0.05~0.1 mm/min,端面磨出(也称"见光")即可,端面磨削示意图如图 5.242 所示。

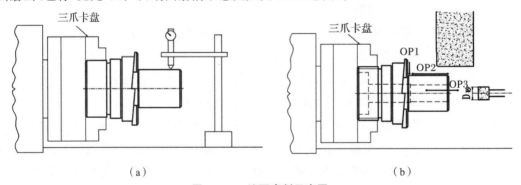

(a)　　　　　　　　　　　　　　　　　(b)

图 5.242　端面磨削示意图

(a)零件装夹与找正;(b)OP1~OP3 磨削示意图

内孔磨削时采用单向/双向走刀磨削:砂轮线速度为 25~40 m/s;进给速度:粗磨 0.01 mm/次,精磨 0.005 mm/次;纵向走刀速度为 200~300 mm/min;无火花(俗称"光刀")10~15 次/循环。

在磨削过程中要及时修锐砂轮,调整冷却喷嘴的冷却位置和冷却流量,确保磨削过程冷却充分,避免加工过程的零件烧蚀和热变形。

(3)定位外圆与台阶端面磨削。采用机床普通外磨或数控外磨,在对 OP4、OP5 加工之

前,先将预先准备的胎棒按照锥度 1/100 与内孔进行配磨。配磨完成后将导套按照图5.243
所示安装在两顶尖之间,调节尾座与头架之间的顶尖距离,装夹完成后用千分表检测已完成
加工基准外圆跳动量(要求小于 0.01 mm)。OP4、OP5 的磨削方法、磨削参数、注意事项均
与 OP2、OP1 的加工相同。

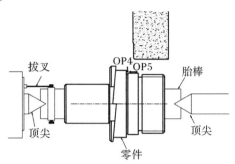

图 5.243　台阶端面磨削示意图

4)ADU 导套检验

ADU 导套的尺寸检验使用通用的量具,如卡尺、千分尺、内径千分尺(或光滑塞规)等
可满足测量;尾部螺纹的检测可使用对应的螺纹环规、工具显微镜等工具检验;同轴度、垂直
度要求可通过同轴度仪等专用测量设备检验。

5)标记

按照产品图纸要求标示,一般标明产品图号。刻标的字体大小、位置以清晰、简捷并可
长期保留为原则。常用的加工设备为激光刻标机。

第6章　工装快速制造技术

工装快速制造技术利用现代先进制造技术和方法,能够提高生产效率,降低生产成本,提高产品质量。最早的工装制造方法是传统的手工制造,需要耗费大量的时间和人力。由于工装制造行业具有许多特殊性,包括强非标性、装配工艺复杂、大尺寸、多品种、小批量等:①工装往往具有复杂的形状和特殊的功能需求,因此需要根据具体的工艺要求进行定制;②工装制造涉及复杂的装配工艺,需要完成许多不同的工艺操作;③航空工业中往往需要制造大型的组装工装或测试设备,而大尺寸工装的制造周期长、成本高;④工装属于多品种小批量装备,每个型号的工装需求都不同,因此工装的制造需要具备灵活性和快速调整能力,以满足多样化的生产需求。所以,工装快速制造技术应运而生。目前,主要的工装快速制造技术包括模块化制造技术、协同制造技术和并行集成制造技术。

6.1　模块化制造技术

模块化制造技术是把模块化思想用于产品的制造过程,按照模块化原则将制造要素分解成一些结构和功能相对独立的单元模块,然后按照产品的制造需求进行模块的配置、组合与重构,通过构造一种可重构制造环境,使得制造系统能够快速适应多品种、变批量产品制造的需要。由于模块化方法将复杂产品分解为相对独立的各个部分,可分别组织更为专业有效的设计团队完成每一个模块的设计任务,有利于实现产品的并行设计,极大地缩短产品的设计周期。不同模块的各种组合方式可满足用户的不同需求,提高整体产品设计的可重用性。

1. 模块化制造原则

(1)标准化。模块化制造强调使用标准化的设计和制造流程,以确保模块之间的互换性和可替代性。

(2)模块分离。将复杂的制造过程分为多个模块,每个模块负责完成特定的任务,使得制造过程更加简化和可控。

(3)模块化接口。模块之间应具有标准化的接口,以便于模块之间的组合和交互。

（4）模块独立性。每个模块应该是相对独立的，能够进行独立的设计、制造和测试，以提高生产效率和降低出错概率。

2. 模块化制造关键技术

（1）设备集成技术。将各种设备进行集成，实现模块化制造的自动化和智能化。

（2）数据管理技术。通过有效的数据管理和信息共享，实现模块化制造过程的高效协同。

（3）供应链管理技术。通过优化供应链，实现模块化制造过程的及时交付和成本控制。

（4）质量管理技术。通过引入质量管理体系，确保模块化制造过程中产品的质量和可靠性。

3. 模块化制造应用

1）模块化拼装夹具

模块化拼装夹具是在夹具零部件标准化、系列化和规格化的基础上发展起来的新型夹具，是由一套预先制造好的具有不同形状、不同规格尺寸、不同功能模块并具互换性的标准元件组合构成，根据被加工零件的不同要求，可组装成不同用途、不同形式的组合夹具，也是一种通用化程度很高的工艺装备。模块化拼装夹具的特点是结构模块通用性强，通过模块组合拼装可以快速转换形成新的工装功能结构。拼装夹具的优点是设计、组装工时短，可以有效缩短产品生产准备周期，保证加工精度，稳定产品质量，提高劳动生产率，降低制造成本，减少夹具存放面积。图 6.1 所示为模块化拼装夹具的设计流程。

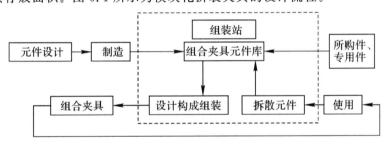

图 6.1　模块化拼装夹具设计流程

2）模块化组合模具

模块化组合模具一般由多个单元模块组成，基体通过标准框板快速组合，型面上安装统一规格尺寸的靠块，形成具备整体功能、外观的模块单元，如飞机长桁检验模具。该类模具的特征是通过标准化框板、靠块、起吊连接结构，形成多个独立单元模块，存在的问题是不同模块组合时受零件成型机床设备接口影响较大。

3）装配工装

装配型架是装配技术装备的核心，模块化关注独立功能单元及外部接口的集成。其主要涉及能源配套集成，即将除尘系统、压缩空气、电源、网络、照明进行结构一体化集成，形成具备整体功能、外观的模块单元。

4）工作平台模块化

工作平台模块化制造类似于标准化功能组件组合，主要体现为梯及平台的模块化，包含护栏模块、楼梯模块、台面模块、靠近模块等,目前容易解决的主要是固定工作梯的护栏、台面、楼梯等模块设计。

6.2 协同制造技术

协同制造技术通过共享信息、资源和技术,实现不同部门、不同企业之间的协同合作,以提高生产效率、降低生产成本。在工装快速制造中,协同制造可以提高工艺装备的制造效率和质量,推动整个制造过程向数字化、智能化方向发展。在 20 世纪 80 年代,协同制造概念开始出现,并逐渐应用于飞机工艺装备领域。当时主要通过计算机辅助设计和制造技术来实现协同制造。随着网络技术的发展,协同制造进入了中期阶段。此时,可以通过网络实现不同工作组之间的协同工作,提高整体制造效率。随着物联网和云计算技术的发展,协同制造进入成熟阶段。此时,可以通过物联网技术实现装备之间的信息交互和共享,提高生产效率和质量。在国内,首创数字化协同模式的 ARJ21 飞机是我国首个市场化运作的民用飞机型号,项目协同基于互联网环境的数字化协同商务平台。波音公司围绕波音 777 喷气式客机构建了协同制造平台,并与三菱重工等公司合作,实现了信息传递、设计、制造的无纸化。在制造过程中,各部分制造资源存在着不同的信息流。因此,建立这些资源之间信息的相互传递和协作对于各个制造系统效率的提高都有所帮助。

1. 协同制造原则

(1)共享信息。各个部门共享信息资源,包括设计、工艺、材料等,以便提高整体效率。

(2)强调协同合作。各个部门要密切合作,共同解决问题,达到优化整体制造过程的目的。

(3)信息传递及时准确。及时传递准确的信息对于协同制造至关重要,可以避免误解和延误。

(4)统一的标准与规范。制定统一的标准和规范,以便各个部门之间的协同进行。

2. 协同制造关键技术

(1)数据管理和共享技术。其产品生命周期管理(PLM)系统、企业资源计划(ERP)系统等,用于管理和共享信息资源。在工装制造过程中,涉及大量的数据,包括设计数据、工艺数据、材料数据等。协同制造通过建立统一的数据管理平台,实现数据的集中存储和共享,使得参与者可以随时获取和更新最新的数据信息,避免了数据冗余和不一致的问题。同时,数据管理和共享技术还可以支持实时的协同决策和调度,提高工装制造的灵活性和响应速度。

(2)虚拟化技术。通过虚拟化技术,可以将实体的工装制造过程以数字化的形式呈现出来。这包括利用计算机辅助设计软件进行模型设计和仿真分析,以及使用虚拟现实(Virtual Reality,VR)技术进行虚拟装配和验证。虚拟化技术使得多个参与者可以在同一个平台上进行协同工作,更好地理解和协调各自的任务,避免了传统制造中的信息不对称和沟通困难问题。

(3)网络通信和信息安全技术。在工装制造中,参与者可能分布在不同的地理位置,因此需要建立可靠的网络通信基础设施,保证实时的信息传输和交流。此外,由于涉及敏感的工装设计和制造信息,需要采取相应的信息安全措施,保护知识产权和商业机密。

3.协同制造应用

在工装制造过程中,制造团队可以通过信息化技术和自动化设备实现协同制造。通过实时监控和数据交流,制造团队可以及时响应设计变更和生产需求,提高制造的灵活性和效率。同时,制造协同还可以减少制造过程中的错误和浪费,提高制造质量。

工装在使用过程中会出现磨损和故障,需要进行维护和修复。维护协同可以通过信息化技术实现故障诊断和维护计划的共享。同时,维护协同还可以通过智能化监测和预测分析提前发现潜在问题,并采取措施进行维修,减少停机时间和维护成本。

6.3　并行集成制造技术

随着机械化生产的兴起,对于生产效率和质量的要求也越来越高,工装集成制造应运而生。在工装制造领域常见的集成制造有工序集成制造、加工中心集成制造、社会化跨领域跨区域大协作集成制造。

(1)工序集成制造。工序集成制造是一种将单一或多个连续的制造工序通过系统化的集成技术进行统一管理和优化的方法。这种集成涵盖了设备布局、物料流动、信息流控制以及资源配置等多个层面,旨在减少工序间等待时间、提升作业效率、保证产品质量,并通过实时的数据交互实现全过程的透明化和可控性。

(2)加工中心集成制造。加工中心集成制造是一种先进制造技术的应用,它通过将多种制造工艺和技术集成在一个统一的、高度自动化的数控加工中心平台上,实现对复杂零部件的一站式精密加工。

(3)多专业多学科集成制造。多专业多学科集成制造是针对现代复杂产品设计与制造需求,结合不同专业的工程技术知识,如机械、电子、材料科学、信息技术等,进行跨学科的协同设计与制造。通过虚拟仿真、协同设计平台等工具,使得在产品从概念设计到成品产出的全生命周期内,不同领域的专家能够同时参与,共同解决技术难题,降低设计迭代成本,加速产品研发进程。

(4)社会化跨领域跨区域大协作集成制造。社会化跨领域跨区域大协作集成制造是随着全球化和信息化的发展,企业在更大范围内的产业链协同合作。这涉及不同地域、不同行业的企业联合,通过互联网、云计算等先进技术,构建全球供应链网络,实现实时的信息交换、资源共享与协同创新,有效应对市场需求变化,快速响应定制化、个性化生产需求。

最早的工装集成制造是在机床上应用夹具和刀具来实现零件加工的自动化。随着航空工业的兴起,对工装集成制造的需求进一步增加,并行集成制造逐渐受到广泛关注。并行集成制造技术将技术上的各个单项信息处理系统和制造企业管理信息系统集成在一起,将产品生命周期中所有的有关功能,包括设计、制造、管理、市场等的信息处理全部予以集成。并行集成制造技术可以整合不同的制造设备、系统和工艺,实现生产过程的自动化和智能化控制,从而提高生产效率和质量。

1. 并行集成制造总则

并行集成制造是一种先进的生产模式,它将传统的线性生产流程转变为一种更加灵活和高效的生产方式。在并行集成制造中,产品的不同部件可以同时制造,并在最后的阶段集成在一起,从而节约时间、降低成本并提高生产效率。并行集成制造的原则如下:

(1)模块化设计。产品应被设计成可以分解为多个独立的模块,每个模块可以独立制造并最终集成在一起,实现各个模块的并行制造和集成,提高生产效率。

(2)标准化接口。各个模块之间的接口应被标准化,以确保不同模块之间的兼容性和交互性,促进各个模块的独立制造和集成。

(3)实时通信。各个生产环节之间应建立实时通信机制,以便及时共享信息、调整生产计划并协调各个环节的工作,优化生产流程,提高生产效率。

(4)自动化技术。并行集成制造倚重自动化技术,在生产过程中大量采用自动化设备和系统,以减少人为干预、提高生产精度并加快生产速度。

(5)灵活性与适应性。并行集成制造需具备一定的灵活性和适应性,能够根据市场需求和生产情况及时调整生产计划和流程,以最大程度地提高生产效率。

2. 并行集成制造应用

(1)工装制造并行化。在工装制造初期,所有相关的部门同时参与到工装制造过程中,而不是等到某一阶段结束后才开始下一阶段。这样可以提前发现潜在的工艺难题和成本瓶颈,并及时调整制造方案,避免后期修改带来的高昂成本。

(2)数据与信息集成。利用计算机辅助设计、计算机辅助工程、计算机辅助制造(CAM)等技术,实现工装设计、仿真、优化、制造数据的无缝集成,使得设计师、工程师和制造商能够在一个集成平台上共享实时更新的数据,提高工作效率,减少错误和遗漏。

(3)虚拟仿真与实体制造同步。在工装的实际制造之前,通过三维建模和虚拟仿真技术评估工装性能和制造可行性,同时进行工艺规划、资源分配和制造准备。这一过程与实体工装的制造几乎是并行推进的,减少了实物样机试制的次数,加快了工装调试与改进的速度。

(4)跨部门与跨地域协同。复杂的大型工装项目,可能涉及多个部门甚至是不同地理位置的企业之间的协作。并行集成制造体系支持远程在线协作,让不同地区和领域的专家团队能够在同一平台上进行设计审查、问题讨论和决策制定,从而实现实时互动和高效合作。

(5)生命周期管理。并行工程还关注工装在整个生命周期内的优化,包括工装的设计、制造、使用、维护直至报废的所有环节。通过对工装生命周期各个阶段进行并行考量和一体化设计,可以减少因设计缺陷导致的后续制造和使用阶段的问题,提高工装的整体性能和使用寿命。

第7章 工装检测检验技术

工装检测检验技术是指用于检测和验证工装性能和质量的技术,包括几何精度检测、液压检测、气动检测、电气检测、软件检测以及系统检测等技术。每种技术都有其特定的应用领域和检测手段。过去,人们主要依靠经验和直观判断进行工装检测检验,这种方法存在主观性和不准确性的问题。随着科学技术的进步,现代化的工装检测检验技术正逐渐应用于实际生产。目前,先进的工装检测检验技术主要包括使用高精度仪器和设备进行检测,采用计算机辅助设计和虚拟仿真技术进行分析和验证等。这些先进技术使得工装检测检验更加准确、高效、可靠。

针对飞机工装,广泛应用了几类主要的检测手段、方法和设备。其中包括使用三坐标测量机、关节臂测量机、激光跟踪仪等进行几何精度检测,使用液压系统检测仪器进行液压检测,使用气动检测仪器进行气动性能检测,以及使用电气测试仪器进行电气检测等。这些检测手段、方法和设备在确保飞机工装的质量和性能方面起到了至关重要的作用。工装检测检验技术在现代制造业中扮演着重要的角色。通过不断创新和发展,这些技术将进一步提高工装的质量和性能,促进制造业的发展和进步。

7.1 几何精度检测技术

随着科学技术与飞机数字化制造业的快速发展,几何精度检测技术得到了广泛应用,该技术具有高精度、高效率和高自动化等优势。对于一些尺寸大、精度要求高的工装,我国传统的测量手段已无法满足其要求,因此几何精度检测技术是首选。特别是采用多数字化测量系统的组合方式,既可以解决测量范围和测量精度的矛盾,又能获得更准确的测量结果,并且满足多功能的要求。这种方式成为工装数字化制造中的关键支撑技术之一,显著提高了系统的可扩展性和应用范围,对于提高工装制造的质量和效率起到了重要作用。近年来,波音、空客及福特等公司广泛采用基于数字化测量设备的产品进行三维测量与质量控制,建立了较完善的数字化测量技术体系,开发了相应的计算机辅助三维检测规划和测量数据分析系统,并制定了相应的三维检测技术规范,显著提高了检测效率与质量。一些光学三维大尺寸形貌检测技术已经日益成熟,并且相关的仪器设备,如三坐标测量机、激光跟踪仪、关节臂测量机和机器视觉测量系统,已在国内外飞机制造工业的许多领域得到了广泛应用。

7.1.1　三坐标测量机测量

如图 7.1 所示,三坐标测量机是指在一个六面体的空间范围内具有测量几何形状、长度及圆周分度等能力的仪器。三坐标测量机可以实现尺寸精度、定位精度、几何精度和轮廓精度等多种测量功能。三坐标测量机的发展已经有半个多世纪的历史。它的出现是工业化发展的必然结果。一方面,随着自动机床、数控机床等高效率加工的发展,越来越多的复杂形状零件加工需要与之配套的快速可靠的测量设备;另一方面,电子技术、计算机技术、数控技术以及精密加工技术的发展为三坐标测量机提供了技术基础。坐标测量机的出现使得测量仪器能够从手动方式转变为现代化自动测量。

图 7.1　三坐标测量机

1.系统组成

三坐标测量机由 X 向横梁、Y 向导轨、驱动系统、Z 向主轴、控制系统、测量软件等组成。

2.工作原理

三坐标测量机通过三个相互垂直的导轨上的高精度线性滑台移动,对被测工件进行三维空间定位,并同时采集其高度、宽度等各项几何参数,然后由计算机软件系统自动计算工件的尺寸数据。

3.应用

三坐标测量机被广泛应用于工装制造中,可以测量工装的尺寸、形状和位置公差,实现过程控制、质量控制和逆向成型等任务。

(1)三坐标测量机可以用于工装零件的尺寸检测。在工装装配过程中,各个工装零件的尺寸必须与设计要求的尺寸相匹配。通过使用三坐标测量机,可以精确测量工装零件的长度、宽度、高度和各种形状参数,以确保每个工装零件的尺寸符合要求。

(2)三坐标测量机可以用于工装零件的位置检测。在装配过程中,不同工装零件的位置关系非常重要,必须精确安装。使用三坐标测量机可以测量工装零件之间的距离、角度和相对位置,以确保工装零件的位置满足设计要求。

(3)三坐标测量机还可以用于工装零件表面的型面检测。在装配过程中,工装零件的表面质量和形状也是非常重要的。通过使用三坐标测量机可以测量表面的平整度、圆度、平行度、垂直度等参数,以确保工装零件的表面质量达到要求。

(4)三坐标测量机还可以用于装配后工装的整体检测。通过将组装好的工装放置在三坐标测量机上进行检测,可以确定整体装配的质量是否符合要求,以及是否存在漏装、错装等问题。

7.1.2　关节臂测量机测量

如图 7.2 所示,关节臂测量机是一种具有多自由度的测量机器人,常用型号为 FARO Arm,测距范围为 1.8~12 m,测角精度为 0.001 mm,测距精度约为 ±0.025 mm。它通过一系列固定长度的杆件和一个连接头模仿人体关节的结构,并通过可旋转的关节实现灵活的运动。关节臂测量机具有结构简单、体积小、重量轻、便于访问狭小空间和便携灵活等优点。

(a)　　　　　　　　　　　　(b)

图 7.2　柔性关节臂测量机

(a)接触式;(b)接触与非接触混合式

1.系统组成

关节臂测量机通常由机械臂、传感器系统、控制系统、电源与电缆系统、外壳与支架组成。

2.工作原理

关节臂测量机的工作原理主要是基于激光扫描和光学传感技术。在测量过程中,测量头会发射出激光束,激光束扫描被测物体并反射回来,反射回来的光线会被测量头的传感器接收,并转化为电信号。通过内置的智能算法和软件,电信号会被处理成测量数据,并在显示屏上显示出来。

3.应用

关节臂测量机自从问世以来,已广泛应用于工装装配中。通过灵活可控的关节系统,关节臂测量机能够模拟人体手臂的运动,实现对零件的精确定位。

(1)在装配过程中,关节臂测量机能够准确地将各个零件放置到预定的位置,并保持稳定的固定,确保零件正确安装。

(2)关节臂测量机可以借助传感器或相机等设备,实现对零件的实时监测和检测。当装配过程中出现异常情况(如零件缺失、错误装配等)时,关节臂测量机能够及时识别并发出警报,以停止装配操作,避免产生不必要的错误和损失。

(3)在关节式坐标测量机的测头上附加小型结构的激光扫描仪来实现非接触快速三维扫描测量功能,可用于检测、逆向工程、快速成型、三维建模等测量场合。

7.1.3 激光跟踪仪测量

激光跟踪仪是一台以激光为测距手段并配以反射标靶的仪器,它同时配有绕两个轴转动的测角机构,形成一个完整球坐标测量系统。可以用它来测量静止目标,跟踪和测量移动目标或它们的组合。如图 7.3 所示,它是工业测量系统中一种高精度的大尺寸测量仪器,集合了激光干涉测距技术、光电探测技术、精密机械技术、计算机及控制技术、现代数值计算理论等各种先进技术,对空间运动目标进行跟踪并实时测量目标的空间三维坐标。它具有高精度、高效率、实时跟踪测量、安装快捷、操作简便等特点,适合大尺寸工件配装测量。

图 7.3　激光跟踪仪

激光跟踪仪测量技术为了满足航空产品的需要,也在不断进步和创新。激光测量系统在结构设计、热稳定性、传感器无热发散及测量软件等方面的专项技术都有了突破性的发展。从初期的空间定位点测量发展到空间曲面测量和使用 T-CAM 照相仪自动跟踪测量,支持 CAD 数模对比功能,实现了工装定位组件的空间曲面测量和安装。新一代激光跟踪仪配置有智能探头系统,可以进行自动探头识别,消除操作错误,提高测量效率;配置有掌中有声系统自动反馈,无线操作,进行隐藏点测量,无需激光转站,加速测量过程,提高了测量速度与安全性;在激光头上配置照相仪,与智能测头联合,实现装配工件的型面数字测量与分析。这些技术的创新,使激光测量的可靠性、稳定性和测量精度不断提高,测量区域更加广泛,可以有效保证安装测量精度,提高了安装效率,缩短安装周期。

1.系统组成

激光跟踪仪由激光跟踪头、控制器、计算机、反射器及测量附件组成。

2.工作原理

如图 7.4 所示,激光跟踪仪测量原理是在待测目标点放置一个反射器(靶镜),跟踪头发射激光束到反射器上并接收反射回的光束,通过测角系统与测距系统来确定反射器球心到跟踪头的水平角 H_z、垂直角 V_t 及距离 D,从而得到待测点的空间坐标。

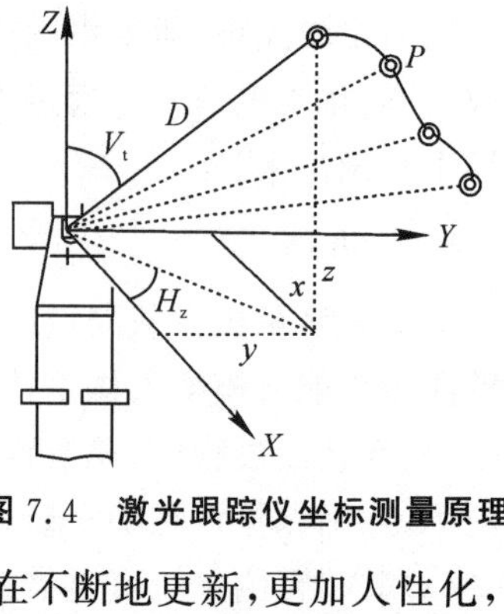

3.应用

随着技术的发展革新,基于空间分析仪(Spatial Analyzer, SA)软件的激光跟踪仪测量系统在不断进步和创新,SA 软件也在不断地更新,更加人性化,可视化程度更高,操作界面更加简单,功能更加完善,能满足各种测量及分析要求,使初学者更

图 7.4　激光跟踪仪坐标测量原理

加容易掌握。SA 软件在工装装配中的应用如下。

1)传统 OTP 点安装法在工装装配中的使用

近十几年来,飞机工装的制造和装配经历了模拟量到模拟量,模拟量到数字量,再到全数字量传递三个过程。目前,CATIA 和计算机辅助测量系统(CAMS)已在工装设计和制造中广泛采用,它实现了工装设计、制造和检测的数字量传递,优化了工装设计制造流程,使工装的制造与装配水平有了质的飞跃。在工装设计阶段,设计员可直接利用产品的数模进行装配工装的三维立体化设计,并可方便地实现工装预装配和干涉检查。在工装的装配与测量方面,数字化技术走过了两个阶段——间接法与用 3D 模型直接测量和装配。传统 OTP 点安装法也叫间接法,在用间接法进行工装装配时,3D 模型并未真正地导入工装装配中,而是间接地用 3D 模型中的 OTP 点来传递装配信息,如型面、定位面等。

由于物体在空间内的运动可分解为六个自由度,控制该物体的六个自由度就可确定其在空间中的位置了。以一块简单的定位卡板零件为例,如图 7.5 所示。

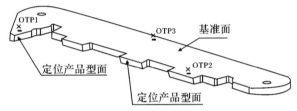

图 7.5　定位卡板

首先,工装设计在数模中不但要做出定位产品的型面、基准面(对工装型面空间位置影响较大的平面),还要设置控制点(即 OTP1、OTP2、OTP3),制造单位根据设计给定的数模,以基准平面为数控加工基准面进行加工,加工出的零件不但型面与定位产品型面一致,同时还要保证 3 个 OTP 点与型面之间位置关系符合设计要求。其次,工装设计根据 OTP 点的 3 - 2 - 1 原则确定 3 个 OTP 点中的 6 个坐标值,比如选择 OTP1 作为基准点(X_1,Y_1,Z_1)作为控制基准,然后选择 OTP2、OTP3 的 $Z(Z_2,Z_3)$ 坐标作为控制基准,最后在 OTP2 或 OTP3 中选择 X 坐标作为控制基准,如 OTP2 的 X_2 作为控制基准,余下的 X_3、Y_2、Y_3 仅作为参考。那么,装配工人在用激光跟踪仪进行装配时 OTP1 的三个坐标值均需严格控制(X,Y,Z),OTP2 控制两个坐标值(X,Z),OTP3 只控制一个坐标值就(Z)可以了。这样就保证了定位型面在空间中的唯一性。

同时也可以清楚地看出,用激光跟踪仪测量 OTP 点来进行安装属于间接测量,它所测量的 OTP 点并不用来定位产品,用来定位产品的型面与 OTP 点是通过数据进行传递的。零件在安装的过程中,设计必须保证 OTP 点坐标的准确性才能保证定位产品的型面是准确的。

2)OTS 空间曲面定位法在工装装配中的使用

随着测量技术研究的深入、软件的更新,将 3D 模型导入安装软件中,直接用 3D 模型进行装配已经成为现实了。OTS 空间曲面定位法在工装装配中的应用主要包括定位面、型面和孔(非 OTP 孔)等。

定位面、型面在 3D 模型中非常直观,孔位可以在 3D 模型中作出该孔的轴线,用该轴线来作为测量该孔的几何元素。在 SA 软件中,所有面的测量可以直接用反射器放在被测量的表面,软件里面会有一个设置偏置量的窗口,在其窗口设置不同的值,可以对不同的面进行测量。下面以某一工装为例进行说明。图 7.6 所示为需要装配的工装 3D 模型。

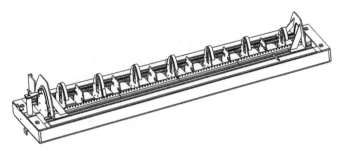

图 7.6　装配工装 3D 模型

在开始测量之前需要做的准备工作如下：

(1)生成安装模板文件。首先,将数模保存为安装所需要的格式,如 IGES、STEP 或直接的 CATIA 模型;其次,在导入的 3D 模型中采用三点法建立装配时需要的坐标系;最后导入 ERS 参考值,ERS 参考值导入后,保存该工作文件到备份存档中,文件名命名为×××模板,包含工装号、版次、生成时间。这样保存便于以后有需要时方便地对模板进行更改,以后定检、返修需要时可以很方便地调用。

(2)建立工装坐标系。在具体操作上,先用跟踪仪或其他光学仪器按照设计给定的工装坐标系下的理论值安装工装上的工具球支座,并测量出其在工装坐标系下的实测值,在工装坐标系下用理论值来调整四个工具球支座,调整到公差范围内,实测这四个值,然后再测量其他 ERS 点,并保存为参考文件。在至少三个不同的位置进行上述工作内容,测量出的 ERS 参考值至少有三个,对这三个值求平均值,对不太合适的值进行修正,用这个平均值作为最终的 ERS 参考值。之后每回调装零件时,先测量足够的 ERS 点,与 ERS 参考值进行最佳拟合,就将仪器坐标系转换到了工装数模坐标系,如图 7.7 所示。

最佳拟合转换					
自由度		**结果**	X	Y	Z	量值
☑X ☑Y ☑Z ☑比例		计算	4	4	4	4
☑Rx ☑Ry ☑Rz 比例设置		最大误差	0.0678	0.0307	0.0433	0.0832
公差颜色显示区		RMS 误差	0.0582	0.0202	0.0328	0.0698
0.5080 1.0160 1.5240		标准偏差	0.0672	0.0234	0.0379	0.0806
		最大误差(所有)	0.0678	0.0307	0.0433	0.0832
		RMS 误差(所有)	0.0582	0.0202	0.0328	0.0698
报告		Unknowns	7	Equations	12
		转换			
Export to CSV		平移	68641.9633	3489.5134	15911.9177	70548.4582
		旋转(固定的 XYZ)	0.8222	40.3425	-175.3675	
应用转换 取消		旋转(Euler xyz)	-174.6236	-40.2656	2.8526	
		旋转(角度 轴)	0.3450	0.0072	-0.9386	175.9354
列		比例因子				1.000001
☑名义值 ☐实测值 ☐权重		矩阵	-0.7597	0.0715	-0.6463	68641.9633
			-0.0616	-0.9974	-0.0380	3489.5134

名称	NomX	NomY	NomZ	dX	dY	dZ	dMag
☑ ERS1	0.0621	0.0185	10.2703	0.0654	-0.0307	0.0184	0.0745
☑ ERS2	0.0448	609.5845	10.3297	0.0451	-0.0035	-0.0403	0.0606
☑ ERS3	5029.1361	609.5932	10.2703	-0.0513	0.0152	-0.0218	0.0578
☑ ERS4	5029.1670	0.0039	10.3297	-0.0678	0.0212	0.0433	0.0832

图 7.7　最佳拟合转换窗口

(3)工装实际测量与安装。完成上述工作后,直接利用三维数模进行调装。

3)SA 软件的基本分析应用

OTS 空间曲面测量技术的引进使用,使激光跟踪仪测量技术的应用逐渐从工装装配生产扩展到产品和飞机测量。应用 SA 软件对测量数据进行正确分析也是一个十分重要的环节。

目前应用 SA 软件对各项目工装新制、返修和定检数据进行分析，经过不断改进，最终确定了 SA 软件分析报告模板。报告的主要内容包括激光跟踪仪校验截图、ERS 系统转换报告、标尺长度验证报告、OTP 点数据分析、OTS 点数据分析。SA 软件在进行点到点分析时，可以分别对 X、Y、Z、综合误差设置不同的公差（见图 7.8），报告结果中的信息摘要清晰地显示出 X、Y、Z、综合误差的超差和合格的具体数量信息，详细对比报告明显标记出超差位置，可以快速地找出超差具体数值，如图 7.9 所示。

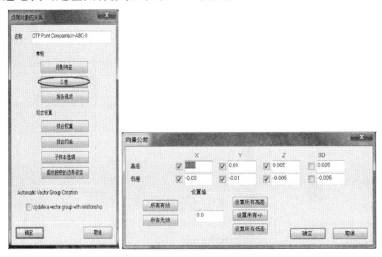

图 7.8　公差设置窗口

Points To Objects Relationship				
OTP Point Comparrison-ABC-2 (Reported in XB340/747-8IF-304-0822S1:ABC-1)				
Statistic	dX	dY	dZ	Mag
Min	-0.0046	-0.0069	-0.0021	0.0025
Max	0.0130	0.0053	0.0080	0.0152
Average	0.0048	-0.0002	0.0031	0.0079
StdDev from Avg	0.0043	0.0040	0.0027	0.0031
StdDev from Zero	0.0066	0.0040	0.0042	0.0088
RMS	0.0063	0.0038	0.0041	0.0084
Tol Range	-0.0300	-0.0100	-0.0050	
	0.0300	0.0100	0.0050	
In Tol	12 (100.0%)	12 (100.0%)	9 (75.0%)	
Out Tol	0 (0.0%)	0 (0.0%)	3 (25.0%)	
Count	12			

信息摘要

对比报告

Points To Objects Relationship										
OTP Point Comparrison-ABC-2 (Reported in XB340/747-8IF-304-0822S1:ABC-1)										
Name	Object			Point			Delta			
	X1	Y1	Z1	X2	Y2	Z2	dX	dY	dZ	Mag
OTP24716	155.6486	-2.0958	-2.4747	155.6519	-2.0908	-2.4667	0.0033	0.0050	0.0080	0.0100
OTP24732	90.0749	-2.5590	-14.6726	90.0703	-2.5616	-14.6677	-0.0046	-0.0026	0.0049	0.0072
OTP24736	90.0563	-0.9780	-3.0333	90.0621	-0.9799	-3.0291	0.0058	-0.0019	0.0042	0.0074
OTP24742	50.1107	-1.8909	-15.2640	50.1237	-1.8978	-15.2603	0.0130	-0.0069	0.0037	0.0152
OTP24746	50.0964	-0.1730	-3.3116	50.1019	-0.1695	-3.3137	0.0055	0.0035	-0.0021	0.0068
OTP24756	8.8254	0.5398	-3.4982	8.8263	0.5389	-3.4930	0.0009	-0.0009	0.0052	0.0054
OTP24762	-26.4349	-0.6244	-17.1750	-26.4286	-0.6191	-17.1743	0.0063	0.0053	0.0007	0.0083
OTP24765	-22.1116	1.1356	-3.5867	-22.1092	1.1355	-3.5867	0.0024	0.0009	0.0000	0.0025
OTP24766	-26.4572	1.2211	-3.5869	-26.4517	1.2220	-3.5853	0.0055	0.0009	0.0016	0.0058
OTP24771	-57.4604	-0.2401	-17.6402	-57.4563	-0.2445	-17.6351	0.0041	-0.0044	0.0051	0.0079
OTP24775	-57.4750	1.9609	-3.4047	-57.4662	1.9641	-3.4022	0.0088	0.0032	0.0025	0.0097
OTP24776	-61.8199	2.0561	-3.3388	-61.8136	2.0521	-3.3353	0.0063	-0.0040	0.0035	0.0082

图 7.9　报告模板(一)

　　SA 软件的 OTS 分析功能,可以从多方面信息得出清晰且详细的分析结果,并包含形象的图片信息,比如超差点的百分率、超差的最大和最小值、超差所在位置。可以将分析对象的详细信息附加到报告里,方便电子存档。正因为 SA 具有强大的分析功能,所以不仅将其应用在工装装配中,也将其应用于一些产品分析中,如图 7.10~图 7.12 所示。

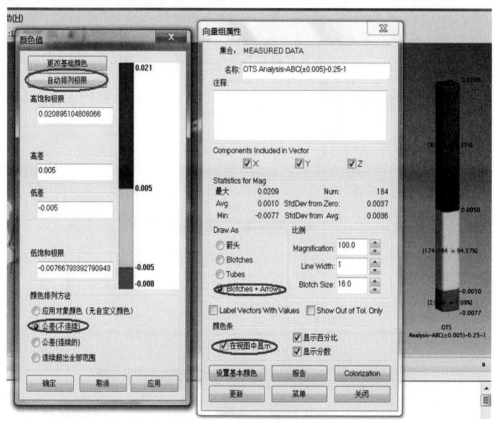

图 7.10　公差设置

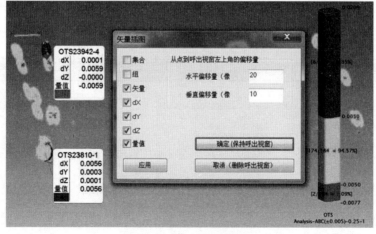

图 7.11　分析要素选取

All Vectors Summary: Vector Group				
XB340-747-8IF-304-ANALYSIS::OTS-FRAME JIG(±0.005)-0.25				
Statistic	dX	dY	dZ	Mag
Min	-0.0005	-0.0092	-0.0031	-0.0124
Max	0.0018	0.0289	0.0099	0.0306
Average	0.0002	0.0047	0.0014	-0.0017
StdDev from Avg	0.0004	0.0069	0.0023	0.0087
StdDev from Zero	0.0005	0.0084	0.0027	0.0088
RMS	0.0005	0.0083	0.0027	0.0087
Tol Range				-0.0050
				0.0050
In Tol				12 (37.5%)
Out Tol				20 (62.5%)
Count	32			

Vector Group									
XB340-747-8IF-304-ANALYSIS::OTS-FRAME JIG(±0.005)-0.25									
Name	Begin			End			Delta		
	X1	Y1	Z1	X2	Y2	Z2	dX	dY	dZ	Mag
OTS24201_1	6.8249	-193.2648	105.4828	6.8249	-193.2621	105.4836	-0.0000	0.0027	0.0008	-0.0028
OTS24201_2	6.8833	-193.0736	104.8222	6.8833	-193.0678	104.8239	-0.0000	0.0058	0.0017	-0.0060
OTS24201_3	6.4149	-193.2554	105.4428	6.4149	-193.2503	105.4443	-0.0000	0.0051	0.0015	-0.0053
OTS24201_4	6.4261	-193.0782	104.8297	6.4261	-193.0715	104.8316	-0.0000	0.0066	0.0019	-0.0069
OTS24202_1	9.5864	-193.1181	105.7199	9.5863	-193.1175	105.7201	-0.0000	0.0006	0.0002	-0.0006
OTS24202_2	10.0124	-193.0849	105.7107	10.0124	-193.0841	105.7110	-0.0001	0.0008	0.0002	-0.0008
OTS24202_3	9.6089	-192.9136	104.9796	9.6086	-192.9103	104.9805	-0.0002	0.0033	0.0009	-0.0035
OTS24202_4	9.9499	-192.9052	105.0384	9.9496	-192.9015	105.0394	-0.0003	0.0037	0.0010	-0.0038
OTS24203_1	3.9914	-182.6687	68.9219	3.9921	-182.6568	68.9253	0.0006	0.0119	0.0034	-0.0124
OTS24203_2	3.9920	-182.8718	69.6404	3.9926	-182.8610	69.6435	0.0006	0.0109	0.0031	-0.0113
OTS24203_3	4.0722	-183.0571	70.2808	4.0727	-183.0471	70.2836	0.0005	0.0101	0.0028	-0.0105
OTS24203_4	4.2035	-183.2599	70.9734	4.2039	-183.2514	70.9758	0.0004	0.0085	0.0024	-0.0089

图 7.12　报告模板(二)

7.1.4　激光干涉仪测量

激光干涉仪是一种使用激光干涉原理来测量物体表面形状和平面度的设备,如图 7.13 所示。常用型号为 Renishaw XL‐80,测距范围为 1~80 m,测量精度为 $\pm 0.5 \times 10^{-6}$。

图 7.13　激光干涉仪

1. 系统组成

激光干涉仪通常由激光光源、分束器、反射镜、光学平台、探测器和数据处理系统组成。

2. 工作原理

激光干涉仪利用激光的干涉原理来测量物体表面的微小高度变化,从而提供高精度的测量结果。首先,激光光源发出一束单色、相干的激光光束。通过分束器将激光光束分成两束光线,即参考光和被测光。参考光经过较长的光程路径,在被测物体的表面与被测光发生干涉。干涉现象导致光的波面产生差异,传感器捕捉到这些差异并将其转换为电信号。然后,数据处理系统对这些电信号进行分析,最终推导出被测物体表面的形状和尺寸信息。

3. 应用

激光干涉仪结合不同的光学镜,可以实现高精度测量线性长度、垂直度、角度、直线度、平行度和平面度等几何参数。在动态测量软件配合下,激光干涉仪可实现线性位移、角度和直线度的动态测量与性能检测,以及进行加速度、位移、速度、振幅与频率的动态分析。

(1)数控定位器的传动机构通常采用滚珠丝杆副,其在生产、制造和装配过程中会存在误差,并且长期使用会导致精度下降,可以使用激光干涉仪来进行螺距误差补偿。

(2)激光干涉仪可用于定位和对齐夹具,确保工件正确定位和支撑,提高装配过程的效率和准确性。

7.1.5 照相测量

照相测量指通过从不同的观察方向对目标进行拍照,使用强大的图像处理软件处理数字图像,并进行测量和统计获得每个测量点的三维坐标。

1. 系统组成

数字照相测量系统(Digital Photogra mmetry System,DPS)如图7.14所示。数字照相测量系统由数码相机、测量标志物、计算机软件和数据处理工具组成。

图7.14 照相测量系统

2. 工作原理

数字照相测量系统利用数码相机拍摄测量目标图像,并利用计算机视觉和图像处理技术对图像进行分析,以实现测量和测量结果提取。

3. 应用

(1)DPS技术已经成功地应用于国外的F-18飞机生产线,并且在某些工装零部件的外形测量中得到了应用。

(2)数字照相测量系统支持CAD数模对比功能,实现了工装定位组件的空间曲面测量和安装。

(3)数字照相测量系统在验证工装零件是否符合制造要求、实时监控装配质量和进行评估方面具有重要作用。通过比较实际装配结果和参数,可以及时发现装配错误和缺陷,并采取相应纠正措施。

7.2 液压检测技术

液压检测技术用于检测液压系统的性能和故障。它通过监测和分析液压系统中的压力、流量和温度等参数,来确定系统的工作状态和故障原因。液压检测技术的发展可以追溯到 19 世纪末,当时开始应用液压技术,并逐渐发展成为现代液压系统。随着航空技术的不断发展,工装液压系统越来越复杂,对液压附件性能和可靠性试验要求也越来越高。早期工装液压附件寿命试验次数仅有几百次,20 世纪 80 年代研制的液压系统寿命试验次数达到 2 万多次,而目前液压附件寿命试验次数可达 4 万~8 万次,有的甚至达到十几万次,因此早期的手动操作方式已不能满足当前液压系统的试验要求。因此,液压系统寿命检测需要发展成自动化控制。现代液压检测技术已经实现了全自动化、高精度和远程监测,并且可以通过计算机等设备进行数据处理和分析。这些技术的发展使得液压检测更加准确、高效和可靠,对提升飞机制造工装的性能和质量给予了强大的支持。

1.分类

液压检测技术可分为非损伤检测和损伤检测两类。

(1)非损伤检测是指通过监测液压系统的物理参数变化,如压力、流量、泄漏、噪声、振动、温度等,来评估系统的工作状态和性能。这种检测方法不会对系统造成任何损伤,适用于日常监测和维护。

(2)损伤检测是指通过检测液压系统中的故障现象,如零件磨损、密封件损坏、间隙等,来判断系统是否存在故障或损伤。这种检测方法需要对系统进行拆解或检修,适用于排除系统故障和修复。

2.检测方法

(1)压力检测:通过监测液压系统中的压力变化,判断系统的工作状态和性能,可以检测系统的压力峰值、稳定性、波动等参数。

(2)流量检测:通过监测液压系统中的流量变化,评估系统的工作能力和性能,可以检测系统的流量峰值、稳定性、波动等参数。

(3)温度检测:通过监测液压系统中的温度变化,判断系统的散热性能和工作状态,可以检测系统的温升、稳定性、温度分布等参数。

(4)泄漏检测:现代工厂是能源浪费的重点环节,泄漏检测最有效的方法有超声波检测泄漏相机技术,它是所有检测泄漏方法中最便捷的一种,其快速、便捷、精准度高等特点已深入人心。

(5)故障检测:通过检测液压系统中的故障现象,判断系统是否存在故障或损伤,可以检测系统的噪声、振动等故障现象。

(6)液压零件精度检测:通过对零件精度、配合精度、表面粗糙度状态的检测判断零件的工作状态和性能,判断检测出液压系统故障现象、故障原因。

(7)液压油精度检测:通过对液压油精度检测,判断油液是否可以继续使用,液压油中混用灰尘、乳化液是液压系统故障最大的原因。

(8)液压系统电信号检测:通过对液压阀、伺服阀信号的检测,判断液压系统故障现象、故障原因。

3.优势

(1)非侵入性:液压检测技术可以通过监测系统的物理参数变化来评估系统的工作状态,无需对系统进行拆解或检修,不会对系统造成损伤。

(2)高效性:液压检测技术可以快速获取系统的工作参数,通过分析这些参数,可以快速判断系统的工作状态和故障原因,提高故障排查和修复的效率。

(3)全面性:液压检测技术可以检测液压系统的各项参数,包括压力、流量、温度等,从而提供全面的系统工作状态评估和故障诊断。

(4)精准性:液压检测技术可以通过监测系统的物理参数变化提供精确的系统工作状态评估和故障诊断结果,准确判断故障原因,指导维修措施的制定。

4.应用

液压检测技术在飞机工装制造中有重要的应用。如图 7.15 和图 7.16 所示,液压千斤顶、液压试验台和液压作动筒等工装通常需要运用液压检测技术。液压千斤顶和液压试验台使用的液压检测技术主要有压力检测和泄漏检测。通过传感器或压力表测量液压系统的压力参数,以确保系统正常工作,并保证施加的力或压力符合要求。通过检测液压系统中的泄漏情况,包括管路连接处和密封件等,确保系统的密封性良好。液压作动筒使用的液压检测技术主要包括压力检测、温度检测和流量检测。除了上述的压力检测技术以外,使用温度检测技术监测液压系统中的温度变化,可防止过热或过冷导致系统故障。流量检测技术通过流量计等装置来监测液压系统中的液体流动情况,以确保流量符合要求。

图 7.15　液压千斤顶检测　　　　　　图 7.16　液压试验台检测

7.3　气动检测技术

气动检测技术通过检测和分析工装中的气体流动和压力变化评估工装的状态和性能。它主要应用于工装中的气动系统,如管道、阀门、气泵等部件。在世界范围内,气动检测方法被广泛应用于航空航天、汽车制造、电子设备等多个领域。常用的设备包括压力传感器、空气流量传感器和漏气检测仪器等。这些设备可以测量气体的压力、流速和流量等参数,然后通过与标准值进行比较来判断被测物体的性能是否合格。气动检测技术的发展历史可以追溯到工业化初期,最早的方法是利用气体的流动性质来检测工装的泄漏情况。例如,使压缩空气通过工装中的孔洞或管道,通过观察气体是否泄漏来判断工装的密封性能。这种方法简单且成本低,但只能检测到明显的泄漏情况,无法提供具体的定量数据。随着工业技术的不断进步和需求的增加,气动检测技术也得到了不断改进和发展。现代工装中常用的气动检测技术包括气密性测试、气动流量测试、气压测试和气体成分检测等。

1. 分类

气动检测技术可分为非损伤检测和损伤检测两类。

(1)非损伤检测是指通过监测气路系统的物理参数变化,如压力、流量、泄漏、噪声、振动、温度等,来评估系统的工作状态和性能。这种检测方法不会对系统造成任何损伤,适用于日常监测和维护。

(2)损伤检测是指通过检测气动系统中的故障现象,如零件磨损、密封件损坏、间隙等,来判断系统是否存在故障或损伤。这种检测方法需要对系统进行拆解或检修,适用于排除系统故障和修复。

2. 检测内容

气动检测技术根据检测对象和检测方法的不同,其检测内容可以分为多种,包括气密性检测、气动流量检测、气压检测、气体成分检测等。每种类型都有不同的应用领域和检测目标。

(1)气密性检测主要用于检测气路系统中气体泄漏的情况。通过充气或抽真空的方式,将气体注入或抽走,然后观察气体是否存在泄漏的现象。气密性测试可以定量评估气路系统的气密性,并提供具体的泄漏率数据。

(2)气动流量检测用于测量气路系统中气体流动的速度和方向。通过安装流量计或使用差压传感器,可以实时监测气体的流速和压力差,在不同位置进行测量,以评估气路系统中气体流动的均匀性和稳定性。

(3)气压检测主要用于检测气路系统中气压的稳定性。通过安装压力传感器或差压传感器,可以实时监测气路系统中的气压变化。如果气路系统中的气压变化较大或不稳定,可能会影响气路系统的正常运行,因此,气压测试可以及时发现气压问题,并采取相应的措施。

(4)气体成分检测利用气体中特定成分的浓度变化来检测气路系统中的物质渗透情况。例如,利用气体传感器来监测气路系统中某种特定气体成分的浓度变化,以判断气路系统的密封性能和渗透情况。

(5)气路系统零件精度检测:通过对零件精度、配合精度、表面粗糙度状态的检测,判断零件的工作状态和性能,判断、检测出气路系统故障现象、故障原因。

(6)气路系统电信号检测:通过对气动阀、伺服阀信号的检测,判断气路系统故障现象、故障原因。

在气动检测过程中,可以检测到的内容还包括:管道的泄漏情况、阀门的开闭状态、气体流动的速度和方向、内部气压的稳定性等。通过对这些内容的检测和分析,可以评估气路系统的性能是否符合要求,及时发现和解决问题。

3.应用

(1)如图7.17所示,气压试验台是以气体为介质对飞机冷气或氧气系统及其附件、飞机部件(如座舱、机翼油箱)进行压力、功能和气密试验的专用设备。气密试验总的要求是系统各管路部分耐压能力达到图纸规定的数值,并保压15 min,检查有无渗漏和降压现象。对不明显的渗漏部分,一般采取刷肥皂水于各连接处的方法逐一排查,直至无渗漏现象为止。

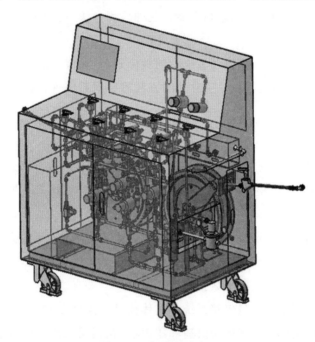

图7.17　气压试验台

(2)气动铣切设备用于工装制造的加工和修复。在这些设备中,气压检测技术被用于监测气动铣切机床的气压状态,确保设备运行稳定和工作质量。

(3)飞机工装中的送风系统通常用于为工作区域提供压缩空气。在这个系统中,气压检测技术被用于监测送风管道的气压状态,确保空气压力在合适的范围内。气动检测技术能够帮助确保工装零部件的质量和性能,保证工装的安全运行。

(4)复合材料成型模具工装型板存在着在交变热、压力的共同作用下容易产生焊缝漏气的现象。为了保证气密性,需要对复合材料成形工装型板进行气密检测,确定漏气点位置,并进行后续修复。氦气检测法可快速确定工装是否漏气,通过在工作区域的背面打氦气可初步判断漏气区域,然后可通过区域排除法逐步缩小检测区域,以确定具体漏气点的具体位置,配合使用 100 倍的放大镜来标定漏气的具体点位。

7.4 电气检测技术

电气检测技术是指通过对工装中电气控制系统进行检测,以确定其是否符合安全、可靠、高效、稳定运行要求的技术。随着电气设备的不断发展和更新换代,电气检测技术也在不断地发展和完善。电气检测技术有多种检测方法。其中,常见的电气检测方法包括电阻测量、电压测量、电流测量、功率测量、频率测量等。这些方法可以通过使用专业的测量仪器和设备实施,如万用表、电压表、电流表、功率计等。随着科技的进步和工业的发展,电气检测技术也得到了不断的改进和创新。从最初的手动测量到自动化检测系统的出现,电气检测技术在提高效率和准确性方面取得了显著的进展。此外,随着物联网和人工智能等新兴技术的应用,电气检测技术也得到了更广泛的应用,为工装制造提供了更多的可能性。电气检测技术的应用,可以确保工装制造过程中的电气设备和回路的质量和可靠性,提高工装的性能和安全性。

1. 常见检测方法

(1)绝缘电阻测试。绝缘电阻测试是电气检测中最基本的测试方法之一。它通过测量电气设备的绝缘电阻值来判断设备的绝缘状态是否良好。测试时需要使用专业的绝缘电阻测试仪器,测试结果应该符合国家标准和设备制造商的要求。

(2)电压和电流检测。通过测量电路中的电压和电流值,可以判断电路的工作状态是否正常和是否存在故障。这种方法广泛应用于用于监测电机的运行状态、电源质量和电路的电压稳定性等。

(3)热红外检测。热红外检测是一种通过红外线热像仪对电气设备进行检测的方法。它可以检测设备的温度分布情况,从而判断设备是否存在异常情况。这种方法可以在设备正常运行时进行,不需要停机检测,因此非常方便。

2. 测试设备

(1)万用表是一种将多个测量功能(例如电压、电流、电阻和频率测量)结合到一个单元中的手持设备,如图 7.18 所示。万用表一般以测量电压、电流和电阻为主要目的。

(2)兆欧表。它是一种用于测量绝缘子电阻的特殊类型欧姆表,如图 7.19 所示。兆欧表的电阻值可能从几兆欧到数百万兆欧。兆欧表通过电池动力的内部电路或手动操作的发电机产生高电压,输出范围为 250~15 000 V。兆欧表是最常用的测试设备之一,可用于测量各种类型设备的绝缘性能,例如断路器、变压器、开关设备和电缆。

图 7.18　万用表

图 7.19　兆欧表

（3）继电器测试仪。图 7.20 所示继电器测试仪配备多个电源来测试固态和多功能数字保护,每个电压和电流通道独立操作以创建不同的电力系统条件。高端继电器测试设备不仅可以测试简单的电压、电流和频率继电器,还可以测试复杂的保护方案,例如通信辅助线路保护等。

图 7.20　继电器测试仪

3.应用

电气试验台是用于对工装电气系统进行测试和调试的设备。它可以模拟各种电气信号,检测和记录电气装置的电压、电流、频率、相位等参数。在电气试验台上,通过集成各种电气测试设备,可以实现电路板、电子元件或整个电路的性能的测试,以便提高工装电气系统的稳定性。电气检测技术在测试、控制和监测工装电气系统以及各种机械部件和系统时起着至关重要的作用。

7.5　软件检测技术

软件检测技术通过一系列手段和方法,对工装制造中所使用的软件进行检测、验证和优化,以确保软件的质量和可靠性。世界上关于软件检测技术的检测手段和方法有很多,其中包括静态分析、动态分析、模型检测、符号执行、随机测试等。这些方法各有优劣,在不同的场景下可以选择不同的方法进行软件检测。历史上,软件检测技术经历了不断的发展和演进。早期的软件检测主要集中在静态分析和测试方法上,随着计算机技术的不断进步,动态分析和模型检测等技术逐渐应用于软件检测中。近年来,随着人工智能和机器学习等技术的兴起,一些先进的软件检测技术也得到了广泛应用。目前,一些先进的软件检测技术可进行模糊测试、符号执行、混合测试、形式化验证等。这些技术能够更加全面地检测软件中的潜在问题,提高软件的质量和可靠性。在飞机工装中,软件检测技术也十分重要。简单软件测试只做用户使用报告,中大型工装软件可按测试计划、测试报告执行,复杂的大型工装软件可做测试计划、测试大纲、测试报告,甚至第三方测试报告。

1. 检测内容

(1)功能测试:软件功能是否符合功能性需求。

(2)负载测试:通过改变系统负载方式、增加负载等来发现系统中存在的性能问题。

(3)压力测试:可以看作是负载测试的一种,通常是在高负载情况下来对系统的稳定性进行测试,更有效地发现系统稳定性的隐患和系统在负载峰值条件下的功能隐患等。

(4)性能测试:为了获取或验证系统性能指标进行的测试。

(5)易用性测试:测试软件是否易用,主观性比较强。一般要根据很多用户的测试反馈信息才能评价易用性。

(6)健壮性测试:又称为容错性测试,用于测试系统在出现故障时,是否能够自动恢复或者忽略故障继续运行。

(7)安全性测试:测试该系统防止非法侵入的能力。

(8)兼容性测试:测试该系统与其他软件、硬件兼容的能力。

(9)接口测试:测试软件的内部及外部接口工作是否正常,测试的重点是检查数据的交换、传递和控制管理过程。

(10)回归测试:错误被修正或软件功能、环境发生变化后进行的重新测试。

2. 应　用

在飞机工装制造过程中,需要使用多种软件来完成不同的任务,同时也需要搭配多种软件测试技术。

(1)工控上位机软件主要用于控制和监测飞机工装的运行状态,该软件通常具有实时控制和数据采集功能,可以通过与各种传感器和执行器的连接,实现对工装各部分的监测和控制。在软件测试中,需要确保工控上位机软件的稳定性和可靠性,保证其在各种工况下的正常运行。

(2)调姿规划软件用于确定工装在装配过程中的姿态和位置。该软件通常根据飞机的设计图纸和装配工艺要求,通过计算和优化算法,确定每个步骤中工装的合理位置和角度。在软件检测中,需要验证调姿规划软件的计算准确性和优化效果,确保工装的装配精度和效率。

(3)离线编程软件用来进行工装的自动化编程。该软件可以将装配工艺要求和机器人的运动规划转化为机器人的控制指令,以实现自动化的装配操作。在软件测试中,需要验证离线编程软件的编程能力和路径规划准确性,确保机器人能够按照预定的路径完成装配任务。

(4)机器人集控软件起到了协调和控制多个机器人同时进行装配的作用。该软件通过与各个机器人的通信和协调,实现整个装配过程的自动化控制。在软件检测中,需要验证机器人集控软件的通信和协调能力,确保各个机器人之间的配合和同步运动。

(5)自动制孔软件是用于在飞机工装上进行孔加工的软件。该软件通过与数控机床的连接,实现对工装零件上孔的自动定位和加工。在软件测试中,需要验证自动制孔软件的加工精度和稳定性,确保工装零件的加工质量。

7.6 系统检测技术

系统检测技术是工业领域的关键组成部分,它涉及对工装、设备、机床设备和机械设备等的性能、准确性和可靠性的全面评估。这项技术的核心目的是确保所有设备和组件在设计和制造过程中达到预期规格。在早期,系统检测主要依赖于手工工具和直观判断,如使用尺子、卡尺等进行物理尺寸的检查。这种方法虽然基础,但在当时的工业背景下已足够应用。随着工业革命的发展和技术进步,系统检测逐渐引入了机械化和自动化元素,比如使用电子测量设备和测试机来进行更精确的测量。进入20世纪后半叶,随着计算机技术和电子工程的发展,系统检测技术迎来了数字化和自动化的时代。这一时期,CAD和CAM技术的运用,以及各种传感器和控制系统的集成,大大提高了检测的准确性和效率。现代系统检测技术还包括了更高级的工具,例如3D扫描、激光测量、机器视觉系统等,这些技术不仅提高了检测的精确度,还能实现复杂组件和系统的实时监控和评估。在高新技术领域,如航空制造和高精度机械装备制造,系统检测的要求更为严格。这些领域的检测不仅要求极高的物理和机械精度,还涉及电子系统的复杂性和软件的可靠性。随着工业自动化和信息化的不断深入,系统检测技术也将继续向着更加智能化、精准化的方向发展。

1. 检测内容

(1)工装系统的功能性检测也是工装检测检验技术的关键内容之一。通过测试工装的各项功能,如固定、传动和定位等,可以确保工装在生产过程中的可靠性和稳定性。还可以进行运行试验,以验证工装系统的功能是否达到要求。

(2)工装系统的安全性检测也是工装检测检验技术的必要内容。工装在生产过程中承担着重要的任务,因此安全性是至关重要的。通过对工装系统的结构和安全装置的检测,可以确保工装具备必要的安全性。

2. 应用

在工装制造领域,系统检测技术可以用于检测工装的尺寸精度、装配质量和稳定性。通过使用传感器和数据采集设备,可以实时监测工装在使用过程中的变形和振动情况,从而及时发现并修复问题,提高工装的使用效率和产品质量。在机床设备领域,系统检测技术可以用于监测设备的工作状态和健康状况。通过采集设备的振动、温度、电流等参数,可以实时分析设备的运行情况,并根据分析结果进行预测性维护,提前预防设备故障,减少生产停机时间。在机械设备领域,系统检测技术可以用于检测机械设备的性能和工作效率。通过对机械设备的运行参数进行监测和分析,可以评估设备的工作状态,优化设备的操作参数,并提高设备的生产效率和能源利用率。在飞机制造装备领域,系统检测技术可以用于监测装备的性能和可靠性,系统检验内容见表7.1。通过采集装备的工作参数,可以实时监测其工作状态,预测潜在故障,并提供故障诊断和维修建议,确保飞机制造过程的安全和质量。

表7.1　系统检验内容

验收模板	验收项目	验收内容
集成验收	分块特性	按照分块清单检查专业专用地基、专用设备、信息设备、计量系统、工装系统各子项及总体机电气液各子项是否达到交付状态
	测量系统	按照集成总图、测量系统图检查测量基准点、测量特征点、测量站位布局的合理性,以及精度分析的合理性
	专用地基	按照集成总图,地基图检查地基接口尺寸的协调性,分析工装精度影响
	整机外观	检查工装整体布局各模块的表面涂饰是否满足相关规定,标识、标记是否满足相关规定;对设备类按照设备使用说明书进行安全要求检查,包括控制装置的标识是否准确、清晰,安全警示是否贴在工装显著的位置上,工装集成的电气设备是否设置安全警示标识等;检查液压、气动系统油路、气路是否泄压,压力、流量是否符合技术要求,压力表压力指示是否符合规定,是否灵敏准确且在验证合格期内;检查进给传动系统中的直线、回转坐标传动机构及导轨是否清洁无污,各坐标限位开关、减速开关、零位开关及机械保险机构是否清洁、安全、可靠,闭环系统中的光栅尺或感应同步尺表面是否清洁,压缩空气供给是否正常等
	整机安全性	按照相关安全内容项及国家、行业相关安全标准进行整体检查
	整机协调性	检查各模块在集成后激光视线的可达性,增强坐标系统(ERS)是否符合要求;对于具有刚性部件多轴协同运动功能的对接调姿类装备,检查其协同运动性;检查机、电、气、液、软相关接口的匹配状态
	整机功能	按照技术协议对工装系统的整机功能进行检查,确认各分块功能完备;进行运动构件在使用位置限位的准确性运动平稳性检查,目视无停顿、无抖动现象且全行程运动不少于2次;按制造工艺固化的测量仪器位置检查各工位监测点的视线可达性;按照工装图纸检查TB、ERS、OTP、OTS坐标值及公差等测量基准点、测量特征点的实际精度;对有空间位置导航要求的,按照预设运动轨迹检查其导航位置精度;按照技术协议、工装图纸检查工装传动轴位运行的有效范围,包含软硬限位极限位置;按照技术协议、工装图纸针对有运行速度要求的工装传动轴位运行的微调速度、额定速度、极限速度进行检查
	整机性能	按照技术协议相关性能内容对工装系统的整机性能技术指标进行检查,确认各分块性能关键技术指标是否达到要求
	资料规范性	按照技术协议、验收大纲检查各分块及专业过程资料、结果资料是否完备,确认各分块、各归口管理责任单位资料是否完备,确保各专业部门与工装系统审计、归档、定检、维保、复造等相关的图纸、文档、源代码、安装盘等无缺失
	试件测试	按照技术协议对系统的关键功能、性能进行试件测试
	整机试用	按照技术协议、设计图纸、验收大纲针对正式加工、安装对象工艺流程进行使用环节的全过程工艺流程试验,检查工装系统的工艺能力,特别关注对象产品相关的质量、效率和操作便捷性

续 表

验收模板	验收项目	验收内容
功能验收	单项基础功能	按照技术协议、工装图纸逐条检查各项软硬件是否具备相关功能需求
	单项延伸功能	按照备忘纪要逐条检查各项软硬件是否具备相关功能需求
	分块整体功能	按照技术协议、备忘纪要、工装图纸检查分块及独立装置整体功能
	其他功能	按照强制标准、人机工程等要求,工装系统必须应该具备的其他功能,相关功能有标准的按照标准,无标准则按照满足操作、工艺、维保基本需求进行验收
性能验收	测量要素	按照工装图纸检查 TB、ERS、OTP、OTS 坐标值及公差等测量基准点、测量特征点的实际精度
	定位精度/重复定位精度	针对技术协议、工装图纸规定的系统各轴所必须控制的定位、重复定位精度进行检查
	协同精度	针对多台联动的如数控调姿用数控定位器检查协同运动精度;对未明确要求进行结构试验件试验的,也可通过任意协同位置运动位置精度检测并分析协同精度
	导航精度	对于空间位置导航要求,按照预设运动轨迹检查其导航位置精度
	行走能力	对于运输车类工装系统,需要检查其在满载情况下的爬坡、越障、调平能力,越障爬坡主要针对室外运输车,爬坡测试应不低于3°,调平应测试其最大行程的调平精度
	有效行程	按照技术协议、工装图纸检查工装传动轴位运行的有效范围,包含软硬限位极限位置
	运行速度	按照技术协议、工装图纸,针对有运行速度要求的工装传动轴位运行的微调速度、额定速度、极限速度进行测试
	额定载荷	根据技术协议、工装图纸检查工装系统除自身固定系统外所能承受的外部载荷,地面支撑类应按照至少 1.5 倍额定载荷进行测试,吊挂类按照3～5倍额定载荷并符合标准要求进行测试
	有效传动	按照工装图纸针对有运动关系的传动结构进行检查,主要检查灵活性、稳定性、有效性等内容
	有效传感	针对力、位置、视觉、电流等各类传感器,检查传感有效性,特别关注安全、产品、协同相关的传感器
	宕机试验	针对工装系统整体运行的稳定性、可靠性进行整机不带载长时间运行测试,长时间使用时稳定、元器件发热不能超过许可
	工作时长	针对工装系统的连续不间断运行额定、最大工作时长进行整机带载运行测试,运行期间机电系统发热在允许范围值内,各项功能正常,主要技术指标不下降
	工作效率	针对工装系统的限定时间内工作的合格试件、试验产品、批产产品正常工作流程等的实际效率,主要检查工装系统自身工作效率和对象产品质量合格率

续 表

验收模板	验收项目	验收内容
性能验收	可靠性	评估和检查工装系统平均无故障时间、平均维修时间、工作失效概率
	安全性	检查互联互锁、极限位置、安全感应开关、与产品人员接近、短路保护、力矩位置限制等安全设置是否到位及有效;机械结构(特别是运动部件)是否有安全防护措施;高速运行或自动运行工装及设备区域是否有隔离措施,运动部件行程内是否有障碍物;高空位置的摆动幅度是否在安全范围内
	耐温性	按照安装技术协议、相关元器件国家行业标准,针对工装对抗低温、高温特性,检查机械、电气元件工作温度升温特性,检查高低温环境工作元器件及关联传感器的耐温特性
	耐腐蚀性	针对使用环境对工装结构、线路、元器件等可能产生的盐雾腐蚀、锈蚀、酸碱腐蚀等进行检查
	粉尘控制	检查工装系统自身及加工、装配过程中产生粉尘的控制效果
	防爆特性	进行防爆特性检查,特别关注电气系统、化学反应相关的爆炸控制措施
	额定噪声	检查系统运行噪声针对工装系统运行和使用状态下噪声是否超出环境允许限值或人员承受限值,进行工装系统运行最大噪声检查。一般整体和局部噪声不得超过 80 dB
	其他性能	按照技术协议、工装图纸、强制标准、人机工程等要求工装系统应该具备的其他技术指标,相关技术指标有标准的按照标准,无标准按照满足操作、工艺、维保等基本需求进行验收
关键零组件验收	形位精度	根据技术协议、工装图纸要求及未注明的轮廓尺寸、位置度、垂直度、平行度、直线度、平面度、波纹度、对称度等要素,特别关注有配合关系及最终使用关系的形位尺寸及精度
	表面粗糙度	根据技术协议、工装图纸及常规设计原理针对有表面粗糙度要求的表面进行检查
	表面处理	针对零件耐磨、防锈、美观等要求进行零件常规表面处理进行检查
	安装配合	针对有安装配合关系的特别是有公差控制要求的结构进行检查
	传动特性	按照工装图纸针对有运动关系的丝杆滑轨、螺旋、链、齿、带等传动结构进行检查,主要检查传动系统的灵活性、稳定性、安装精度等内容

续 表

验收模板	验收项目	验收内容
风电系统	电气系统	检查电气系统相关系统原理、线路布局、电气柜柜体及内部安装布置、接地、静电、防水、防尘、防雷、防腐、防爆等是否规范、合理、美观,进行布线及编程控制安全校验;保证工装系统工作空间有合适的照度,特别需要避免关键位置的刺眼、昏暗等影响操作人员视觉的照明光线;检查各传感器是否在校验期内
	液气回路	检查气压、液压相关管路,布置规整合理美观、无泄漏,检查管路额定压力;针对有真空要求的真空吸盘类结构,检查吸盘的吸附能力,有条件情况下检查真空度;检查跟系统安全等相关的传感器特别是压力表是否在校验期内
软件系统	软件资料	检查软件资料,特别关注源代码是否规范、可编译、无限制
	人机界面	检查各项操作界面的人机性,其应符合工序使用的常规习惯,颜色搭配及周围环境匹配性良好
	功能性能	检查软件本身的特性,根据试运行结果检查软件各项功能是否齐备、与硬件系统连接的各项响应是否符合预期
监视与测量系统	计量认证	监视与测量设备是否通过公司计量部门认证
机电成品	品牌型号	对照协议、图纸要求检查产品品牌及规格等的一致性,主要针对高价值成品,重点针对导轨、丝杆、减速器、主轴、电机伺服、数控系统等进行检查
	合格要素	针对产品出厂日期、是否为合格品等进行检查,保证成品合格可用,特别关注是否翻新、报废、过期、仿制等与价格和性能相关的要素

第8章 工装定检维保技术

8.1 概 述

定检维保是指对飞机制造设备、工装以及航空制造装备进行预定的检修和维护,以确保其安全可靠地运行。大型工装设备的维修保养是延长其使用寿命的关键环节,需要定期完成对设备的检查工作,及时发现设备运行中的缺陷,采取相关策略规范巡检制度,充分发挥定检维保技术在大型设备管理过程中的重要价值。

航空行业的发展始于 20 世纪初,工装维护主要是基于经验和简单的人工视觉检查,随着航空技术的发展和飞行安全要求的提高,对飞机制造设备、工装以及航空制造装备的定检维保需求也日益增加,维保技术逐渐转向了更为系统化和科学化的方法。在国外,航空制造装备和飞机制造设备的定检维保一直是航空制造业的重要环节,各大航空公司和制造厂商都建立了严格的维护计划和标准,以确保设备和工装的可靠性和安全性。在国内,随着航空制造业的快速发展,对定检维保的需求也越来越凸显,相关技术和标准逐步完善。

8.2 定检维保原则

随着生产效率的发展和对设备可靠性要求的不断提升,维修中的事前措施越来越受到重视,并逐步形成了丰富、独立的作业内涵和规范,这就提出了"定期保养""定期维护"的概念。"保养"就如人体的保健,通过必要的养护手段,使设备零部件处于良好的工作状态。润滑、清扫、擦拭就是最典型的常规工装保养手段。

随着智能制造的不断发展,数字化集成装备已全面应用于多个型号飞机的生产,其应用特点为产品的脉动式生产,数字化集成装备本身具有工装、设备二维特性。基于工装设备化的基本特性,维保和定检既要保证生产线不停滞,又要做好工装的保养和维护,这就对装备的保养、维护提出了新的挑战。集成装备中工装属性的子系统及按工装管理的机电部分,应执行工装定检;集成装备中机动设备属性的子系统,执行维保,分为一级保养、二级保养和三级保养。设备一级保养等同日常维护；二级保养参照工装定检技术要求，包括日常维护、总体检查、安全检查、常规检查的内容；三级保养相对二级保养增加性能检查要求，与工装定检技术内容等同。

8.3 定检维保方法

8.3.1 机械部分定检维保方法

1.零件清洗

常用的零件清洗方法如下：

（1）脱脂，清除零件上的油污。常采用有机溶剂、碱性溶液、化学清洗液等清洗，清洗方法有擦洗、浸洗、喷洗及超声波清洗等，清洗方式有人工清洗和机械清洗。

（2）机械除锈法。利用机械摩擦、切削等作用清除零件表面锈层，常用方法有刷、磨、抛光、喷砂等。

（3）化学除锈法。利用硫酸、盐酸、磷酸或其他混合液加入少量缓蚀剂除去锈蚀。化学除锈法步骤为脱脂—水洗—除锈—水洗—中和—水洗—去氢。

（4）电化学除锈法。利用电解腐蚀除锈，包括将锈蚀件作为阳极的阳极腐蚀法和将锈蚀件作为阴极、铅或铅锑合金作为阳极的阴极腐蚀法。

（5）清除涂装层。一般采用刮刀、砂纸、钢丝锯，或手持电动、风动工具进行刮、磨、刷等，也可使用有机溶剂、碱性溶液退漆剂等。

2.零件状态检查

1）常用检查方法

（1）目测法。用眼睛或借用放大镜对零件进行观察，对零件表面进行宏观检查，如观察是否有裂纹、断裂、疲劳剥落、磨损、刮伤、腐蚀磨损等。

（2）耳听法。通过听设备运转发出的声音来判断其技术状态。

（3）尺寸和形位公差测量法。用专用的测量工具和仪器对零件的尺寸、形状及相互位置精度进行检测。

（4）力学性能测定法。用专用仪器、设备对零件的力学性能，如应力、强度、硬度等进行测定。

（5）试验法。对不便于检查的部位，通过水压试验、无损检测等试验来确定状态。

（6）分析。通过金相分析了解零件材料的微观组织，通过射线分析了解零件材料的晶体结构，通过化学分析了解零件材料的合金成分及数量等。

2）关键零件检查方法

（1）设备导轨检查。用锤子轻敲设备床身各非工作面，根据发出声音进行鉴别，当有"破哑"声发出时，可判断该部位有裂纹。细小的裂纹可以用煤油渗透法检查，对导轨面上的凸凹掉块或碰伤,做好标记。

(2)主轴检查。主轴常见的外观检查包括轴颈磨损、外表面拉伤、弯曲变形、锥孔碰伤、键槽损坏、螺纹损坏等。

(3)齿轮检查。常用齿厚卡尺检查齿厚偏差,即用齿厚减薄量来控制侧隙,还可以用公法线千分尺测量齿轮公法线长度的变动量来控制齿轮运动的准确性。

(4)滚动轴承检查。检查内圈、外圈滚道,整个工作表面应光滑,不应有裂纹、微孔、凹痕和脱皮等缺陷;滚动体表面应光滑,不应有裂纹、微孔和凹痕等缺陷;保持架应保证完整,铆钉紧固。若发现滚动轴承的内、外有侧隙,不要轻易更换,可通过预加载荷调整,消除间隙,提高旋转精度。

(5)滚珠丝杠检查。检查表面是否光滑,是否有明显划伤、弯曲变形和裂纹等缺陷;预加载荷之后能否顺畅运行,是否有异响,各部位连接是否牢固等。

(6)减速机检查。检查减速机表面有无破损,有无零件缺失、裂纹等,有无漏油现象;检查预加载荷之后能否顺畅运行,是否有异响;检查各部位的连接是否牢固等。

3.设备精度检查

1)主轴回转精度检查方法

(1)主轴圆锥孔轴线径向圆跳动。在主轴中心孔插入一根锥柄检查棒,将百分表进行固定,表头与检查棒表面接触,转动主轴进行检查,测量四次,求平均值,得出主轴圆锥孔轴线径向圆跳动。

(2)主轴定心轴径向圆跳动。将百分表固定,表头顶在主轴定心轴颈表面上(若为锥面,测头需垂直锥面),旋转主轴检测,百分表读数的最大差值就是定心轴颈的径向圆跳动。

2)导轨直线度检查方法

(1)水平仪测量法。

a.将水平仪座放到导轨长度方向中间,水平仪置于其上,调平导轨使水平仪气泡居中。

b.将导轨用记号笔进行分段标记,长度与仪表座的长度相同。从靠近主轴的位置开始一次首尾相接,逐渐测量,读取各段高度差。可根据气泡的移动方向来判定导轨的倾斜方向,约定气泡移动方向与水平移动方向一致时为"＋",反之为"－"。

c.用"绝对读数法"将各段测量读数逐点累积。

d.取坐标纸,画出导轨直线度曲线图。画图时,导轨长度为横坐标,水平仪读数为纵坐标。根据水平仪读数依次画出各折线段,每段的起点与前一段的中点重合。

e.用"两端点连线法"或"最小区域法"确定最大误差格数及误差曲线形状。

f.按误差格数换算,即

$$\Delta = n \times i \times l \tag{8.1}$$

式中:Δ 表示导轨直线度误差(mm);n 表示曲线图中最大误差格数;i 表示水平仪的读数精度;l 表示每段测量长度(mm)。

(2)激光干涉仪测量法。

a. 选择测量目标，从"起点"到"终点"规划测量间距。

b. 根据被测导轨的位置（平面导轨或垂直导轨），安装激光干涉仪。

c. 调校象限仪程序，手动或用电脑记录数据。

d. 移动象限仪接近激光头，当 X、Y 值为 0 时，输入值。沿着测量对象长度方向移动象限仪大约 1 in(1 in=2.54 cm)，输入 X、Y 值。按规划的距离沿着长度方向移动象限仪，输入 X、Y 值，并通过相似的值确定导轨的直线度。

e. 若使用电脑操作，则按照测量软件的界面提示完成采点、输值和直线度分析。

（3）激光跟踪仪测量法。

a. 根据导轨长度，等距离规划测量点的位置。

b. 检查激光跟踪仪光线通路，并放置于合适位置。预热激光跟踪仪，准备测量靶球、平底球座备测。

c. 将靶球、球座放置到导轨滑块上，按照规划好的测量位置分别采点。

d. 检查测量数据的可靠性，如果有坏点，需要重新测量，如果测量数据可靠，则进行直线度计算。

e. 利用激光踪仪 SA 软件将各测量点用最小二乘法拟合成一条空间直线，包含实际线的最小柱面，圆柱直径为导轨的直线度。

3）导轨平行度检查方法

（1）水平仪测量法。

用水平仪检查 V 形导轨与平面导轨在垂直面内的平行度，将水平仪横向放置在专用桥板（或溜板）上，移动桥板逐点进行检查，误差用局部精度表示，如 0.02 mm/1 000 mm 等。水平仪在导轨全长上测量该数的最大代数差，即为导轨的平行度误差。

（2）激光跟踪仪测量法。

a. 根据导轨长度，等距离规划测量点的位置，测量点位可呈波浪形分布。

b. 检查激光跟踪仪光线通路，并放置到合适位置。预热激光跟踪仪，准备测量靶球、平底球座备测。

c. 将靶球、球座分别放置到要测量的两个导轨面上，按照规划好的测量位置呈波浪形采点。

d. 用激光跟踪仪 SA 软件分别将各自导轨上的测量点拟合出两个平面，然后用形位公差分析功能求出平行度。

4）导轨平面度检查方法

导轨平面度的检查方法，按照《机床检验通则 第 1 部分：在无负荷或准静态条件下机床的几何精度》（GB/T 17421.1—2023）执行。

5）定位精度和重复定位精度检查方法

定位精度和重复定位精度的检查方法，按照《机床检验通则 第 2 部分：数控轴线的定位精度和重复定位精度的确定》（GB/T 17421.2—2023）执行。

4．常见机械零部件的定检维保

1）导轨副定检维保方法

（1）对于直线导轨，用干棉布将导轨表面反复擦拭至光亮无尘，再将润滑油均匀地涂抹到导轨表面；充分滑动导轨几次，滚动导轨。用干棉布把两侧导轨与滚轮接触的地方擦拭干净，再把其余地方清洁干净。

（2）对导轨部分进行自润滑和集中润滑。润滑脂的选用参照《润滑剂和有关产品（L 类）的分类 第 8 部分：X 组（润滑脂）》（GB 7631.8—1990）执行。

（3）对导轨副进行除锈、防锈。

（4）镶条调整间隙。镶条分等厚镶条和斜镶条两种。等厚镶条是一种全长厚度相等、横截面为平行四边形（用于燕尾形导轨）或矩形的平镶条，通过侧面螺钉的调节与螺母锁紧，以其横向移位来调整间隙。斜镶条是全长厚度变化的镶条，配合 3 种常用调节螺钉，以斜镶条的纵向位移来调整间隙。斜镶条在全长上支承，斜度为 1：40 或 1：100，楔形的增压作用会产生过大的横向压力，调整时应注意。

2）光栅尺定检维保方法

（1）光栅尺与数显表插头座插拔时应在关闭电源后进行。

（2）根据实际使用情况，检查光栅尺保护罩是否完整，是否有异物进入，并及时用无水乙醇脱脂棉擦拭尺上的切屑和油液。

（3）检查各安装连接螺钉是否松动。

（4）在防尘密封条上涂保护硅油，注意避免硅油溅落在光栅划刻面上。

3）齿轮、齿条定检维保方法

（1）对齿轮、齿条进行清洁、擦拭。

（2）在齿轮、齿条啮合的关键部位添加润滑油脂，在齿条的其他部位添加少许润滑油防锈，用干棉布擦拭多余的油脂，避免灰尘附着。润滑脂的选用参照《润滑剂和有关产品（L类）的分类 第 8 部分：X 组（润滑脂）》（GB 7631.8—1990）执行。

（3）对外露的齿轮、齿条，检查安全防护罩的完整性。

4）滚珠丝杠螺纹副定检维保方法

（1）对于采用润滑脂润滑的滚珠丝杠，清洗滚珠丝杠上的旧润滑脂，更换新的润滑脂；润滑脂的选用参照《润滑剂和有关产品（L 类）的分类 第 8 部分：X 组（润滑脂）》（GB 7631.8—1990）执行。

（2）检查滚珠丝杠支承与床身连接是否有松动及支承轴承是否损坏。如存在问题，要及时紧固松动部位，更换支承轴承。

（3）检查滚珠丝杠螺纹副的轴向间隙，保证反向运动精度和轴向刚度。

（4）检查丝杠两点头支撑座是否有松动，并进行调整。

（5）避免硬质灰尘或切屑进入滚珠丝杠防护罩，避免在工作中碰撞防护罩，防护罩如有损坏要及时更换。

8.3.2　电气部分定检维保方法

1.常见电气元件故障分析与定检维护

1）低压断路器

低压断路器常见故障分析与维护方法见表8.1。

表8.1 低压断路器常见故障分析与维护方法

序 号	故障现象	故障分析	维护方法
1	电动操作断路器无法闭合	操作电源电压不匹配	更换电源
		电源容量不足	增大操作电源容量
		电磁铁拉杆行程不足	重新调整或更换拉杆
		电动机操作定位开关变位	重新调整
		控制器整流管或电容器损坏	更坏损坏元器件
2	手动操作断路器无法闭合	欠电压脱扣器无电压或线圈损坏	检查线路,施加电压或更换线圈
		储能弹簧变形导致闭合力减小	更换储能弹簧
		反作用弹簧力减小	重新调整弹簧反力
		机构不能反复再扣	重新再扣接触面至规定值
3	分励脱扣器不能使用断路器分断	线圈短路	更换线圈
		电源电压太低	调换电源电压
		再扣接触面太大	重新调整
		螺钉松动	拧紧螺钉
4	启动电动机时断路器不能立即分断	过电流脱扣器瞬动整定值太小	调整瞬动整定值
		脱扣器(如半导体器件、橡皮膜等)某些零件损坏	更换脱扣器或更换损坏零部件
		脱扣器反力弹簧断裂或脱落	更换弹簧或重新装上
5	欠电压脱扣器不能使断路器分断	反力弹簧变小	调整弹簧
		储能弹簧变小或断裂	调整或更换储能弹簧
		机构卡死	消除卡死(如生锈)
6	断路器温升过高	触头压力过低	调整触头压力或更换弹簧
		触头表面过分磨损或接触不良	更换触头或清理触头,更换断路器
		两导电零件连接螺钉松动	拧紧螺钉
		触头表面油污氧化	清除油污或氧化层
7	带半导体脱扣器的断路器误动作	半导体脱扣器元器件损坏	更换损坏的元器件
		外界电磁干扰	消除外界干扰,隔离或更换线路
8	漏电断路器经常自行分离	漏电动作电流变化	返厂重新校正
		线路漏电	检查线路,如是导线绝缘损坏,则更换

续 表

序　号	故障现象	故障分析	维护方法
9	漏电断路器不能闭合	操作机构损坏	更换零部件
		线路漏电或接地	消除漏电处或接地处故障
10	断路器闭合后一段时间自行分断	过电流脱扣器长延时整定值不对	重新调整
		热元件或半导体延时电路元器件变化	更换
11	有一对触头无法闭合	一般型断路器的一个连杆断裂	更换连杆
		限流断路器拆开机构的可拆连杆之间的角度变大	调整至原技术条件定值
12	欠电压脱扣器噪声大	反作用弹簧反力太大	重新调整
		铁芯工作面有油污	清除油污
		短路环断裂	更换衔铁或铁芯
13	辅助开关不通	辅助开关的动触桥卡死或脱落	拨正或重新安装触桥
		辅助开关传动杆断裂或滚轮脱落	更换传动杆或辅助开关
		触头不接触或氧化	调整触头,清理氧化膜

2)熔断器

熔断器常见故障分析:

(1)熔断器熔丝熔断频繁。一般在电动机刚启动瞬间频发,可能是熔断器或负荷存在问题。如果负载过大,熔断器动作即为正常;如果负载正常,可能是熔丝选择太小或是熔丝安装时受损。可以测量负载电流,根据电流大小进行判断。

(2)熔丝未熔断,电路不通。这种问题一般是熔丝两端未接好,或是熔断器自身原因,比如螺母未拧紧、端线引出不良等。

3)接触器

接触器常见的问题主要集中在触头系统和电磁机构两个方面:

(1)触头的常见故障及维护。触头的故障主要有触头过热、磨损和熔焊等。触头过热是触头接触压力不足、表面接触不良、表面氧化或积垢、触头表面被电弧灼伤起毛等原因引起的;触头磨损包括电弧或电火花造成的电磨损和触头闭合撞击相对滑动摩擦造成的机械磨损;触头熔焊是因为触头闭合时,由于撞击和震动,在动静触头之间的小间隙中产生短电弧,由于电弧温度高导致触头表面被灼伤烧熔,融化的金属使动静触头焊在一起。

a.触头表面维护。触头表面由于氧化、积垢造成接触不良,可以用小刀或细锉刀清理表面。对于银或银合金类的触头,不需要锉修,触头积垢可用汽油或 CCl_4 清洗。

b.触头整形。在维护触头毛刺时,可以将触头拆下来,用细锉刀清理突出的小点或金属熔渣,然后敲平,用细锉刀修平。

c.触头更换。镀银的触头若银层被磨损露出铜或触头严重磨损超过厚度的 1/2,应更换。

(2)电磁机构常见故障及维护。电磁机构故障主要有吸合噪声大、线圈过热、烧毁等。吸合噪声大主要是铁芯与衔铁的接触面接触不良,由锈蚀、油污、尘垢、活动部件卡住造成衔铁无法完全吸合。维护时,拆下线圈,如果线圈烧毁应更换;检查动静铁芯接触面是否平整、干净,如不平或锈蚀应用细锉刀锉平或磨平;校正衔铁的歪斜现象,紧固松动的铁芯等。

4)继电器

热继电器常见的问题分为热元件损坏、热继电器误动作及不动作三种情况:

(1)热元件损坏。应先切断电源,检查电路,排除短路故障,重新选择合适的继电器,并重新调整整定电流值。

(2)热继电器误动作。需要更换具有相应工作性质的继电器,并重新调整整定值。

(3)对于不动作的情况,大多数是由于热元件烧断、脱焊或电流整定值偏大,可根据不同的情况采取不同的措施。对于使用时间较长的热继电器,需要定期检查其动作是否可靠。

2.用仪表检测元器件故障

(1)测量电压。对电动机、各种电磁线圈、各控制电路的并联分支电路两端电压进行测量,如发现电压与规定的不符,则该部位可能有问题。

(2)测量电阻或通路。先切断电源,用万用表的电阻挡测量线路是否为通路,查明触电的接触情况、元件的电阻值等。

(3)测量电流。测量电动机三相电流、相关电路中的工作电流。

(4)测量绝缘电阻。测量电动机绕组、电器元件、线路对地绝缘电阻及相间绝缘电阻。

3.数控系统定检维护

1)日常维护

(1)非必要不得打开数控系统电气柜。

(2)清理数控系统的散热通风系统。检查数控系统各冷却风扇工作是否正常,检查风道过滤是否有堵塞现象,并及时清理。

2)停用维护

若数控类设备长期不用,应进行封存,即将数控系统的内外部清洁干净,套上防尘罩,切断电源。为提高系统的利用率,减少系统的故障率,数控类设备不应长期闲置,应注意经常给系统通电,尤其是在周围环境湿度较大的雨季,在设备锁住的情况下,让系统空运行,利用电气元件自身的发热来驱散数控装置内部潮气,确保各电器元件性能的稳定。

4.PLC控制系统定检维护

(1)定点巡查各 I/O 板指示灯指示状态是否正常,观察散热风扇运行是否正常,观察PLC柜是否有异味。

(2)检查电源系统的供电情况,观察电源板的指示灯情况,通过测试孔测试+5 V、+24 V电压;检查电源工作温度;检查备用电池电压;检查仪表、设备输入信号是否正常;检查各控制回路信号是否正常;检查其工作湿度,确保工作环境良好。

(3)PLC控制系统长期运行后,线路板和控制模块会吸附灰尘,影响散热,引发电气故障。定期除尘时要把控制系统供电电源关闭,配合使用净化压缩空气和吸尘器。

(4)确保外围设备及仪表输入信号畅通。

(5)不间断电源(UPS)维护。检查输入、输出电压是否正常;进行除尘处理;检查 UPS 电池电压是否正常。

8.4　工装维保流程

工装维保流程主要包括:

(1)日常巡检记录运行状态→运行状态评价→制定检修方案和计划→实施检修→检修过程监督和验收→检修资料归档。

(2)编制保养作业规范→编制保养所需成品件采购计划→制定保养计划→实施保养→保养过程监督和验收→保养资料归档。

(3)建立数字化工装资料档案,详细记录每项工装现状、保养记录和维修记录;根据数字化工装资料档案进行分析整理,找出故障易发点,提出有针对性的解决措施及备件储备计划,提高备品备件采购的合理性。

第9章 工装制造管控技术

9.1 概　　述

工装制造管控技术涉及数字化制造的各个环节,包括设计、加工、管理等方面。航空产品的制造技术代表了一个国家的最高生产能力与技术实力,但是航空产品结构复杂,工装种类繁多,对质量及可靠性要求极高,因此工装制造管理成为生产装配中不容小觑的问题。工装制造管控技术包括制造工艺管控、制造资源管控、制造设备管控、制造现场管控和工装知识管理。

9.2 制造资源管控

9.2.1 MRPII

MRPII 是对一个制造业的所有资源编制计划,并进行监控与管理的软件系统。MRPII通过对企业生产经营活动的建模,模拟企业的生产经营活动,以此来精确地编制企业生产计划和供应商的供应计划;更好地编制人力需求计划和人力资源计划,并可以方便地对几种计划方案进行测试与评价。MRPII 是一个以管理人员为主人的模块化人机交互系统,MRPII中的每一个模块都有其明确的管理目标,一般的 MRPII 系统至少要由基础数据管理(包括BOM、工作中心数据、工艺路线数据等)、生产计划大纲 PP(Production Planning)、主生产计划 MPP(Master Production Planning)、物料需求计划 MRP(Material Requirements Planning)、能力需求计划 CRP(Capacity Requirements Planning)、库存管理 IM(Inventory Management)、采购管理 PM(Procurement Management)、车间作业控制 SFC(Shop Floor Control)等几个关键环节和一些辅助模块组成,编制合理的生产计划是有效地运行一个企业的基础。

MRPII 的计划编制从上到下、由粗到细。其运行过程是:

（1）编制生产计划大纲。它确定产品大类的产量、产值。

（2）编制主生产计划。它规定了在计划时间内每一个生产周期最终产品的计划生产量。

（3）编制物料需求计划和能力需求计划。通过物料清单 BOM 的形式，将产品按结构分解，在考虑现有库存的前提下，对 BOM 中的自制件编制生产计划，对外购件则编制采购计划，能力需求计划对生产计划的编制进行验证，做好生产负荷与能力的平衡，并提供必要的反馈信息。在无法平衡时可以向上改动主生产计划，重新进行运算。

（4）下达定单。对自制件下达加工定单，对外购件下达订购订单。

（5）编制车间作业计划，并开始执行。车间作业计划将零件的加工按工序分解，把各零件各工序的加工任务以任务调度单和工票的形式下达车间，并根据负荷情况安排机器和班组。

图 9.1 是 MRPII 闭环系统的逻辑流程图。由图 9.1 可以看出，MRPII 的计划层次是一个从宏观到微观、由战略到战术、由粗到细的深化过程。它把需求与供给结合起来，体现了一个完整的计划与控制系统，实现了企业管理信息最基本的集成。

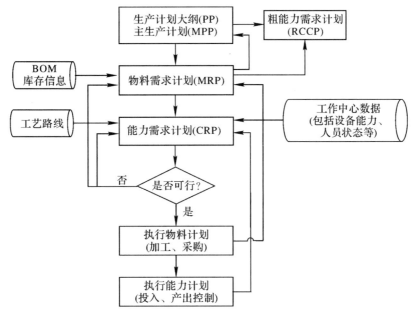

图 9.1　MRPII 闭环系统的逻辑流程图

1）MRPII 实施关键

（1）企业领导参与和支持。与 CAD/CAM 等单元技术不同，MRPII 属于"企业级"系统，涉及企业各有关管理部门和车间等单位，它需要在统一的计划下，自上而下协调地开展工作。因此，这项工作需要具有调控权的厂级领导参与，才能行之有效地开展。单凭计算中心的技术人员进行指挥调度是极为困难的。另外，MRPII 的实施不是某个局部的技术改造，它将引起整个企业管理机制、机构、管理模式和方法的变化，特别是在我国的一些企业中，推广应用 MRPII 系统不可避免地要涉及对传统手工管理模式的改造。

（2）前期准备工作。MRPII 系统的成功是"三分技术、七分管理、十二分数据"，因此项目实施的前期数据准备工作是十分重要的。另外，MRPII 软件的费用和实施费用较大，而且并不是任何一种 MRPII 软件都适合任何工厂,因此项目的前期调研工作是必不可少的。只有找到企业的瓶颈所在,选好软件,用好软件,才能为项目的成功实施提供保障。

(3)制定周密的实施计划和严格的规章制度。企业实施 MRPII 系统,是一项复杂的工程,因此必须加强对项目的科学管理,制订严密的进度计划和实施工作规范,明确工作内容、工作职责分工、工作程序和工作要求,提出各岗位的目标和考核方法,并把此项工作列入企业领导的议事日程,进行经常的监督和检查,及时发现问题和偏差,避免造成巨大损失。

(4)加强员工培训。由于我国计算机应用技术起步较晚,企业的技术力量还很薄弱。只有使所有参与系统实施的人员,包括企业的领导者,都了解系统实施的工作方法和规范,并系统地实施,才能顺利进行下去。另外,在实施过程中,还要注意骨干队伍的培养,这个骨干队伍应由计算机人员与管理人员共同组成,这些企业自己的骨干人员才是系统实施成功的保证。

2)MRPII 实施过程

MRPII 的实施一般都要经过项目组织安排、需求分析、系统设计、详细设计、客户化及二次开发、系统安装调试、试运、培训等过程,见表9.1。其中培训的过程应贯穿系统实施的始终。

表9.1 MRPII 实施的过程

实施过程	内　　容
项目组织安排	在企业领导牵头下成立包括管理、生产、计算机等各部门人员的项目小组
需求分析	以供应链为线索,对企业的人、财、物、产、供、销等各个环节进行诊断和分析,关键是要找出制约企业的瓶颈所在
系统设计	针对瓶颈问题确定系统的实施方案、软硬件的配置,并规划系统所需的模块结构以及信息和功能模型等
详细设计	在系统初步设计的基础上,细化信息和功能模型,明确系统目标的实现途径和各模块的输出/输入要求
客户化及二次开发	针对企业的生产方式、行业特点、业务流程来进行客户化和二次开发工作,包括物料编码、各类统计报表定制、应用软件接口等
系统安装调试	包括网络、系统软硬件的安装和调试,利用模拟数据来测试系统的稳定性、可靠性和数据传输的通畅性
试运行	先以一个车间或事业部为试点,保持原来的管理体系同步运转,系统成功后才能实现系统切换并推广至整个企业,一般要经过"基本 MRP—闭环 MRP—MRPⅡ—ERP"的过程
培训	企业全员培训

9.2.2 制造资源库

飞机工装产品数字化制造所需基础资源库的建设和应用是我国飞机工业数字化技术深入应用和发挥潜在效能的基础,工装产品制造资源库包括标准件库、材料库、制造知识库、专业工程数据库以及数字化制造和产品支援服务的各种资源库,对于提高工装产品设计、制造的总体效率,提高产品研制的标准化水平,缩短新机研制周期,提升工装研制与生产能力具有重要意义。

1. 航空企业设计资源库建设现状

我国飞机工业数字化应用技术已广泛应用于飞机产品制造、试验等领域。我国航空企业在应用数字化设计制造技术的过程中,不同程度地建立了各种制造资源库,如物料库、产品库、工艺库、制造资源库,为计算机辅助设计、计算机辅助分析、产品数据管理(PDM)、企业资源计划(ERP)、计算机辅助工艺设计(CAPP)、制造执行系统(MES)、质量管理信息系统(QIS)等产品研制信息系统的实施奠定了坚实的基础,但是由于大部分基础资源库的建设依托于某个信息系统,且数据的标准化、规范化程度不高,对于基础数据资源在设计制造过程中的综合应用、多个信息系统的应用与集成及型号协同研制过程中设计制造资源的充分利用仍然存在一定的问题。

2. 制造资源库标准化建库目标

构建航空工装制造过程中及实施和集成相关信息系统所需的基础数据库,编制各种制造资源库的建库标准,规范各类制造资源的描述,提高制造资源库的标准化、规范化水平,通过相关基础数据和知识收集整理与规范入库和动态维护,为航空工装的设计制造提供标准规范的基础数据支撑,提高产品研制的标准化、规范化水平。

3. 制造资源库体系架构的构建

工装产品研制所必需的制造资源库包括信息代码数据库、标准规范文件数据库、标准件数据库、材料数据库、电子元器件数据库、产品数据库、供应商数据库、制造资源数据库、产品支援服务数据库等基础数据库。基于单一数据源的设计和管理思想,梳理上述 9 类基础数据库之间的关联关系,构建制造资源库体系架构,如图 9.2 所示。

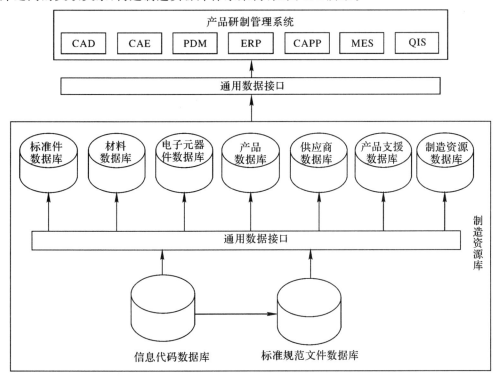

图 9.2　制造资源库体系架构

在 9 类基础数据库中,信息代码数据库和标准规范文件数据库是底层最基础的数据库,为标准件、材料、元器件、产品、供应商、制造资源、产品支持等基础数据库提供了规范统一的代码数据和标准规范支撑,保证了代码数据源头的唯一和基础数据的规范有效,通过通用数据接口,为 CAD/CAE/PDM/ERP/CAPP/MES/OIS 等产品研制管理系统提供规范、统一、共享的基础数据。

9.3 制造设备管控

网络数控以数控技术、计算机和网络技术、通信技术等先进技术为支撑,以信息集成为手段,通过网络将车间设备、资源加以集成,最终形成一个开放的、具有一定功能的网络数控制造单元。

9.3.1 面向车间的网络数控系统架构

一个完善的网络数控系统是集生产管理、工艺设计、设备调度、直接数控(DNC)和远程监控为一体,具有开放式体系结构的集成化系统,可以有效利用企业局域网和广域网,进行信息资源共享,真正实现企业网络信息化管理和生产经营协作的结合。

网络数控系统(Network Numerical Control,NNC)是以数控技术、计算机和网络技术、通信技术等先进技术为支撑发展起来的,即以通信和资源共享为手段,以车间乃至企业内的制造设备的有机集成为目标,支持 ISO/OSI(国际标准化组织/开放系统互联)网络互联规范的自主数控系统。它包含两方面的内容:在硬件结构上是数控技术或系统与网络技术的结合,在结构模式上是通过网络组织或控制数控系统进行工作。这样通过网络将车间数控设备和资源集成,最终形成一个开放的、具有一定功能的网络数控制造单元。图 9.3 是网络数控系统的整体结构图。

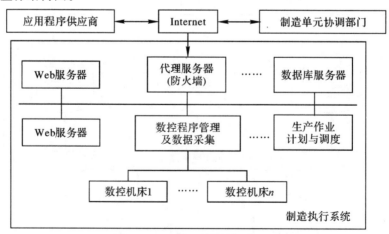

图 9.3 网络数控的整体结构图

网络 DNC 作为现代化机械加工车间的一种运行模式,它以数控技术、通信技术、控制技术、计算机和网络技术等先进技术为基础,把 DNC 与上层控制计算机集成起来,从而实现车间制造设备的集中控制管理以及制造设备之间、制造设备与上层计算机之间的信息交换。系统的设计与整个车间的规模和大小密切相关。由此根据不同的条件和需要,可以设计出不同的结构参考模型。基本上可以分为两大类:工作站层和设备层两层控制结构,工厂层、车间层(含工作站层)和设备层三层结构。除以上几类结构外,车间还可以通过工厂局域网由工厂层控制或通过 Internet 由其他企业控制。这里对两层运行模式和三层运行模式进行探讨。

1)两层运行模式网络化 DNC 系统结构

制造业从单机自动化发展到 DNC,在技术上要解决的核心问题是数控机床与计算机之间的信息交换与互联问题。有人称之为“瓶颈”,这是因为 DNC 系统的运行和控制功能的强弱在很大程度上取决于系统的通信结构,而通信结构的选择离不开对 DNC 结构的论证。随着 DNC 技术的发展,实际上应用的 DNC 系统种类繁多,形态各异,但又有许多相同之处。因此我们采用一种分层控制体系的方法来分析 DNC 系统方案。这种方法将复杂的控制功能分解到各层次上,减少工程开发技术的复杂性,同时可以降低成本,易于扩展。

一般的 DNC 系统通常只具有两层控制体系结构运行模式形式,该运行模式的控制结构只有车间工作站层和数控设备层两层,较适合于对小规模车间或车间局部区域进行 DNC 控制。其工作站层集成 DNC 主机与 CAD、CAPP、CAM、ERP 系统的通信,设备层集成 DNC 主机与车间现场的制造设备之间的通信,如图 9.4 所示,即由中央计算机(DNC 主机)加数控设备系统群组成。DNC 主机集 DNC 控制和多种管理功能为一体,如通信管理、系统信息管理、NC 程序管理、刀具信息管理、制造设备管理、生产计划制订、生产调度管理、生产过程监控等。

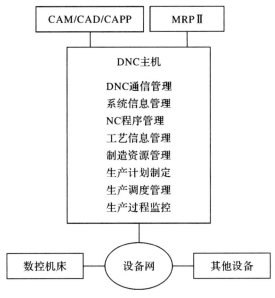

图 9.4　两层控制体系结构运行模式

这种运行模式结构简单、功能集中、投入少、容易实现,但是随着制造业发展和各种系统功能的完善,DNC 主机内存小、处理能力弱的弊端便显现出来。另外,DNC 系统还必须利用网络技术来扩展其各项功能,同时 DNC 主机应具有与更高层计算机进行信息集成的能力。因此,这种 DNC 系统已不能完全满足现代制造业的需要。

2)三层运行模式网络化 DNC 系统结构

三层控制体系结构是一种中等规模的运行模式,控制结构包括工厂层、工作站层和数控设备层三级,如图 9.5 所示。DNC 主机工作站只负责与数控设备的通信控制和通信管理以及数控设备的状态信息采集,而刀具管理、机床设备管理、产品设计、工艺设计、NC 程序生成、生产计划、生产调度和其他信息的管理由 CAD/CAPP/CAM/MRPII 工作站和车间服务器完成。该运行模式主要由两个网络群组成,一个是车间级局域网,另一个是设备网。DNC 主机是连接这两层网络的纽带。我们称设备网为控制网络,称车间级局域网为信息网络。控制网络的通信技术不同于以传输信息和资源共享为目的的信息网络,其最终目标是实现对被控对象中能量和物质转移的有效控制,使系统安全稳定地运行。控制网络直接面向生产过程,因此要求很高的实时性、可靠性、数据完整性和可用性。所有的工作站和数据库都挂在车间局域网上,可以方便地通过网络交换各种制造信息、状态信息、管理信息,从而减轻了 DNC 主机的负担。如果车间有物料贮运工作站或测量清洗工作站等辅助设备,都可以将其挂在局域网上进行控制管理。

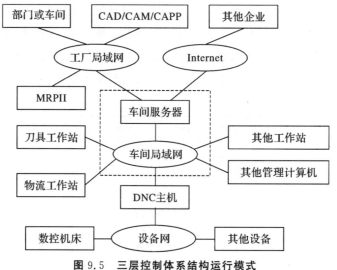

图 9.5　三层控制体系结构运行模式

三层控制体系结构运行模式的主要特点是:

(1)采用 Internet 技术建立企业车间内部专用局域网,以 TCP/IP(传输控制协议/网络协议)为基础,以客户/服务器为核心。它几乎可以跨越所有平台,并可相互移植,具有高速的数据通信和广泛的数据共享功能。

(2)分布式处理模式,各工作站独立工作的同时又通过车间局域网实现信息共享。

(3)系统的扩充性好,可根据需要增加或减少工作站,同时对系统的其他部分几乎没有影响。

(4)数据库的多用户性,对保证数据完整、安全和数据访问控制是非常有利的。

(5)车间局域网通过路由器与企业网相连,为将来跨车间运行奠定了基础。

(6)工作站和 DNC 主机端有各自的工作界面,系统界面直观,为用户提供了方便。

9.3.2　网络化 DNC 通信技术要求

无论是网络化制造的 DNC 还是集成 DNC、柔性 DNC 以及敏捷 DNC 等思想,通信技术都是面向网络化 DNC 系统最关键的技术,也是实现设备集成和信息集成的基础。通信技术需要满足以下需求:

(1)集成化通信的要求。DNC 系统的通信是一种集成环境下的通信,不仅要实现与底层数控设备间的通信,而且要保证与其他系统和上层控制计算机的通信与信息集成。

(2)支持多种数据形式。通信技术要求支持一般的文件传输,还可以支持工作站与生产设备之间的数据加工指令交换。

(3)支持不同的实时性要求。车间层的信息交换数据批量大但实时性要求不高,而加工现场的信息交换数据量小,但响应速度和实时性要求很高。

(4)支持多种类型的计算机和操作系统。不同的计算机具有不同的处理能力和性价比,比如控制方面要求工控机的支持,产品设计需要图形工作站,数据存储和处理可能要求其他的小型机或高性能的计算机等,而这些不同类型的计算机往往具有不同的操作系统。

(5)具有可扩展性。随着市场需求的变化,企业和车间也处于发展变化之中,从而对通信的需求也会发生变化。此外,通信系统本身也在不断变化,新的通信技术不断出现,因而要求集成通信系统具有相当的灵活性、可扩展性和开放性,同时应把低成本、高效率的通信产品作为优先选择对象。

(6)可靠性的要求。DNC 系统的抗干扰能力要强,要能适应车间工况和恶劣的现场环境,以保证 DNC 系统数据传输的准确可靠。

9.4　制造现场管控

9.4.1　工装 MES

工装生产处于汽车、航空等产品研制的上游,为满足不断变化的产品需求,需保证工装产品低成本、高质量且交货期短,而目前工装制造中物料管理方面存在诸多问题。如物料清单更改多、物料管理分散、物料供货不及时、在制品跟踪不到位和工装产品配套困难等,使厂家难以按时、按质、低成本交付产品。制造执行系统(Manufacturing Execution System,MES)是车间生产管理和控制的重要技术。它具有承上启下的功能,与上层企业资源计划、产品数据管理等系统进行衔接,将上层的生产计划细化到工序级,对车间生产相关的动态信息进行有效管理。它将生产状况及时反馈给计划层,可预测产品准确的交货期,因此研究面向工装 MES 的物料管理系统具有重要意义。

1.MES 功能模型

制造执行系统 MES 位于上层计划管理系统与底层工业控制之间,它是面向车间层的管理信息系统,能够为操作人员和管理人员提供计划的执行和跟踪信息,提供所有资源、设备、物料、客户需求等信息。

MES 任务是根据上级下达的生产计划,充分利用车间的各种生产资源、生产方法和丰富的实时现场信息,快速、低成本地制造出高质量的产品。MES 汇集了车间中与生产活动相关的硬件或软件组件,它控制和利用实时准确的制造信息来指导、传授、响应并报告车间发生的各项活动,同时向企业决策支持过程提供有关生产活动的任务评价信息。

MES 的主要功能如下:

(1)订单管理。管理生产订单,包括订单的创建、调度、执行和跟踪,确保订单与生产能力和物料供应相匹配。

(2)资源调度。对生产资源(如机器、工人、原材料)进行有效分配和调度,优化生产流程,减少停机时间和提高资源利用率。

(3)过程控制。监控生产过程,确保生产活动按照既定的工艺规程进行。实时收集生产数据,如机器状态、生产速度和产品质量。

(4)质量管理。跟踪产品质量,包括检测和测试结果的记录;实施质量控制措施,如统计过程控制(SPC)的实施。

(5)性能分析。分析生产数据,评估设备效率(OEE)和生产性能;生成报告和仪表板,提供关键性能指标(KPI)的可视化展示。

(6)物料管理。跟踪原材料的使用情况,包括库存管理和物料需求计划(MRP);确保及时补充原材料,减少库存成本。

(7)维护管理。安排和跟踪设备的预防性维护,减少故障和意外停机;管理维修工单和维护记录。

(8)数据集成和交换。与其他企业系统[如 ERP、PLM、SCM(供应链管理)]集成,实现数据共享和流程协同;支持数据交换标准和接口,如 OPC(用于过程控制的对象连接与嵌入)、SQL 等。

(9)人员管理。跟踪员工的工作时间、技能和生产效率。管理人员的调度和分配到特定生产任务。

(10)文档管理。管理与生产相关的文档和工艺说明,确保员工可以访问最新信息。

由于每个行业的生产和流通流程相异,还有其特定的行规,不同行业对 MES 的要求和着重点是完全不同的,甚至同一行业中不同企业也各具特色,所以 MES 总是针对某一行业的特定要求而开发的。因此,在实际的开发和应用过程中,并不是按照现有的功能模型实现所有的功能,而只是实现其中的某些模块。

2. 面向工装 MES 的物料管理模式

工装制造企业中,工装物料种类繁多,包括标准件、锻铸件、原材料、在制品、自制件、外协件、成品等。各种物料管理模式不完全一样,非常复杂。工装 MES 环境下的物料管理,就是对车间的各种物料进行相应的管理。如图 9.6 所示,将主生产计划进行分解计算,得到外购件需求计划、自制锻铸件需求计划、原材料需求计划、外协需求计划与自制零件的工序计划。

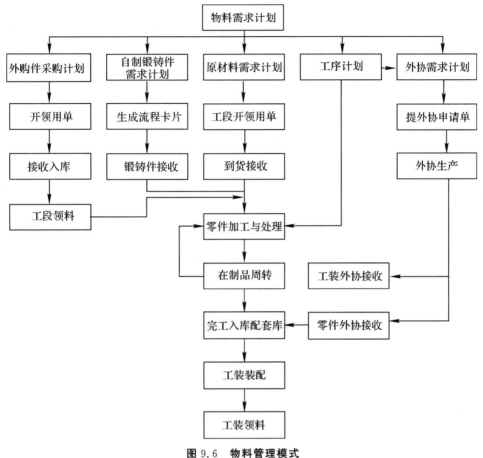

图 9.6 **物料管理模式**

9.4.2 可视化监控

监控是指对生产过程和设备物理信息的获取及对生产过程和设备所进行的实时控制和协调。车间监控系统作为先进制造系统的重要组成部分,是先进制造系统全生命周期内信息获取的主要手段,其体系结构与制造系统的结构、数据通信、网络的发展密切相关,车间监控系统大致经历了三个发展阶段:

(1)独立单元阶段。20 世纪 70 年代初以前的过程自动化、制造自动化程度不高,尚未形成系统集成,监控系统以分立模块的形式存在,只能完成单项或少量的监控功能。

(2)集成单元阶段。20 世纪 70 年代中至 80 年代中期,随着工业系统复杂性的增加,对生产过程及工业设备的监控要求也相应提高,形成了独立的监控单元。

(3)分层分散型监控系统阶段。以 FMS、CIMS 等先进制造系统为代表的新一代制造系统,是一个规模大、功能多、结构复杂的系统,需要一个集成的监控系统对其进行监视、诊断、控制和管理。该类系统充分利用了微型计算机、网络和通信技术,可以独立对设备进行监控。

随着先进制造系统对监控要求的不断提高,以及数据通信、网络技术的不断发展,车间监控系统具备以下功能和特征:

(1)闭环的监控系统。在现代化复杂的机电系统中,一个简单的监控系统是不够的,需要具有集成监控和诊断功能的闭环管理系统,以便在生产过程出现设备和加工故障时进行必要的控制,实现故障容错控制。

(2)监控与控制功能的一体化。监控系统不仅具有过程状态感知、监视的任务,还应实现与控制系统的集成连接,将工程监控与控制系统合二为一,提高生产过程及设备的监测和控制水平。

(3)综合智能化的监控系统。通过各种信息处理技术、信息融合技术、人工智能技术等相互融合并应用到监控系统从信息采集、信息处理到决策的全过程,提高监控系统处理问题的能力。

(4)网络化的监控系统。监控系统的网络化能缩短采集信息、反馈信息、处理信息的周期,提高系统的响应能力;提高信息集成的水平,使上层管理者能实时地得到生产过程的数据信息,及时掌握生产现场情况,提高宏观管理效果。

(5)设计、制造、监控并行工程研究通过合理使用数据库和知识库,在产品的设计和制造过程中执行系统的监控和诊断任务,将监控功能融于系统总体设计中。

随着计算机技术、控制技术、通信技术的发展,工业控制设备发生了巨大的变化,分布式控制系统、可编程控制器、工业控制计算机、智能调节器等逐步取代了传统的模拟式控制仪表,在控制领域大显身手。流程工业自动化控制的发展,使得生产过程的底层自动化监视和控制逐渐完善,这些控制系统的成功之处不仅在于其灵活的配置,模块化、开放式的结构,强大的运算能力和通信功能,极高的可靠性,更在于其开发手段十分完善,维护也很方便。在这方面,过程监控组态软件起了重要作用,图形化、仪表化的屏幕界面式的操作简单又直观,易于为操作员接受。由各种监控组态软件组成的监控平台使用底层系统采集的信息,完成对生产状况的监视、报警和日记预测。

9.4.3 库存管理

库存的主要功能是在供需之间建立缓冲区,缓解供需之间的矛盾,保证物料流动的顺畅和生产的顺利进行。库存管理是企业管理的重要组成部分,库存占用企业的大量资金,有效地选择库存管理方法和进行库存管理,能促进销售,减少制造成本并提高效益。

1)库存控制

库存是计划的结果,因此,库存管理的首要任务就是根据产品计划的要求来控制库存。MRPII就是将库存管理纳入严格的计划控制之下,来实现对库存物料的管理,这样才能对库存物料的品种、数量和存储时间进行有效的控制,从而保证库存的准确,满足客户和市场的需求,并实现库存量的控制,加速库存周转,降低成本。

2)库存目的

(1)安全库存,是为了预防供需双方不可预测的波动和提高用户服务水平而在库存中保有的一定项目数量。

(2)季节性储备或预期储备,是考虑季节因素或设备检修需要事先储备的物料。

(3)批量库存,是受供应、加工、运输包装或折扣等因素影响而可能超出实际需要的库存。

(4)在途库存,包括企业内在工序之间因传递、等待、缓冲而形成的在制品库存和在运输、分销过程中所占用的保有库存数量。

(5)囤积库存,是指企业为防止物料价格上涨而预先储存的库存数量。

3)库存费用

(1)物料价值,是物料的单位成本或计划价格。

(2)订货费,是为了获取物料而需要支付的准备、运输、管理等费用。

(3)保管费,是保存物料所需支付的费用,如利息、折旧、损耗、保险等费用。

(4)短缺损失,是指由于物料短缺而造成的经济损失。

以上几项费用相互影响、相互制约。控制库存就是要针对不同的库存目的,权衡这些费用,使总费用最低,以实现降低成本的目的。

4)采购管理

MRP 的运行结果,一方面是生成计划的加工单,另一方面就是生成建议的采购单。采购作业管理在 MRPII 逻辑流程图中和车间管理并列,同属计划的执行层。在 MRPII 中,采购作业管理的主要过程和内容包括:

(1)建立供应商档案,系统通过对各供应商的报价、运输条件的比较,向供应商执行采购作业。

(2)生成请购单,为谨慎起见,MRP 运算先生成建议请购单,经确认审批通过后,再形成正式的采购单。

(3)下达采购单。与供方签定协议,按要求的交货条件进行物料的采购。

(4)采购单的跟踪。在 MRPII 系统中,可根据系统的提示或运用电子数据交换(Electronic Data Interchange,EDI)来跟踪、查询供方的加工进展情况,控制进度,并做好运输安排。

(5)验收入库和结清。对接收到的物料进行验收、入库等库存事务的处理,并进行付款的结算。

9.5　工装知识管理

知识管理是伴随着知识经济而产生的一种全新的管理理论。一方面,经济全球化带来的市场竞争压力迫使企业想方设法加快将企业的知识转化为创新成果;另一方面,知识的急剧增长和网络的便利使得知识获取变得相对容易,但同时,大量的知识冗余和知识垃圾也给获取真正所需的知识造成了很大的困难。

随着知识经济的发展,知识越来越成为企业最重要的资源和核心竞争力的源泉,越来越多的行业和企业开始探索适合自身的知识管理之路。工装是飞机制造过程中必备的设备和工具,在飞机研制中占有十分重要的地位,其设计周期极大地影响了飞机的研制和交付周期,在客户对交货期、成本和质量等方面要求越来越高的市场环境下,航空制造企业迫切需要提高工装设计效率,以提升企业的竞争力。工装设计是一项知识含量很高的创造性活动,目前,它已由过去基于经验的设计逐步转向基于知识的设计。

9.5.1 知识管理技术的优点

(1)知识集中化:飞机工装知识管理技术可以将分散在各个部门和个人之间的知识集中到一个统一的平台上。这样可以提高知识的可访问性和共享性,避免信息孤岛的问题。

(2)信息共享与传递:该技术可以方便地共享和传递飞机工装的知识和信息。通过建立一个统一的知识库或文档管理系统,工程师和技术人员可以轻松地查找和获取所需的知识,提高工作效率和质量。

(3)知识更新与追踪:随着技术的不断进步和飞机工装的更新换代,飞机工装知识管理技术可以及时更新和追踪相关的知识和信息。这有助于保持工装技术的最新性,提高生产和维护的效率。

(4)知识保护与安全:飞机工装知识管理技术可以实现对知识和信息的权限管理和保护。只有经过授权的人员才能访问和修改相关知识,确保知识的安全性和保密性。

(5)决策支持与效益评估:通过分析和挖掘飞机工装知识管理系统中的数据,可以为决策提供支持和依据;同时,还可以评估工装技术的效益和成果,为管理层提供决策参考。

9.5.2 知识管理技术的应用

当前,国内绝大多数航空制造企业都采用三维建模软件进行工装设计,常用的软件包括CATIA、UG、Pro/E、SolidWorks等,有的企业已部分实现基于模型定义(MBD)的工装设计,但大多数企业还是以二维图纸作为工装数据源。而在工装数据管理方面,企业大都采用产品数据管理(PDM)系统,实现了工装数据的有效组织和管理,同时严格控制了工装设计中的申请、更改、签审、发放等流程。这种基于工作流的任务控制方式在进行工装数据管理的同时,也记录了大量的用户数据,即工作日志。

9.6 工装生命周期管理技术

航空产品的制造技术代表了一个国家的最高生产能力与技术实力,但是航空产品结构复杂,工装种类繁多,对质量及可靠性要求极高,所以工装管理成为生产装配中不容小觑的问题。要想更好地满足航空产品的设计需求,就必须要关注工装的设计制造、库存、计划制订、日常使用等,所以全生命周期的提出就是对工装管理各个阶段的分析和研究。

全生命周期是指产品从设计、制造、装备、运输、营销到报废的整个生命过程。全生命周期管理不仅仅是一种技术,更是一种思想,应该随着产品的需求与技术的发展而不断进步。工装的全生命周期如图 9.7 所示。

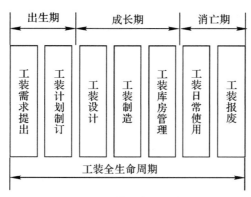

图 9.7　工装生命周期框图

1.工装生命周期管理建模

为了提高工装各阶段的协调性,提高工装信息的传递效率,做到航空产品的数据共享,需要建立能够贯穿于工装全生命周期的模型。统一的生命周期模型,可以使工装的信息易于管理和维护,避免人工疏忽造成的信息不统一。

2.工装全生命周期模型之间的关系

在对工装全生命周期建模的时候,将以过程模型为核心,以其他模型为辅助。各个模型之间的关系如图 9.8 所示。

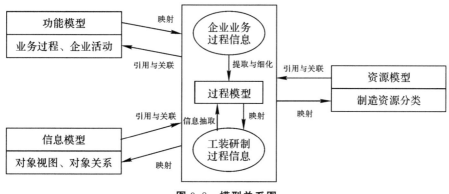

图 9.8　模型关系图

3.工装资源的信息需求

合理描述工装资源,对其信息进行有效、准确的表达是产品设计的关键。从全生命周期的角度对工装资源的信息需求分析如下:

(1)CAD 是整个设计产品的源头;

(2)CAPP 安排工艺路线,制定工艺规程。

(3)CAM 制造环节能提供的工装种类是可制造性的一个约束条件。

信息管理系统(MIS)要制订生产计划。

第 10 章　工装制造技术的未来发展

在工业化进程中,装备制造行业经历了手工制造时代、机械制造时代、电子制造时代、智能制造时代,零件制造、装配安装、检验检测相关仪器设备及技术不断发展与更新,每项先进技术都会带来制造行业的变革。中华人民共和国成立后,我国制造业逐渐步入机械化、自动化,20世纪90年代末,航空业大跨度向数字化、智能化转型,引进并应用了数控加工、激光测量等先进技术。近年来,随着中国制造技术的创新和发展,工装制造技术也在不断演进和创新。智能制造、绿色制造、健康管理、数字孪生以及增材制造正在成为工装制造领域的热门话题。智能制造借助人工智能和大数据技术,提高了工装制造的自动化程度和生产效率,为企业带来了更强的竞争力。绿色制造从环保和可持续的角度出发,探索了更加环保和节能的制造方法,为保护地球生态做出了贡献。健康管理旨在通过合理的维护、保养和监测,提高工装的使用寿命和可靠性,降低设备故障带来的损失,提高生产效率和产品质量。数字孪生技术建立虚拟的制造模型,实时监测和控制生产过程,提高了工装制造的精度和效益。最后,增材制造技术通过逐层堆积材料的方法,实现了快速、精确、个性化的工装制造,为工业制造带来了革命性的改变。这些创新技术将在未来的工装制造中发挥重要作用,推动工装制造更加智能、绿色、健康、高效。

10.1　智　能　制　造

智能制造是一种基于互联网、物联网、大数据、人工智能等信息技术的制造模式,旨在提高生产效率、降低成本、优化服务和提升品质。在工装制造领域,智能制造的应用正逐渐展现出巨大的潜力。德国人工智能研究中心牵头的智慧工厂(Smart Factory)开发了世界首个制造商独立的工业4.0演示生产线,它适于多品种、个性化定制、小批量生产,实现了高质量、柔性制造。采用统一的接口标准使制造商与生产单元、物流系统、供应基础设施和IT系统实现了系统集成,满足了定制产品更新周期短和高效现场生产的需求。智能制造不仅涉及制造领域的各个环节,包括设计、生产、销售和服务等,还需要与整个产业链和价值链进行紧密关联和协同。与传统制造相比,智能制造更加灵活、高效、智能和可持续,也更加符合消费者个性化、多元化的需求和市场变化的动态性。为了实现智能制造,需要依托物联网、云计算、大数据、智能传感器、机器人等先进技术,构建智能制造体系架构和标准规范,以数据为驱动,实现信息化、智能化、自动化和灵活化。同时,智能制造也要求从政策、技术、人才、投资等方面进行全面推进和协同,构建政、产、学、研、用协同创新体系,打造数字化工厂、智慧工厂和未来工厂,全面提高制造业质量效益和核心竞争力。智能制造是落实我国制造强国战略的重要举措,加快推进智能制造,是加速我国工业化和信息化深度融合、推动制造业供给侧结构性改革的重要着力点,对重塑我国制造业竞争新优势具有重要意义。

工装智能制造关键技术如下。

1. 大数据分析

大数据分析通过对生产数据的收集、存储和分析,提取有价值的信息和知识,为生产过程的优化和决策提供支持。在工装制造中,大数据分析可以应用于各个环节,包括生产计划、材料采购、制造过程控制和质量检测等。

(1)通过对历史生产数据的分析,可以帮助企业制订更合理和高效的生产计划,提高生产效率和产品质量。

(2)通过对供应链数据的分析,可以实现材料采购的精细化管理,减少库存和成本。

(3)利用大数据分析还可以实现制造过程的实时监控和优化,及时发现并解决生产中的问题,提高生产效率和产品质量。

(4)通过对质量检测数据的分析,可以发现产品质量的潜在问题,并采取相应的措施进行改进,确保产品符合客户要求。

2. 物联网

物联网通过将生产设备、产品和人员连接起来,实现实时数据的采集和传输,提高生产过程的可视化和透明度。将工装与物联网相连接,可以实现工装的远程监控和管理,提高工装的生产和维护飞机生产中的工装智能制造是飞机制造过程中的重要环节,它可以提高生产效率,降低成本,并且可以提供更好的质量控制。

3. 云计算

云计算通过将数据和计算资源集中管理和共享,提供高效的数据处理和计算能力,支持智能制造系统的运行和管理。

(1)云计算为工装制造提供了高效的数据存储和处理能力。工装制造过程中产生的大量数据可以通过云计算技术进行快速的存储和处理。企业可以将数据上传到云端,通过云计算平台进行分析和加工,从而提高数据的利用价值。

(2)云计算还可以实现工装制造的智能化。通过将工装制造过程中的各个环节和设备与云计算平台进行连接,实现数据的实时传输和监控。通过云计算平台提供的大数据分析和机器学习算法,可以对工装制造过程进行智能化的优化和控制。

(3)云计算还可以实现工装制造的远程操作和管理。借助云计算平台提供的远程控制功能,工装制造人员可以通过云计算平台来监控和控制设备的运行状态和生产进度。这种远程操作和管理的模式不仅提高了工作的灵活性,也减少了企业对工装制造现场的人力和物力资源的依赖。

4.机器人技术

机器人技术通过引入自动化机器人和可编程控制系统,实现生产过程的自动化和柔性化,提高生产效率和产品质量。机器人技术将被广泛应用于飞机工装制造,传统的工装制造需要人工操作和加工,而机器人可以通过编程来自动完成工装的制造过程。机器人可以按照预设的程序精确地进行切割、钻孔、磨削等工序,提高工装的制造精度和效率。

10.2　绿　色　制　造

绿色制造技术是指在保证产品的功能、质量、成本的前提下,综合考虑环境影响和资源效率的现代制造模式。在工装制造中,绿色制造是一种重要的发展趋势。绿色制造可以最大程度地减少资源消耗和环境污染,同时提高生产效率和产品质量。随着科学技术的不断发展,绿色制造在工装制造中的应用也得到了巨大的推动和发展。它使产品从设计、制造、使用到报废整个产品生命周期中不产生环境污染或使环境污染最小化,符合环境保护要求,对生态环境无害或危害极少,节约资源和能源,使资源利用率最高,能源消耗最低。绿色制造模式是一个闭环系统,也是一种低熵的生产制造模式,即原料—工业生产—产品使用—报废—二次原料资源,从设计、制造、使用一直到产品报废回收整个寿命周期对环境影响最小,资源效率最高,也就是说要在产品整个生命周期内,以系统集成的观点考虑产品环境属性,改变了原来末端处理的环境保护办法,对环境保护从源头抓起,并考虑产品的基本属性,使产品在满足环境目标要求的同时,保证产品应有的基本性能、使用寿命、质量等。

为了实现工装绿色制造,关键的技术包括以下几个方面:

(1)节能技术。采用高效节能设备和工艺减少能源消耗是绿色制造的重要手段。例如,开发和应用高效节能的动力系统、光伏发电系统等,可以减少对传统能源的依赖,降低工装制造过程中的能源消耗。

(2)材料循环利用技术。通过提高材料的循环利用率,减少资源的消耗和废弃物的排放。工装制造通常涉及大量的原材料和零部件,采用可循环利用的材料以及设计可拆卸的产品结构,可以实现材料的再利用,从而减少浪费和资源的过度消耗。

(3)精确制造技术。通过精确控制工装制造过程中的各个环节,减少产品的废品率,提高生产效率。精确制造技术包括先进的加工设备、计算机辅助制造和模拟仿真等,可以通过优化工装制造过程中的工艺参数减少不必要的资源浪费。

(4)环境监测与评估技术。借助先进的传感器和监测技术,实时监测工装制造过程中的环境污染物排放情况,及时采取措施减少排放量。环境评估技术可以对工装制造过程的环境影响进行定量评估,从而指导生产过程的优化和改进。

(5)产品生命周期管理技术。通过对整个工装生命周期的全面管理,从设计、制造、使用到报废的各个环节,减少对环境的负面影响。产品生命周期管理技术可以在工装制造阶段考虑材料的可回收性和环境友好性,制定相应的管理策略,推动工装制造的可持续发展。

10.3　健　康　管　理

在工装制造领域,健康管理是一个非常重要的概念。它涉及对工装的状况进行监测和评估,以及采取相应的维护和修复措施,确保工装的正常运行和延长其使用寿命。同时,健康管理还包括对工装制造过程中可能存在的健康风险进行评估和控制,保障工装的正常运行。工装健康管理在早期阶段主要注重对工装的日常维护和保养。这包括定期检查和清洁工装,修复任何损坏或磨损的部件,并确保工装的适当存储和运输。然而,这种传统的健康管理方法往往只是临时性的维修措施,并没有解决根本问题。随着制造业的发展和竞争的加剧,工装健康管理的重点逐渐转向了预防性维护。这意味着通过对工装进行定期检查和测试,及时发现并解决潜在问题,避免由故障而导致的生产中断和设备损坏。预防性维护的关键是建立一个完善的工装健康管理系统,包括制定标准的维护程序和记录工装维护历史等。随着信息技术的不断发展,工装健康管理逐渐引入了智能化和数字化的概念。利用传感器和数据采集技术,可以实时监测工装运行状态,并将数据传输到中央系统进行分析和处理。这使得工装健康管理变得更加精确和高效,可以预测潜在的故障并采取相应的措施,以降低生产成本和提高生产效率。打造适合工装制造的设备健康管理系统,可以实时掌握每个设备的运行状态,也能在设备发生异常故障之前采取预测性维护措施,将数字化转型与智能化升级融合在一起,打破原有的人工管理模式,打造无人工厂。

通过采用健康管理关键技术,工装制造企业可以及时掌握工装的健康状况,提高生产效率和质量,降低故障率和维护成本。这对于提高工装制造技术的可靠性、安全性和可持续发展具有重要意义。健康管理关键技术主要包括以下几个方面:

(1)传感器技术。传感器可以用于实时检测工装的状态和运行情况。通过在工装上安装各种传感器,如温度传感器、压力传感器、振动传感器等,可以对关键参数进行监测,并将数据传输到中央控制系统进行分析和处理。

(2)大数据分析技术。健康管理需要处理大量的数据,包括各种传感器收集到的实时数据和历史数据。大数据分析技术可以对这些数据进行快速处理和分析,从而提取出有价值的信息。通过对工装的历史数据进行分析,可以预测未来的故障和维护需求,提前采取相应措施。

(3)云计算技术:健康管理需要对大量的数据进行存储和处理,传统的本地计算机往往难以满足需求。云计算技术可以提供强大的计算和存储能力,可以将数据存储在云端,通过网络进行快速访问和处理。这样可以有效提高健康管理的效率和精度。

(4)数据挖掘技术:健康管理需要挖掘隐藏在大量数据中的有用信息。数据挖掘技术可以通过建立模型和算法来自动识别和提取有价值的信息。通过对工装的历史数据进行数据挖掘,可以识别出关键的故障模式和预测模型,为健康管理提供有力支持。

(5)人工智能技术：人工智能技术可以通过模拟人类的思维和决策过程，进行自动化的故障诊断和预测。通过建立智能健康管理系统，可以实现对工装的自动化监测、分析和决策，提高故障处理的效率和准确性。

10.4　数字孪生

数字孪生是指通过数字技术对实物进行虚拟建模和仿真，实现实物与虚拟模型的实时同步，以实现快速、精确地分析、优化和改进实物的技术。数字孪生的概念最早来源于航空航天领域，随着技术的进步和发展，逐渐应用于制造业的各个领域。早期的工装设计制造主要依赖于传统的手工绘图和实际制造。这种方式存在着设计师和制造工人之间信息传递不准确和不及时的问题，导致了设计和制造的效率低下。在计算机技术发展的推动下，工装设计逐渐开始数字化。设计师开始使用 CAD 软件进行设计，并通过计算机数值控制机床进行制造。这种方式虽然提高了工装设计和制造的精度和效率，但仍然存在着设计与实际制造之间的脱节问题。随着虚拟现实和增强现实技术的快速发展，工装数字孪生进入了一个新的阶段。设计师可以利用虚拟现实（VR）和增强现实（AR）技术将虚拟模型与实际制造环境进行融合，实现工装设计与制造的实时交互。这种方式可以大大提高设计师和制造工人之间的沟通和协作，缩短设计和制造的周期。未来，随着人工智能技术的发展，工装数字孪生有望进一步发展。基于人工智能的算法可以对工装设计和制造过程进行智能化优化，提高工装的性能和效率。同时，通过与其他领域的数字孪生进行整合，工装数字孪生可以实现更加全面和精确的仿真和优化。

数字孪生的关键技术主要包括：

(1)先进的建模技术。数字孪生需要将现实世界中的物理实体转化为数字化模型。这涉及多种数据采集技术，如传感器技术、激光扫描技术等，以及数据处理和算法技术，如点云处理、三维重建等。通过准确地获取和处理实体的数据，准确地描述工装的几何形状和功能特点，可以构建出逼真的数字孪生模型。

(2)实时数据交互反馈技术。通过在实际工装上安装传感器和监控设备，可以实时采集工装的运行状态和性能数据。利用物联网技术和云计算平台，这些数据可以被快速传输和处理，从而实现对工装性能的实时监测和故障预警。通过对数据的分析和挖掘，可以发现潜在问题并提出改进措施，提高工装的效率和可靠性。

(3)智能控制优化技术。数字孪生可以与人工智能和机器学习技术结合，实现对工装制造过程的智能化控制和优化。通过分析和学习大量的数据，数字孪生可以自动调整工装参数，优化工装制造流程，并提供更高效、稳定和可靠的制造方案。

(4)虚拟仿真技术。虚拟仿真技术可以在虚拟环境中对工装进行各种场景模拟，如负载测试、碰撞分析、结构强度分析、流体模拟、热耗散分析等，以评估工装的性能和可行性。为此，需要借助各种建模和仿真软件，结合实际的工艺参数和材料属性进行模拟。通过持续优化和调整模型，可以获得更加精确和可靠的仿真结果。基于这些仿真结果，可以进行工装的优化设计和参数调整,从而进一步提高工装的性能和可靠性。结合虚拟现实或增强现实技术,可以实现对工装制造过程的虚拟化或增强化。通过与其他技术的集成应用,可以进一步提升数字孪生在工装制造领域的应用效果。

10.5　增　材　制　造

增材制造技术又称快速成型技术(Rapid Pro-totyping,RP),是 20 世纪 80 年代中期发展起来的一种利用材料堆积法制造实物产品的一项高新技术。该技术借助计算机、激光、精密传动和数控等手段,将 CAD 和 CAM 集于一体,以逐层累积的建造方式在短时间内直接制造产品样品,无需传统的机械加工设备和工艺,显著地缩短了产品开发的周期,增强了企业的竞争能力。将增材制造技术运用到工装的制造及修复上面,可高效、快速地进行工装修复、制造,从而提高工装制造效率,缩短工装制造周期,降低工装制造成本。相比传统机械制造方法,增材制造技术可以实现任意复杂结构模具等的快速制造,在单件或小批量生产用机械制造过程中,具有制造成本低、周期短的优势,因此广泛应用于机械制造业。增材制造在工装制造中扮演着重要的角色,并且在未来发展中有着巨大的潜力。

增材制造涉及多种关键技术,包括 3D 打印技术、3D 修补技术、激光烧结、电子束加工和喷墨技术等。其中最常见的是 3D 打印技术。

(1)3D 打印技术。3D 打印技术是一种将数字模型逐层转化为实体对象的制造方法。在工装制造中,3D 打印技术可以用于快速制造工装。使用该技术,工装制造单位可以更快地生产出形状复杂的工装。此外,该技术还可以实现个性化工装制造,根据需求进行定制,并可在迭代设计过程中进行快速修改。

(2)3D 修补技术。3D 修补技术作为一种前沿的制造和修复手段,正被应用于各个领域中。该技术的核心在于使用数字化方法和 3D 打印技术来修复或重建物体的三维结构。它从精密 3D 扫描开始,捕捉工装零件详细三维外形,为后续修复工作提供精确数模。修复过程中,CAD 软件扮演了关键角色,使技术人员能够在数字环境中设计和模拟修复方案。这一阶段不仅提高了修复的精确度,而且增加了设计灵活性,允许进行复杂或定制化修复工作。一旦设计确定,3D 打印技术便用于制造所需的修复部件。这个阶段的特点是材料的多样性和制造的高度定制化,可以使用塑料、金属、陶瓷或复合材料等多种材料来满足不同工装零件的定制需求。制造出的工装零件接着被装配到原工装上。此外,为了让修补部分在视觉上与原工装更为一致,还需进行表面处理,如涂漆、抛光或应用特殊的表面涂层。

(3)激光烧结。激光烧结是一种利用高能激光束将粉末或液态材料烧结成固体物体的制造方法。在工装制造中,激光烧结可以用于制造高精度、高强度的金属工装。激光烧结具有很高的精度和可控性,能够实现工装复杂结构的制造,并且可以在制造过程中实现材料的局部熔化和固化,以提高工装的耐用性和性能。

(4)电子束加工。电子束加工是利用高能电子束对材料进行加工和熔化的制造方法。在工装制造中,电子束加工可以用于制造高精度的工装零件。电子束加工的优点是可以实现非常精细的切削和加工,同时不会对材料造成明显的影响,因此可以制造出高精度的工装。

(5)喷墨技术。喷墨技术是一种利用喷射墨水或其他材料的方法将图案或图像印刷到表面上的制造方法。在工装制造中,喷墨技术可以用于印刷或标记工装上的标识、编号或其他重要信息。喷墨技术具有快速、高效、低成本等特点,可以通过数字化设计和控制实现定制化的标识和图案。

(6)激光熔覆增材制造技术。激光熔覆增材制造技术是指以不同的填料方式在被涂覆基体表面上放置选择的涂层材料,经激光辐照使之和基体表面一薄层同时熔化,并快速凝固后形成稀释度极低并与基体材料成冶金结合的表面涂层,从而显著改善基体材料表面的耐磨、耐蚀、耐热、抗氧化及电器特性等的工艺方法。激光熔覆增材制造技术通过逐层叠加材料来制造任意形状的工装,突破了传统制造方法的限制,减少了中间环节的时间和人力成本,具有很高的经济价值。

(7)电弧增材制造技术。电弧增材制造技术是以电弧为载能束,采用逐层堆焊的方式制造致密金属实体构件的技术。该技术可以用于制造复杂的模具和夹具,还可以快速修复工装的磨损或损坏部位,提高生产效率和质量,减少维修时间和成本。此外,该技术还可以实现材料多元化选择,使工装的性能得到提升。

参 考 文 献

[1] 赵成.飞机工装设计制造技术探究[J].中小企业管理与科技,2019(3):2.

[2] 吕飞飞.航空滚动轴承典型缺陷特征分析方法研究[D].洛阳:河南科技大学,2015.

[3] 薛礼启.基于多传感器信息融合的室内AGV导航技术研究[D].郑州:河南工业大学,2022.

[4] 郭飞燕.飞机数字量装配协调技术研究[D].西安:西北工业大学,2017.

[5] 《航空制造工程手册》总编委会.航空制造工程手册:飞机工艺装备[M].北京:航空工业出版社,1994.

[6] 《航空制造工程手册》总编委会.航空制造工程手册:飞机装配[M].北京:航空工业出版社,2010.

[7] 池新.某型飞机中央翼模拟量与数字量协调装配技术研究[D].哈尔滨:哈尔滨工业大学,2015.

[8] 河田一喜.渗碳处理、氮化处理的新技术[J].彭惠民,译.国外机车车辆工艺,2009(6):22.

[9] 李书常.简明典型金属材料热处理实用手册[M].北京:机械工业出版社,2010.

[10] 范玉青.航空宇航制造工程:飞行器制造技术[M].重庆:重庆出版社,2001.

[11] 《飞机铆接装配工艺手册》编写组.飞机铆接装配工艺手册[M].北京:国防工业出版社,1984.

[12] 张纪梁,田坤,武良臣.夹紧力的顺序对工件安装精度的影响[J].机械,2003,30(2):3.

[13] 白亚玲.长跨距、高同轴度孔的加工方法[J].工具技术,2017,51(8):1.

[14] 李小海,王晓霞.模具设计与制造[M].2版.北京:电子工业出版社,2014.

[15] 向清然.模具制造工艺学[M].长沙:湖南大学出版社,2010.

[16] 王秀凤,李卫东,张永春.冷冲压模具设计与制造[J].塑性工程学报,2017,24(3):1.

[17] 彭远红.数控车间AGV小车系统控制设计[D].广州:广东工业大学,2021.

[18] 薛红前.飞机装配工艺学[M].西安:西北工业大学出版社,2015.

[19] 何胜强.大型飞机数字化装配技术与装备[M].北京:航空工业出版社,2013.

[20] 严仁章.滚动式张拉索节点弦支穹顶结构分析及试验研究[D].天津:天津大学,2015.

[21] 陈刚,吴雪珂,欧永,等.激光跟踪仪在机器人性能测试中的应用[J].电子产品可靠性与环境试验,2018,36(3):9.

[22] 朱明华,黄翔,韦红余,等.面向飞机部件的柔性多点支撑技术研究[J].航空制造技术,2011(10):4.

[23] 胡阿林,李振源,张一宏,等.激光跟踪仪在起落架收放型架研制中的应用[J].工具技术,2015,49(4):3.

[24] 程涛.飞机装配中数控定位器的设计[J].机械管理开发,2017,32(3):3.

[25] 李助军,阮彩霞.机械创新设计与知识产权运用[M].广州:华南理工大学出版社,2015.

[26] 杨鹏.线切割液的研发及其工艺参数研究[D].西安:西安科技大学,2012.

[27] 陈为国,陈昊.数控加工刀具材料、结构与选用速查手册[M].北京:机械工业出版社,2016.

[28] 贾祥云,苏青,孙宝山.组合夹具在机械产品加工中的应用研究[J].煤矿机械,2011,32(10):133.

[29] 徐艳莉.组合夹具在生产过程中的应用[J].机械研究与应用,2013,26(4):3.

[30] 冯子明.飞机数字化装配技术[M].北京:航空工业出版社,2015.

[31] 赵朝雄,贺雷鸣,刘冠群,等.飞机壁板大型复材成型模具激光跟踪仪检测应用[J].科技风,2019(7):1.

[32] 席博伟.机身柔性装配工装与地面辅助装配平台设计[D].沈阳:沈阳航空航天大学,2018.

[33] 安志勇,曹秒,段洁.数字化测量技术在飞机装配中的应用[J].航空制造技术,2013(18):4.

[34] 曾志江.关节臂式坐标测量机热误差建模及补偿研究[D].昆明:昆明理工大学,2022.

[35] 王孙安,邸宏宇,陈乃建,等.现代制造中的机电系统应用[M].北京:机械工业出版社,2011.

[36] 关海生.数据缓存实现快速数据访问的设计[D].上海:上海交通大学,2024.

[37] 宦智杰,徐敏,江声宝,等.多机器人装配生产线的构建与仿真[J].厦门理工学院学报,2020,28(3):7.

[38] 李生.面向网络制造的 DNC 系统的研究和开发[D].成都:四川大学,2004.

[39] 冯永涛.基于 Intranet 的 DNC 系统的研究与开发[D].西安:西北工业大学,2004.

[40] 杨宏才.工装 MES 物料管理系统总体设计[J].知识经济,2010(3):2.

［41］庞耀宗.数控机床网络化 DNC 的研究和开发[D].沈阳:沈阳航空工业学院,2011.

［42］霍松林.网络化制造的串口通信技术研究[D].武汉:武汉理工大学,2009.

［43］刘俊敏.工装现代管理与生命周期管理技术研究[J].科学与财富,2019(4):23.

［44］张飞.多品种小批量机加车间生产任务执行情况可视化动态监控系统研究及应用[D].
重庆:重庆大学,2013.

［45］张洪宝,胡大超.增材制造技术的应用及发展[J].上海应用技术学院学报(自然科学
版),2016,16(1):6.

［46］王世杰,王海东,罗锋.基于电弧的金属增材制造技术研究现状[J].金属加工(热加
工),2018(1):4.